国外著名建筑师丛书

密斯·凡德罗

刘先觉

中国建筑工业出版社

图书在版编目(CIP)数据

密斯·凡德罗/刘先觉编写.—北京：中国建筑工业出版社，1992（2005重印）
（国外著名建筑师丛书）
ISBN 978-7-112-00580-2

Ⅰ.密… Ⅱ.刘… Ⅲ.凡德罗，L.(1886~1969)-建筑艺术-研究 Ⅳ.TU-097.12

中国版本图书馆CIP数据核字(2005)第076201号

密斯·凡德罗是二十世纪中期世界上最著名的四位现代建筑大师之一，本书全面系统地评介了他的建筑理论与创作实践。书中包括密斯的生平与创作活动过程，建筑哲学思想，建筑教育与密斯学派的特点，密斯的代表性作品，密斯的主要论著摘录，并附有密斯的简历与建筑作品一览表。本书图文并茂，内容翔实，可供建筑设计人员、规划人员、科研人员及建筑院校师生参考。

国外著名建筑师丛书
密斯·凡德罗
刘先觉

中国建筑工业出版社出版、发行（北京海淀三里河路9号）
各地新华书店、建筑书店经销
北京建筑工业印刷厂印刷

开本：787×1092毫米 1/16 印张：15⅛ 插页：6 字数：362千字
1992年12月第一版 2017年9月第九次印刷
定价：**35.00**元
ISBN 978-7-112-00580-2
(30117)

“要赋予建筑以形式，只能是赋予今天的形式，而不应是昨天的，也不应是明天的，只有这样的建筑才是有创造性的”。

——密斯·凡德罗

1．巴塞罗那博览会德国馆外观
1929原建，1986重建

2．巴塞罗那博览会德国馆内部

3. 巴塞罗那博览会德国馆水院与雕像　　4. 芝加哥 IBM大厦·1967—68

5. 多伦多市多米尼中心·1963－69

6. 伊利诺理工学院克朗楼1950－56

7．范斯沃斯住宅外观·1945－50

8．范斯沃斯住宅入口

9

10

9. 芝加哥联邦中心建筑群·1959—73
10. 范斯沃斯住宅与周围环境
11. 西柏林新国家美术馆展览大厅内部·1962—68
12. 纽约西格拉姆大厦·1954—58

11

12

13. 西柏林新国家美术馆与后平台·1962－68　　14. 西柏林新国家美术馆后部庭院

出 版 说 明

在失去理性的岁月里，研究国外（主要是西方）曾被视作禁区，建筑学术空气几乎沉寂得令人窒息，出版这方面的书籍就更显少得可怜了。

近几年来，开放政策的春风，苏复了沉睡的大地。立足国内，冲向世界，从而大大缩短了我国建筑师的时空感，西方建筑理论、流派、思潮和创作实践愈来愈引起广大建筑同行们的兴趣。新形势的挑战，促使这套《国外著名建筑师丛书》应运而生，和广大读者见面了。

他山之石，可以攻玉。我们组织出版这套丛书的宗旨是：活跃学术空气，扩大建筑视野，交流技术信息，努力洋为我用，使我国的建筑学术理论和设计创作水平来一次腾飞。通过建筑师的“神笔”，把祖国千万座城镇，规划设计得更加美丽迷人。

本丛书首批共分十二个分册。主要是介绍被世界公认的十二名著名建筑师。每个分册介绍一名。他们是：F·L·赖特，勒·柯布西埃，格罗皮乌斯，密斯·凡德罗，埃罗·沙里宁，A·阿尔托，尼迈耶，菲利浦·约翰逊，路易斯·康，贝聿铭，丹下健三和雅马萨奇。计划第二批将陆续补充一些。本丛书的编写体例基本包括三个部分，即：有关建筑师本人创作思想的评介；本人设计作品选；本人主要论文著作和演讲稿。另在附录中还列有建筑师本人履历、作品年表及论文目录等，供读者参考。每个分册的编写内容均力求突出资料全、观点新、图照美、版面活的特点。

在组织本丛书的过程中，得到了全国有关建筑学专家、教授和建筑师同行的大力支持，这里谨向他们及协助提供资料的有关单位和个人表示深深地谢意。

中国建筑工业出版社

1986.11.

前　言

1986年是密斯·凡德罗诞生一百周年，美国伊利诺理工学院举行了隆重的纪念活动，缅怀这位现代建筑史上的伟人。目前世界各地已出版的介绍密斯的专著与发表的有关评介文章不胜枚举。但是由于60年代以来，现代建筑思潮出现了多元化倾向，使得建筑界开始对密斯这一现代派的先驱人物产生褒贬不一的观点。尽管如此，密斯对现代建筑的伟大贡献仍是不可磨灭的。

本书在写作过程中，主要根据现有的文献资料以及作者在美国实地调查研究的一些体会，同时也得到了国外朋友与国内同志的协助。特别值得提出的是美国伊利诺理工学院建筑系塔古基教授（Prof.A.Takeuchi）曾专门寄赠了两本有关密斯的新著，密斯在芝加哥的外孙德克·洛汉建筑师（Dirk Lohan）曾提供了部分原始图片资料，这些都无疑地进一步充实了本书的内容。伊利诺理工学院研究生张铭也为本书资料的收集给予了一定的帮助。本系邓思玲、刘阳、刘忠敏、王巧珍同志曾为本书的资料整理、复制插图等方面做了许多工作。书中的照片由本系摄影室朱家宝、李国强、赖自力同志复制。哲学教授萧焜焘先生还对本书涉及西方哲学方面的内容提供了宝贵意见。这里谨对以上各位先生与同志的支持与协助表示衷心感谢。

刘先觉　　1987.5.
于南京工学院建筑系

目　录

1
述评

密斯·凡德罗的建筑思想

路德维希·密斯·凡德罗（Ludwig Mies van der Rohe，1886—1969）是二十世纪中期世界上最著名的四位现代建筑大师之一。他姓密斯，名路德维希，后来为了表示对母亲的敬仰，他又加上了母亲的姓：凡德罗。现在一般都称他为密斯·凡德罗，或简称密斯。

密斯出生于德国，后入美国籍。他是一位个性非常鲜明的建筑师，也是一位卓越的建筑教育家。他平时沉默寡言，考虑问题富有远见，思维逻辑严谨，工作讲究实效。

作为一位闻名遐迩的建筑师，他并未受过正规的建筑教育。精湛的建筑技艺与独到的建筑观点是由于他从小在石匠父亲身边受到熏陶，后来又得到名师彼得·贝伦斯的指点才逐渐形成的。

二、三十年代，密斯是提倡现代建筑的主将，皮包骨的建筑是他作品的明显特征，严谨而有秩序的思想使他坚持“少就是多”的建筑设计哲学。在处理手法上，他主张流动空间的新概念，这也正是区分旧传统的标志。密斯不仅擅长建筑设计，而且也是一名造诣很深的室内设计师，他设计的巴塞罗那椅至今仍享有盛名。密斯除了不断进行创作外，1930—33年还曾任德国包豪斯学校的校长。1938年到美国后，又长期担任伊利诺理工学院建筑系主任的职务，他在包豪斯教育的基础上融合了芝加哥学派的传统，创立了密斯学派。

由于密斯作品的独特性格，以及在美国与世界各地有许多密斯的学生和追随者，他们崇拜密斯的原则，并在创作中发展了他的理论，以致在建筑界形成了密斯风格而载入史册。密斯风格的特点是力图创造非个性化的建筑作品，于是非个性化便成了密斯风格的个性。这种风格以讲究技术精美称著，大跨的一统空间和钢铁玻璃摩天楼就是密斯风格的具体体现。尤其是他从1921年开始对玻璃摩天楼进行探索，经过坚持不懈的努力，终于使光亮式的玻璃摩天楼在50年代以后成为当代世界最流行的一种风格了。

相对而言，密斯的文章较少，然而所有的论著都是文笔简练，切中要害。密斯喜欢警句，其中有些已广为流传，例如：“建筑以空间形式体现出时代精神，这种体现是生动、多变和新颖的”，以及“形式不是我们工作的目的，它们只是结果”。又如：“当清晰的结构得到精确的表现时，它就升华为我们所称的建筑艺术”。但是密斯产生的巨大影响并非出自其警句，而是出自其建筑。

密斯的建筑大多是矩形的，从平面到造型，简洁明了，逻辑性强，表现出理性的特点。密斯建筑作品中的各个部分抽象概括，从墙面，屋面到地面，所有的线、面都有机地组合成一个整体，仿佛密斯要将他的建筑和各个细部精简到不可精简的绝对境界。虽然他在美国的建筑，结构几乎完全暴露，但是它们高贵、雅致，已使结构本身升华为建筑艺术。密斯讲究技术精美的建筑设计思想与严谨的造型手法对建筑师们产生了深刻的影响，这种影响不仅在美国，而且已遍布世界各地。

I　建筑创作的道路

·青年时代在德国　1886—1919·

路德维希·密斯·凡德罗（Ludwig Mies van der Rohe）于1886年3月27日出生在德国的亚琛古城，这里曾是查里曼大帝（742—814）时代神圣罗马帝国的首都❶，中世纪初期西方文化的中心。亚琛靠近荷兰边界，大多数的居民都具有尼德兰民族那种冷静朴实的素质，而且性格比较内向，这和密斯·凡德罗的成长也许有一定的关系。

在许多大的方面，密斯的作品接近于荷兰，而不象其它德国建筑师的作品。他追求均衡简洁的表面在某种程度上受到荷兰十七世纪建筑特征的启示，这种特征是内部明净，采用精确的框架墙和大片的门窗。

十三岁以前，密斯在一所教会办的学校里读过三年书，然后又到一所职业学校学习二年，十五岁时就结束了他的正规教育。童年时代的教育和环境的感染，使他崇尚中世纪的经院哲学，圣奥古斯丁❷和圣托马斯·阿奎纳斯❸著作中所阐述的观念一直影响着他的建筑哲学，这就是他强调形体的完整性，注重秩序与价值观的基础。

密斯·凡德罗从未受过任何正规的建筑学训练。他从他父亲那里学习了建筑的第一课——把石头一块块地垒上去，因为他的父亲是当地有名的石匠，并且是一家小石作坊的老板。由于和石头自然地打交道，作为一个孩子，他熟悉了一整套石结构的各种可能性与极限性的知识，这些实践知识是从学校里训练出来的，是建筑师所学不到的。

亚琛古城有许多历史上留下来的古建筑，这些建筑大都造型壮观细部精美，对密斯有很大的吸引力，导致他立志要当一名优秀的建筑师。

当他15岁时，他就离开了曾经读过二年的职业学校，跟着父亲做学徒，后来又到当地一个建筑师那里当绘图员。通过设计文艺复兴外部装饰的训练，使他逐渐掌握了徒手画的技巧，而这种装饰正是当时的流行式样。严格的基本功训练为他后来的设计表现提供了有利的条件。

1905年，当他19岁时，密斯到了柏林，在一个擅长木构设计的建筑师事务所工作。不久，他又转到布鲁诺·保罗❹事务所，保罗是当时德国著名的家具与木建筑的设计人。两年以后，他离开了保罗的事务所而独立开业，1907年设计了他自己完成的第一幢房子——新巴贝尔斯贝格的里尔住宅❺（图1）。

---

❶查理曼是欧洲中世纪法兰克国王，公元800年加冕为帝，改国号为神圣罗马帝国（Holy Roman Empire），首都在爱斯拉沙伯（Aix—la—Chapelle），即现在的德国亚琛。公元840年神圣罗马帝国灭亡。

❷圣奥古斯丁　St.Augustine

❸圣托马斯·阿奎纳斯　St.Thomas Aquinas

❹布鲁诺·保罗　Bruno Paul

❺里尔住宅　Riehl House

图 1 密斯在里尔住宅前·1912

里尔住宅是采用当时流行的 18 世纪传统建筑风格，陡坡屋顶上加有老虎窗，内部是连续的木格板墙。密斯后来认为这座建筑并没有什么特色，然而当时却有人给它以很高的评价，说："这个作品是那样的没有缺点，以致于没有人会猜想到它是一个年轻建筑师的第一次独立的作品。"

在 1907 年时，18 世纪的传统手法在德国是流行式样，并且一直延续到第二次世界大战为止。但是也有少数建筑师却是站在流行式样的反面，探讨着用现代手法来进行设计。比较著名的如彼得·贝伦斯❶（1868—1938）和比利时建筑师亨利·凡·德·维尔德❷（1863—1957），他们一直走在创新的前列。密斯后来就是在贝伦斯事务所工作过程中得到很大教益的。

当时所谓的"现代主义"是初期功能主义和英国的工艺美术运动以及比利时的新艺术运动手法的混合物。在 1901 年的达姆斯塔特展览会❸上达到它的高潮，这是企图在建筑艺术的领导下去唤起一个所有艺术的复兴。参加这次展览会设计的建筑师有贝伦斯和奥地利著名建筑师奥伯里赫❹（1867—1908）等人。他们设计的一些展览馆与住宅都是探讨用现代手法设计的产物，尽管看起来还带有明显的新古典特征，但是他们都在努力寻求着现代主义所需要的东西——秩序与完善。

贝伦斯很快变成为德国主要的先进建筑师。1906 年，开始被聘为柏林通用电气公司❺的建筑师，他建造了许多厂房和行政办公建筑，这些建筑是自工业革命后第一次将建筑形式建立在工程技术基础上的。虽然钢和玻璃作为建筑材料的发展早在 19 世纪初期就已经开始，但是大多数的建筑师们还是热衷于过去的式样，他们没有去开辟各种新的可能性。工程技术与建筑艺术是脱离的。1909 年，贝伦斯在 AEG 电气公司的透平机车间设计中做出了最好的示范，这是一座把钢和玻璃材料应用在建筑上的优秀例子，它标志着工程技术与建筑艺术的重新结合，因此它已被公认为第一座现代建筑。然而，贝伦斯的这种努力在当时并没有得到广泛的重视，因为时机尚不成熟。此外贝伦斯在手法探新的同时，也在探讨着对新古典传统的重新认识，他认为古典传统的精萃应该是简洁而有规律，这对于设计纪念性建筑与大型公共建筑是有参考价值的。

贝伦斯的建筑事务所逐渐变成为训练现代建筑师的基地。格罗皮乌斯❻（1883—

---

❶彼得·贝伦斯 Peter Behrens
❷亨利·凡·德·维尔德 Henri van der Velde
❸达姆斯塔特展览会 The Darmstadt Exposition
❹奥伯里赫 Joseph Maria Olbrich
❺通用电气公司 AEG
❻格罗皮乌斯 Walter Gropius

1969)，勒·柯布西耶❶（1887—1966）都曾在贝伦斯的事务所里工作过。1908年，密斯·凡德罗在完成了里尔住宅以后，也来到这位著名的建筑师那里工作。后来，他们三人在贝伦斯的指引下都成了世界闻名的现代建筑大师。虽然他们三人都是同出一师，但是由于爱好的不同，各人发展了不同的方向，以致使现代建筑学派更加丰富多彩。格罗皮乌斯发展了建筑工业化的观点，勒·柯布西耶注意了建筑艺术与工业时代的关系，密斯·凡德罗则继承与发展了严谨而有规律的手法。

过了三年，密斯获得了丰富的实际经验，特别是在彼得堡德国大使馆建造时，他是现场的监工。他吸取了贝伦斯作为一个工业设计者对细部的处理方法，尤其对贝伦斯发展德国建筑师辛克尔的新古典建筑作品格外欣赏。

辛克尔❷（1781—1840）是德国古典复兴建筑大师，他在柏林建造的阿尔特斯博物馆❸和宫廷剧院是当时这座城市的重要标志。辛克尔的大多数作品都是希腊复兴式的，同时他也建造了许多精美的哥特式的教堂和意大利文艺复兴式的府邸。此外，他还设计了一座以大面积玻璃窗为特色的百货商店，外表上已把古典细部作了最大可能的简化，今天看来虽然平淡无奇，可在当时却是了不起的创新。

辛克尔对密斯的影响，可以从他在1911年为胡哥·佩尔斯❹建造的住宅中看到。当时密斯还在贝伦斯事务所工作，他设计的这座住宅已经极似辛克尔式的，深凹的门廊、突出的檐口，和坡度平缓的屋顶，都是辛克尔的主题。这幢住宅已经不再是一个学生的习作了，25岁的密斯已经变成象他老师一样是熟练应用辛克尔传统手法的设计者。

1912年密斯离开了贝伦斯的建筑事务所，他应克吕勒夫人❺的邀请到荷兰海牙住了一年，为她设计住宅（图2），而且曾经用木头和帆布建造了一个足尺的模型，但是最终没有真正建成。就在这一年，他也参加了俾斯麦纪念堂❻的设计。

这二个设计都是辛克尔式的。在这座纪念堂的设计中，特殊的位置和传统手法的灵活应用都特别引人注意。建筑外部突出的石柱墩子，也是他在住宅设计中常用的主题。这些特点和辛克尔的作品非常相似，但是却没有抄袭复古的倾向，因此他在早期可以算是辛克尔学派的一员，而又没有受到辛克尔手法的局限。例如在克吕勒住宅中，他就应用了比辛克尔传统的正规处理要多得多的窗户，但并没有破坏这座住宅的原有风格。

当密斯在荷兰海牙时，他也曾受到荷兰著名建筑师贝尔拉格❼（1859—1934）的建筑物影响。贝尔拉格和贝伦斯一样都是现代建筑的重要先驱者。贝伦斯倾向于建筑从形式的观点出发，贝尔拉格则倾向于建筑从结构的观点出发。因此，前者提供了新古典形式向简单的长方体变化的过程，而后者，忠实于结构的实践，是导源自罗斯基和莫里斯❽的理论：也就是说，一座建筑物的支承构件看起来应该是很清楚的。然而，贝尔拉格对密斯的影响并不在形式方面，而是他的完善思想和对荷兰典型砖材的应用。

---

❶勒·柯布西耶　Le Corbusier
❷辛克尔　Karl Friedrich Schinkel
❸阿尔特斯博物馆　Altes Museum
❹胡哥·佩尔斯　Hugo Perls
❺克吕勒夫人　Mme Kroller
❻俾斯麦纪念堂　Bismark Memorial
❼贝尔拉格　Hendrik Petrus Berlage
❽罗斯基和莫里斯　Ruskin and Morris

图 2　克吕勒住宅方案·1912

1913 年，密斯从海牙回到了柏林，开设了自己的建筑事务所，并建造了维尔勒住宅❶。1914 年，他为自己在韦尔德尔❷的住宅设计了二个方案，造型都是辛克尔式的。同年他又为乌毕希❸家族设计了一座辛克尔式的住宅，但是这个设计不受欢迎，业主要求采用 18 世纪别墅的样子。密斯只得从命，不过他在设计中还是保持了一种古典的明朗性，这和那些追求雄伟富丽的风格有所不同。

1914—1918 年，第一次世界大战期间，密斯曾在军队服役。当他在 1919 年从军队中复员回来时，他为肯帕勒❹家族设计了一所住宅方案，在这所住宅中，平屋顶、三重拱廊和狭长的窗户之间的宽墙面，都很象辛克尔学派所作的意大利式的作品。这是密斯在初期模仿阶段的最后一个浪漫主义设计。

·提倡现代建筑　1919—1937·

在第一次世界大战后的年代里，密斯·凡德罗完全背离了辛克尔的新古典学派，自己开始独立探索严谨的现代建筑方向。他在二十年代初曾作出了一系列崭新的设计方案，好象他每年都要想发明一种新手法似的。密斯的这种急骤变化，在某种程度上是由于受到外界影响的缘故。

战后的德国经济十分困难，破坏了的城市与建筑又急需恢复，在这种情况下，比较花钱的新古典建筑形式自然要让位给经济实惠的现代建筑了。与此同时，由于战争而与外界隔离多年的柏林，这时已不再是一个知识与艺术的真空地区。在荷兰新发展起来的风格派❺艺术，在苏联发展起来的构成派❻和极端派❼，在瑞士苏黎世发展起来的达达派❽，都吸引着

❶维尔勒住宅　Werner House
❷韦尔德尔　Werder
❸乌毕希　Urbig
❹肯帕勒　Kempner
❺风格派　de Stijl
❻构成派　Constructivism
❼极端派　Suprematism
❽达达派　Dadaism

德国的注意。另外，德国原有的表现派❶过去只是在绘画界流行，这时也已经对建筑艺术产生了影响。

在历史上，建筑受绘画的影响从来没有如此巨大。从1919年开始，这种表现主义的"错乱的尖角与歪斜的曲线"就变成为幻想设计的基础了，但这些设计是很少有建造起来的。1922年，风格派的奠基人陶爱斯保❷前来访问柏林，并且从莫斯科来了利西兹基❸帮助组织构成派与极端派的展览会。不久以后，在一些进步建筑师的设计中就已经能看到有这二种派别特征的立方体组合和重叠的长方形面的构图。不象表现派那样在20年代逐渐烟消云散，风格派和构成派后来都成为"现代建筑"运动的先驱。

绘画艺术应用于建筑，必须受到工程技术的制约，因此当时的欧洲崇拜着"从机器下来之神"。在德国，象其它地方一样，建筑师们都剥去了建筑上多余的装饰，使建筑物的表面简洁而朴实，他们还极力利用机器制作的材料美学效果，大胆使用钢与玻璃，同时，他们也象勒·柯布西耶一样，开始与尝试要把房子作为"居住的机器"。

密斯在这段时期的活动是多方面的。除了设计许多令人注目的作品外，他还组织了展览会，写了短文，并创办了"创作"杂志❹。汉斯·瑞希特❺是一位风格派的抽象艺术家，他支持密斯而作为"创作"杂志的出版者。这个杂志主要刊登当时的美学评论，它具有强烈的风格派的风味，虽然它也刊登构成派利西兹基，达达派乔治·格罗兹❻与特瑞斯坦·特沙拉❼等人的文章，以及有关工程技术方面的科学论著与激进的艺术论文等。

密斯在1923—24年共办了三期"创作"杂志，后来他的主要活动是参加"十一月学社"❽的工作，这是一个以共和国革命的月份命名的组织，它是建立起来为了宣传现代艺术的。自从1918年创办以来，这个组织一直举办展览年会，每次展览会都变成了进步艺术的中心。由于建筑被认为是最有社会性的艺术，因此它在展览会中占有重要的地位。密斯在1921—1925年主持过四次展览会的建筑部分。他在这时期中所作的五个最大胆的设计方案有四个都在展览会里展出过。这五个方案是:①柏林高层办公楼，1921;②玻璃摩天楼，1922;③钢筋混凝土办公楼，1922;④砖结构乡村别墅，1923;⑤混凝土乡村别墅，1923。

这五个设计方案都已经成了现代建筑史上的重要种子，它们在现代建筑运动中起了积极的推动作用。

早在1912年，《柏林晨报》发表了给市长的一封公开信，建议在市中心区建造一些高层建筑，这不仅能对市容起重要作用，而且也有利于市中心区商业活动的开展。后来战争使这一建议暂时搁浅。到了1921年，此事又重新被提到议事日程上来了，尽管当时经济处境十分困难，但是德国人对美国的摩天楼是十分向往的，他们认为这是现代城市的标志。

在1921年后期，柏林钟楼公司❾主持了一个高层办公楼的设计竞赛，地点准备放在柏

---

❶表现派　Expressionism
❷陶爱斯保　Theo van Doesburg
❸利西兹基　El Lssitzky
❹"创作"杂志　Gestaltung
❺汉斯·瑞希特　Hans Richter
❻乔治·格罗兹　George Grosz
❼特瑞斯坦·特沙拉　Tristan Tzara
❽"十一月学社"　Novembergruppe
❾柏林钟楼公司　Berlin Turmbaugesellschaft

林市中心区一块三角形的地段上，靠着腓特烈大街和斯帕烈河❶，边上还有一座巨大的铁路车站。设计竞赛的任务书要求建筑布置在规定的范围内，并且三边都要有专门的出入口，建筑物的高度建议不超过 80 米。整个建筑里包括有各种不同的功能（办公室，工作室和各种公共机构），要求各层平面要单独设计。底层平面还要包括一家咖啡馆，一家电影院，各种商店，以及车库等。

在 145 份设计方案中，大多数都是中间有一座塔楼，侧面各翼低下，或者是做成从中间向外面呈阶梯状的建筑。但是其中有一份图的形式特殊，它应用了表现主义的手法，平面设计成三个锐角，外观是长而尖的大块体量，用炭笔画了一张大幅的透视图，图签上的署名为"蜂巢"❷。当时在评议中，马克思·伯格❸很赞扬这个方案，指出它"具有高度的简洁性，……开阔的思路，……它是对高层建筑方案富有想象力的一种尝试。"

"蜂巢"就是密斯的方案（图 3、4、5），虽然他的大胆创新受到赞扬，但却没有在设计竞赛中获奖。原因是密斯几乎不管设计竞赛中对功能与建筑布局要求的规定。他不服从规定中要求各层平面都需按不同的功能来进行布置，因为他认为所有楼层平面应该是同样的。他设计了三个几乎对称的棱柱形的塔楼，20 层楼高，从街道直升到顶不作层层后退的形式。三个角上的棱柱体塔楼都有通道与中间的公共圆形核心部分相联，在核心部分设有电梯、楼梯和卫生间。整个体形与环境很适应，和美国的摩天楼迥异。结构采用钢框架和悬臂楼板的做法，外部全包以玻璃表皮。从三角形位置的每一边都可清楚地看到二个棱柱体的边，它们由深而直的凹槽分开，并且再由浅凹槽把每一个边分成二个面，而这二个面都微微向内倾斜。伯格评论说："平面没有完全符合建筑物多功能的要求。如果它只意味着是一座仓库，这也许可以解释房间为什么这样深的理由。用玻璃做外墙，透进的阳光肯定是太多了。"

虽然伯格并不了解密斯为什么要那样做，而他的看法还是对的。可以有足够的理由设想当时德国的经济情况是不可能允许建造这样的建筑的，即使他的设计获得了竞赛的头等奖。密斯作出这个设计与其说是一个实际的建筑作品，还不如说是一个建筑宣言，是一种富有想象力的尝试。对于密斯以后的创作来说，没有一个比他这第一个现代设计方案更具有特征的了。

密斯的这个设计竞赛方案对后来建筑的发展有很深远的影响，尤其是建筑立面造型的突然升起，以及建筑表皮的玻璃幕墙都在高层建筑设计中开创了先例。密斯应用玻璃幕墙的方法不仅是为了表示建筑物形式的简洁，而且是充分利用了这种材料的最大优越性，同时在这个方案中通过立面的锐角和钝角的生动错综排列，使它可以获得反射的效果。腓特烈大街这个高层办公楼方案明显地受到了表现主义崇拜纯净的思想影响，同时也暗示了战后玻璃摩天楼实现的可能性。

1922 年，密斯设想了一座新的玻璃摩天楼方案（图 6、7），它无业主，无特殊的功能要求，也无实际的地段，而且比腓特烈大街摩天楼方案更为大胆与抽象，是一座完全用玻璃外皮做成的自由平面塔楼。

此塔楼高 30 层，相对来说较为细长，平面表示在一不规则五边形的地段上，位于两条宽马路的交叉点处。密斯在这里布置的自由平面塔楼，是由三个曲线性的平面体形所组成，每个都包含有一个不同大小的门厅。三个曲线形平面中有一个在尽端采用了尖角和一边直

---

❶斯帕烈河　Spree River

❷蜂巢　Honey—Comb

❸马克思·伯格　Max Berg

图 3　柏林腓特烈大街高层建筑街景（方案）·1921

图 4　腓特烈大街高层建筑外观（木炭画）·1921

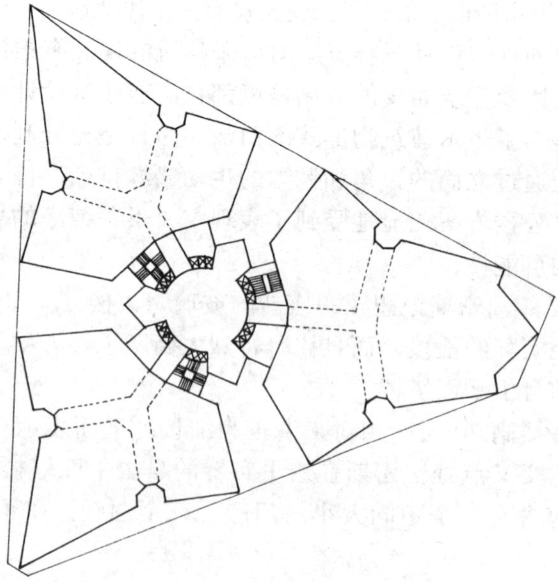

图 5　腓特烈大街高层建筑方案平面

图 6 玻璃摩天楼方案模型·1922

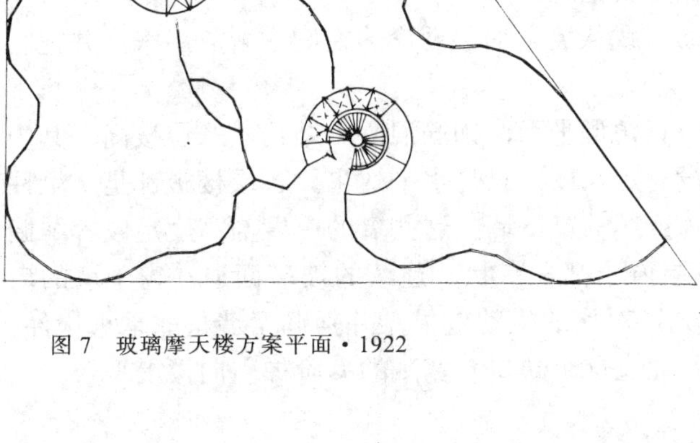

图 7 玻璃摩天楼方案平面·1922

线，其余全是曲线。这三个体形都用深凹槽互相分开，有二个入口通向巨大的前厅，在前厅的两端各有一个圆形的服务核心，其中包括电梯、楼梯与卫生间，旁边还有值班室。这座玻璃摩天楼因无特殊的功能要求，所有楼层平面都做成同样的大空间，只不过表示了框架柱的位置。

在这个方案中，柱子的几何形布置系统已由变形虫似的平面所取代，本身所有合理的规则都消失了。因此不难看出密斯在这里并没有对实际的结构感兴趣，他首先想到的只是形式。虽然他的建筑模型很美，但很难付诸实践，因为各层楼板太薄，加之在空调系统尚未应用的条件下，不考虑通风措施，确实存在不少问题。

密斯倾心于玻璃美学的可能性，把发扬技术美信奉为他的建筑哲学，并以极大的热情来对待玻璃材料。他曾在“早上的光”这篇文章中，大力提倡玻璃外表的效果，他说:“我尝试用实际的玻璃模型帮助我认识玻璃的重要性，那不在于光和影的效果，而在于丰富的反射作用。”

密斯后来参加了“十一月学社”的艺术团体，1922 年这座玻璃摩天楼模型便首次在大柏林艺术展览会的“十一月学社”部分展出，受到广泛的注意。此后不久，密斯便被聘为“十一月学社”建筑部的负责人。

1922 年末到 1923 年初之间，密斯设计了一个主要作品，钢筋混凝土办公楼。这个方案是他在 1921—24 年间所作的五个著名的设计方案中最不带主观色彩的作

图 8　柏林钢筋混凝土办公楼方案・1922

品，也是最接近于他在《创作》杂志上发表的论点（图 8）。

密斯在 1923 年 7 月柏林出版的《创作》杂志第一期上发表一篇谈话，观点非常鲜明：

“我们反对一切美学的抽象理论，一切教条，一切形式主义。……

创造形式要从我们的任务实质出发，要用我们时代的方法。

这就是我们的任务。”

在 1923 年第二期《创作》杂志上，他继续谈到：

“我们不承认形式问题，只承认建造问题。

形式不是我们工作的目的，只是结果。

形式本身并不存在。

把形式作为目的是形式主义，我们是要拒绝的……

我们的任务是要在根本上把建筑的实践从美学抽象理论的控制中解放出来，并把它还原为它应该是的那样：建筑。”

密斯设计的这座办公楼方案，平屋顶，直角形平面，钢筋混凝土结构，八层楼高，其中包括一个下沉式的底层。从图面上判断，没有定长度，只是水平效果。各层楼板都是从梁柱上挑出的，再在外面各边向上翻起形成一片连续的窗下墙。这些墙的厚度与高度足以容纳橱柜，因此使楼层空间的布置比较自由。各层窗子都呈带状，连续的玻璃面退在窗下墙的后面，它与一条条矮墙互相交错排列，形成光影对比的生动效果，并强调了墙是非承重构件。建筑物的入口把第一层上的窗下墙打断了，通过这个缺口有宽敞的大阶梯引向楼上平台。

象玻璃摩天楼一样，钢筋混凝土办公楼方案是作为一件幻想作品而出现的。它曾在1923年大柏林艺术展览会上展出，是一幅有9英尺长，用木炭画的透视图。密斯为此曾在《创作》杂志第二期（1923年9月）上作了简要的说明：

“办公楼是一座工作、组织、简洁和经济的建筑。

明快而开敞的工作空间，清晰联通，好象商业本身的有机性一样。用最少的手段获得最大的效果。

材料是混凝土、钢、玻璃。

钢筋混凝土建筑都是由框架构造做成的，它没有虚假的装饰，没有穿盔甲的塔楼。用柱子和大梁，不用承重墙。也就是说，它是皮与骨的建筑。”

后来风格派领袖陶爱斯保则风趣地把密斯称之为“解剖学建筑师”。

密斯在外墙与入口的处理上表达了上述思想，他把窗退到窗下墙后面的方式，创造了一种三度空间的立面韵律，避免了二度的单调。在入口处可以看到有四根柱子，清楚地表现了钢筋混凝土现代构件，而入口阶梯直通二层，则明显地带有辛克尔作品的轴线对称性。同时，密斯也非常自由地应用了现代抽象的语言来表达古典的性格。他曾承认他的这座混凝土办公楼方案受有意大利文艺复兴时期比蒂府邸❶的影响，因为他想看看是否可以用他的方法与目的造出与古典建筑同样有力量的建筑。

另外还有二个人对密斯的影响很深，一个是荷兰的伯拉格，他在阿姆斯特丹证券交易所中，设计了宽大的内部，密斯非常赞赏；另一个是美国的赖特，他在1904年建造于布法罗城的拉金大厦，不仅表现了宽阔的、深而高的内部办公空间，而且提供了在外墙上嵌入贮藏柜的先例。

密斯并没有步上述二例的后尘，而是采用了外部开敞的手法来处理钢筋混凝土办公楼，并且在结构体系方面表现得比玻璃摩天楼更为清晰，因此后来成了同类建筑的范本。

自工业革命以后，私人别墅在欧洲和美国始终对建筑的基本理论具有强烈的影响。当19世纪与20世纪要求建筑功能与形式比以前有所发展时，差不多一切建筑大师都非常关注住宅设计问题，特别是对那些资产阶级舒适的乡村别墅更感兴趣，因为在那里他们可以显示他们创作的才能。密斯在1923年所作的二座乡村别墅方案都是对空间具有革命性探索的作品。

关于混凝土乡村别墅方案（图9），密斯大概完成于1923年初的几个月中，根据现有资料所知，没有留下各层平面，只有几张透视图，还有二张模型照片。从照片上可以看出这所别墅方案是做成多枝形的平面，但是每个分枝内所包括的空间不甚清楚。

这座钢筋混凝土乡村别墅方案也曾在1923年大柏林艺术展览会上展出。它不同于传统住宅的紧凑平面，而是从一个核心部分向三个方向伸展的，每个翼都是平屋顶的棱柱形体量，推测有一翼是起居室，一翼是门厅和餐厅，另一翼是卧室和服务用房。很明显，在这座钢筋混凝土别墅的风车形构图中，有些经验是从赖特的草原式住宅布局中学来的。密斯在这里把注意力集中在自由的不对称体量上，创造了空间虚实对比的效果。

密斯认为他设计的钢筋混凝土乡村别墅完全是从实际出发的，他在1923年的一篇文章中曾这样写道：

“根据我的看法，应用钢筋混凝土的主要优点是有机会去节省大量的材料。为了在住宅中实现这种机会，需要把荷载集中在几个结构支点上。钢筋混凝土的不利因素是它

❶比蒂府邸、Palazzo Pitti

图 9　钢筋混凝土别墅方案模型·1923

隔热的性能不高，并且容易传声。因此必须加上特殊的隔热材料来防止外部温度的变化。处理隔声最简单的方法似乎是将能产生噪音的东西都取消，我正在设想用橡皮贴的楼梯，拉门和拉窗，以及其它类似的预防方法，而且在底层设计中也都做得很宽敞。"

乡村砖别墅方案也是密斯在20年代初期成为现代派有影响的作品之一（图10、11），又是他组织空间新概念的先导。这个方案完成于1923年末，是借鉴伯拉格和赖特作品的结果。密斯对砖材料感兴趣早在他还在亚琛当学徒的时候就开始了。当时他十分赞赏伯拉格在阿姆斯特丹证券交易所中应用砖的情况，而且他也知道赖特在草原式住宅中应用砖墙的效果。密斯则充满信心在这个明显的现代设计中应用砖材料，并要在空间处理上超过这个美国人。因此，他借助于陶爱斯保的风格派绘画手法与构成主义交叉雕刻的处理，尽管他与陶爱斯保有些意见不合。

乡村砖别墅的平面是最有吸引力的。1924年在大柏林艺术展览会上用绘画的形式展出之后，使它获得了很大的名声，其原因之一就是它具有图画般的效果。很多人分析这个方案，认为在很大程度上是受陶爱斯保名作"俄罗斯舞蹈的韵律"的绘画作品影响（图26）。该画完成于1918年，在画面中，横竖的彩色条，同样宽度，长短与色彩不同，组成一幅不对称的动态构图，这不仅表现在画面的空间中，而且以错综的构图形式表现了它们在不停地流动。另外，早在1889年，美国建筑大师赖特就已经开始以互相交错的空间做住宅设计，这也对密斯有一定的启示。

在乡村砖别墅方案中，密斯已完全超出了赖特的开敞平面概念。由于布置一些独立自由的墙，它既不封闭房间，甚至也不暗示房间的面积，而只是在空间中指示动态，这些空间是互相渗透的，他把室内转变为动态的空间统一体。

他应用的墙比他组织内部空间所需要的数量多得多。有三堵墙延伸到房子周围的外部空间中，每一条长线都伸到画面以外，好象是暗示着这个建筑整体是引向无限远处。这样做，是试图使内外空间融合，同样的手法他已在早些时候所作的混凝土别墅方案中就开始应用

图 10　乡村砖住宅方案外观 · 1923

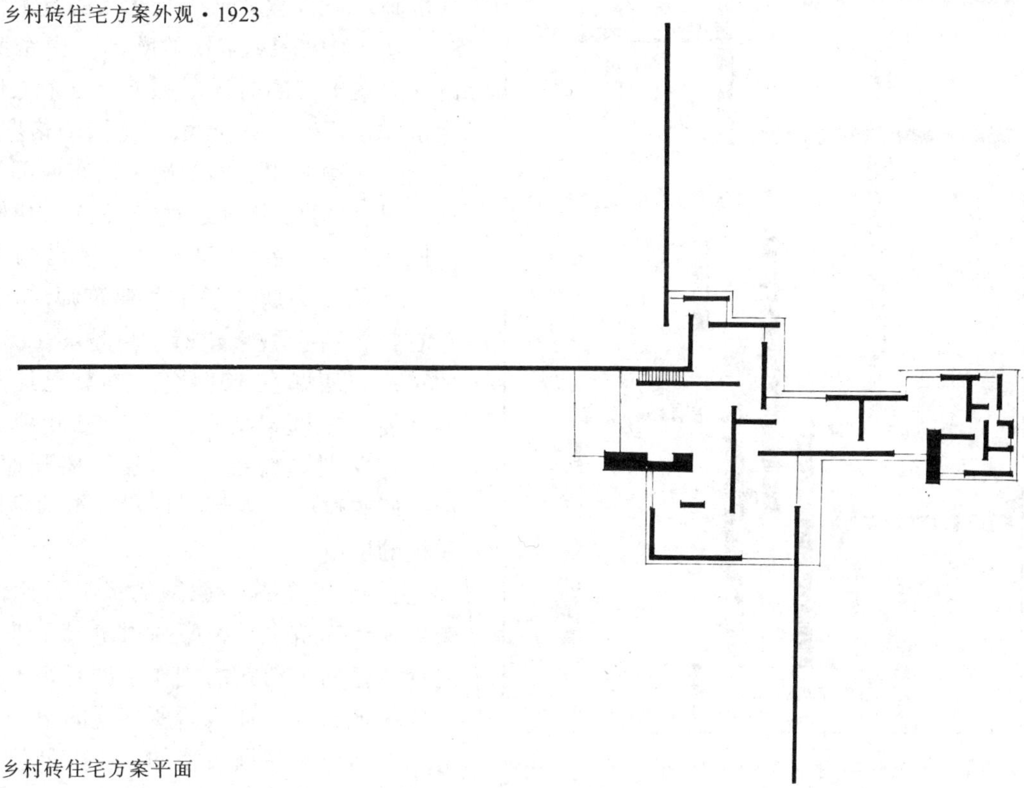

图 11　乡村砖住宅方案平面

了。这二座小住宅方案都创造了流动空间的新概念，同时他已不太注意作为住宅传统功能的封闭空间了。

从透视图中，我们所看到的印象和平面上所表现的形式有所不同，它没有强调出自由独立墙体的特殊效果。图中只表现了一组立方体的组合，甚至在外部砖墙被玻璃墙打断的地方，玻璃墙也做成好象和砖墙一样的不透明，但是从内部看，玻璃墙仍然能显示着沟通内外空间的作用。密斯的重点好象是依赖延伸的墙从屋顶下面通到周围的大自然中，并且用平屋顶的横向构图来结束玻璃墙的上端。

作为构成三度空间要素的墙和屋顶板在密斯的设计中越来越起着重要的作用，空间组合的优先地位逐渐让位给了结构，在乡村砖别墅中，它的墙支撑着屋顶，也决定了内部空间有组织的动态。并且在空间组合上也进一步把混凝土别墅的处理简化了，分成“居住空间”和“服务空间”二大部分。这个方案可以说是密斯探求空间内外融合与结构清晰的过渡性作品。

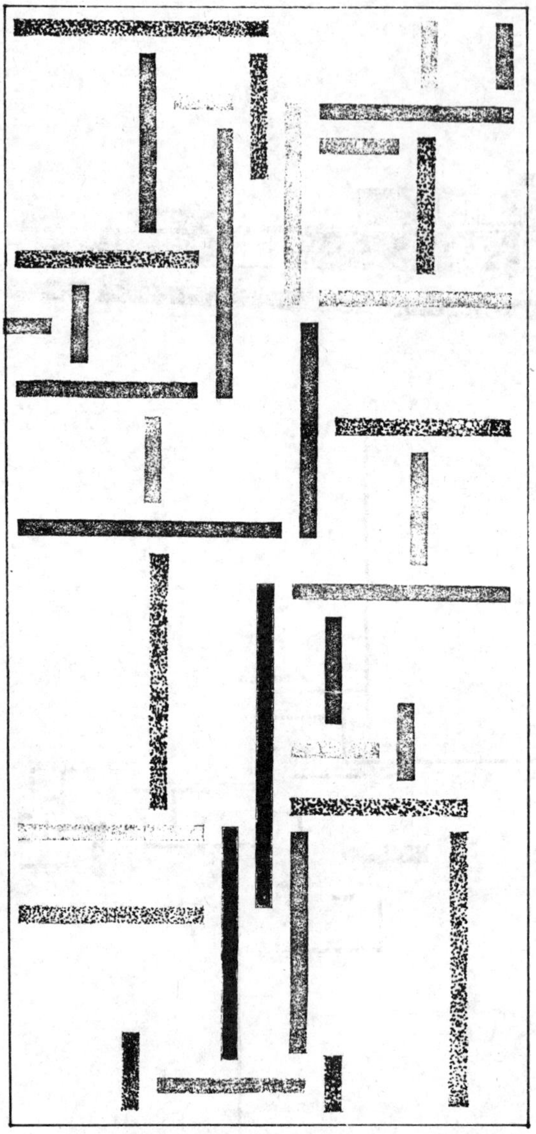

图 12　陶爱斯保的抽象画"俄罗斯舞蹈的韵律"·1918

密斯作为一位现代建筑先驱者的地位就是奠定在这五个设计方案基础上的。在 20 年代的欧洲，他的这些方案经常被有关方面介绍，因而他的声誉主要是被看作为一位幻想家，而不是一位从事实际工作的建筑师。其实，密斯的这些方案都是考虑了技术的可行性与建造的现实性的，这在现代建筑后来的发展过程中得到了证明。此外，密斯的高度表现技巧也是令人钦佩的，特别是他作的第一个玻璃摩天楼的木炭画，一直被公认为是优秀的艺术作品。

在 1919—1924 年的欧洲，当密斯的五个设计方案出现的时候，另外有三个人也对现代建筑作出了重大的贡献：德国的格罗皮乌斯，荷兰的奥德❶和法国的勒·柯布西耶。格罗皮乌斯早在 1912 年就已建造了他的初期杰作法古斯工厂，1926 年又设计了著名的包豪斯校舍；奥德作为鹿特丹市总建筑师，在 1924 年左右曾在荷克城❷建造了卓越的工人住宅区；勒·柯布西耶在 1914 年左右就已经开始想到设计要依靠框架结构，在 1922 年建造西特罗汉住宅❸时就曾提出了"建筑离开地面"的理论。所有这些成就都对现代建筑的发展产生了积极的影响。

1924 年左右，德国的经济开始恢复和繁荣，现代建筑也从方案探讨阶段而进入了实践时期。密斯最活跃的创作生涯开始了。就在这一年，他设计了在战后所接受的第一个工程任务，在新巴贝尔斯贝格的一座大型住宅。1925 年他又为柏林市区建造了一批廉价的公寓住宅，尽管造价非常经济，而平面布置与外观处理仍做得简洁有趣，表现了高度的建筑素养。

在 1925—1929 年间，密斯建造了三幢住宅和一座纪念建筑，全部都是用清水砖墙的立面。这种充分应用砖的材料特点，是他在荷兰工作时期得到的启示，因此，他成了在 20 年代唯一善于应用砖材的现代建筑大师。在砖建筑中，他可以强调砖材的粗糙质地和建筑的手工艺水平。密斯受贝尔拉格的影响，他认为砖是一种结构材料，它不需要被隐藏起来。他喜欢用重复的模数来达到规则的韵律，同时这种规则的韵律需要在精确的施工中体现出来。

---

❶奥德　J.J.P.Oud
❷荷克城　Hook
❸西特罗汉住宅　Citrohan House

1926 年在德国古本建造的沃尔夫住宅[1]，1928 年在克雷费尔德建造的兰格住宅[2] 和埃斯特斯住宅[3]，不仅建筑本身砖砌手工精致，而且连平台也都是应用砖材铺面。它们的平面既有错综复杂的现代手法，而外观上却还带有辛克尔式的平静风格。1926 年他在柏林设计的李卜克内西和卢森堡纪念碑[4] 是采用紫红色缸砖作饰面材料，造型有些象风格派的构图，但重叠的体形却暗示着重量，而不是一些单纯的平面组合。

密斯·凡德罗在 1926 年被任命为德意志制造联盟[5] 的第一副主席，这无疑地在很大程度上是由于他领导"十一月学社"致力于现代建筑运动而闻名的关系。德制联盟是早在 1907 年由一批企业家和著名建筑师组织起来的，它的任务就是要去改进德国工业设计的质量，以便更有效地和英国竞争。1914 年时，这个组织曾在科伦举办了第一次展览会，在那里，维尔德建造了他著名的剧院，格罗皮乌斯建造了机械展览馆。

第二个展览会称之为魏森霍夫区[6] 住宅展览会，这是 1927 年在密斯·凡德罗的主持下在斯图加特举办的。原来他是设想把这个区建设成为一个完整的村镇，建筑物沿着山坡一层层地排列，主要道路都通到大广场中。但是后来因为斯图加特市希望在展览会结束后要把这批建筑物都作为单独的住宅出售，所以密斯只好把这组建筑处理为一个多种类型的住宅区了。

这次展览会上的住宅建筑风格都比较一致，表明了在本时期现代建筑思潮已经逐渐统一，形成了一种约定俗成的国际规则，这就是后来的评论家与建筑师们所通称的"国际式"，这种国际式风格强烈地影响着许多现代建筑师的设计，对于当时进一步推动现代建筑运动，扫除折衷主义与形式主义的障碍起了积极作用。

在 1927 年，当时有人曾对这一住宅展览会作过以下的评述:

"展览会确实给我们在实际生活中有一种新的见识。我们相信它有极其重要的意义，因为它已经从少数先进人物的试验中带来了建造的新方法，并且把这种新方法引入广泛的实践。新的建筑艺术……决不能离开群众的积极参加而得到健康的发展。然而，需要解决的问题是不可能由群众来回答的。由于种种原因，他们的思想意识总是会对新的艺术经验持"否定"态度。但是如果不知不觉的思想一旦被引向新的道路，那么实验室的产品就会被推广与采用，以适应现实生活的需要。斯图加特展览会向我们表明了这样一个重要的过程，并且在这里蕴含着它的重要性。"[7]

魏森霍夫住宅展览会的举办，在现代建筑史上是一个重要的里程碑。

密斯一直在建筑设计中遵循着他的座右铭:"少就是多" (Less is more)。这种建筑设计原则他也应用来布置展览会，把物品的陈列转变为一种艺术。在 1927 年的德制联盟展览会上，他和利利·赖克[8] 一起作了精彩的设计。展览会上的展品力求少而精，要求每一件东西都能起到重要的作用。他用最少的隔断墙、架子和橱窗，以达到最大限度的使用与艺术效果。所有衬托展品的构件都考虑到和展品性质的一致，例如玻璃展品的衬托隔墙都是用玻璃材料；丝绸展品的衬托隔墙都是用丝织品饰面。而且所有隔墙与橱窗细部的设计都同样是非

[1]沃尔夫住宅　Wolf House, Guben

[2]兰格住宅　Hermann Lange House, Krefeld

[3]埃斯特斯住宅　Esters House

[4]李卜克内西和卢森堡纪念碑　Monument to Karl Liebknecht and Rosa Luxemburg

[5]德意志制造联盟　Deutscher Werkbund

[6]魏森霍夫区　Weissenhofsiedlung

[7]见S.Giedion:《Space, Time and Architecture》,（5th edition），P.295

[8]利利·赖克　Lilly Reich

图 13　柏林亚历山大广场改建方案透视图·1928

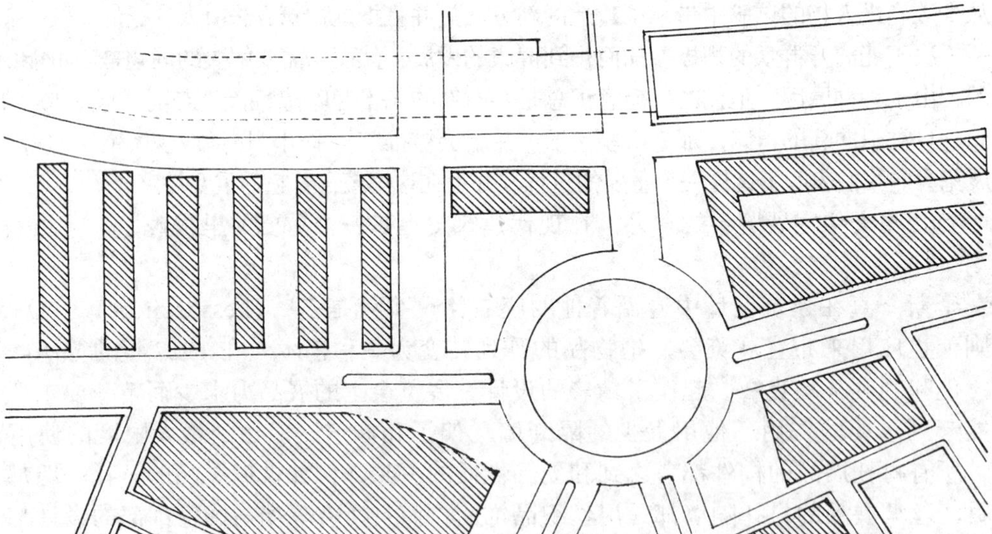

图 14　亚历山大广场改建方案平面图

常简洁的，以标志和建筑特征的一致。

由于密斯对所有陈列品的注意，导致他设计现代风格的椅子——“金属藤椅”❶或称MR椅，这种椅子最初在1927年的展览会上展出取得了成功，它是一种用镀克罗米的钢管弯曲而成的椅子，造型优美，而且这种悬臂钢管椅使密斯一直获得了很大一部分专利。

密斯在1929年巴塞罗那展览馆中设计的椅子是他最精心的作品之一。靠背与座位交叉相反的曲线，不仅造型简洁漂亮，而且坐起来也特别舒适。密斯对于工艺的重视，常常使他对每一件东西都要计算到最后一毫米，例如带状金属片的宽与厚，以及在交接点处的曲率半径；皮带的宽和间隔，皮垫子的长方形比例等等。

在1928—1929年间，密斯曾作过四个办公楼的设计方案，所有这些方案基本上都是在他早期玻璃摩天楼设想的基础上的进一步发展而来的。这几个办公楼方案中比较典型的一个例子是1928年所作的柏林亚历山大广场的改建设计（图13、14），由于他不遵照市政当局要求做成封闭式的古典平面，因而没有中选。但是他的设计却创造了一种开敞的不对称的空间，用许多大小不一的建筑衬托着一座17层的玻璃摩天楼，造成活泼效果。另外亚当大厦方案（图15）在当时也很著名。

密斯在欧洲时期的建筑创作最高的成就，可以算是1929年在巴塞罗那国际博览会❷所作的德国展览馆。这座建筑一直被评论家与建筑师们誉为现代建筑的里程碑之一，遗憾的是它只存在了一个季度就被拆除了。

密斯当时四十三岁，担任德制联盟副主席，在德国有一定的声望，加上1927年主持魏森霍夫区住宅展览会取得了突出的成就，于是在巴塞罗那国际博览会上的德国馆设计任务就落到他的身上。密斯接到任务后，考虑到既要突出产品又要表现建筑，便把这个任务分为

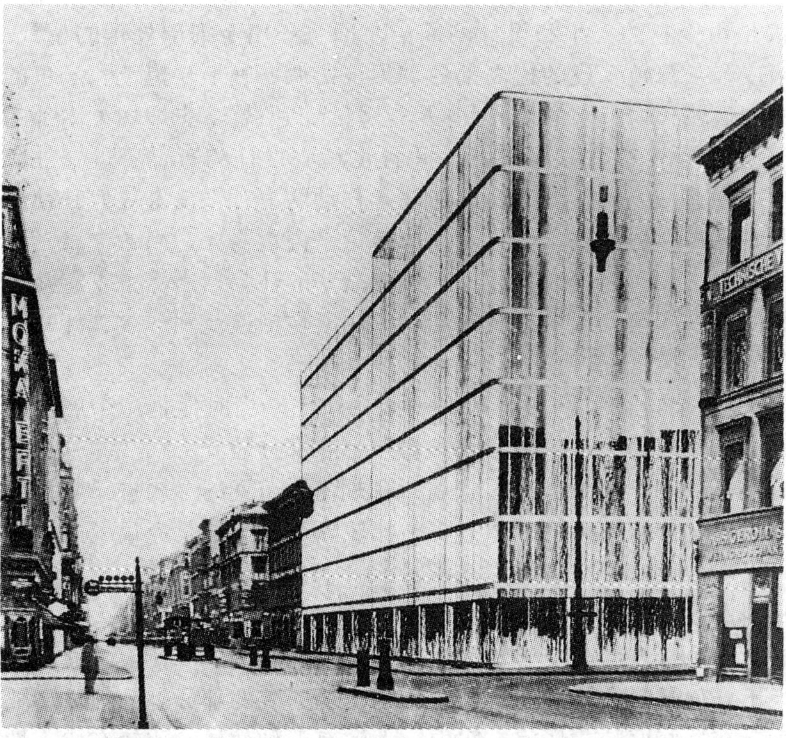

图15 柏林 亚当大厦竞赛方案·1928

❶金属藤椅 Cane metal chair

❷巴塞罗那国际博览会 The International Exposition at Barcelona

二座建筑来设计，一座是德国馆，另一座是电气馆。电气馆以布置德国的电气产品为主要目的，是一座实用性的展览建筑，没有特殊的个性，一般不为人所知。德国馆却是一座无明确用途的纯标志性建筑，主要为了反映德国的现代精神，同时它又不受材料和经济的限制，这给密斯表现他的新建筑概念带来了非常有利的条件。他在这座建筑中综合运用了他以前作品中的许多特点，例如强调精致的手工艺和富丽的材料，重视规则的钢框架结构和把墙体引伸到外部空间去的处理，同时，在这个作品中也可以看到他借鉴了别人的手法。漂浮着的屋顶与开敞的平面，是赖特❶（1869—1959）草原式住宅的反映；在墙体的布置方面，则是受风格派的影响；用宽大的基座抬高建筑物的做法也许与辛克尔学派的风格有点关系。然而，值得注意的是他已把这些手法融合为一个整体，创造了自己独特的艺术作品。

这座展览馆的平面是简单的，但空间处理却很复杂。建筑物的主要构件是一些钢柱子和用大理石做成的自由墙体；这里，流动空间的概念得到了充分的体现。除了建筑本身的必要构件之外，仅有的装饰因素就是两个长方形的水池和一个少女雕像，它们都是这个建筑空间组合中不可缺少的因素。

继巴塞罗那展览馆之后，密斯于1930年在捷克斯洛伐克布尔诺城所作的吐根哈特住宅❷中，继续发展了流动空间的概念。这座建筑是密斯仅次于巴塞罗那展览馆的一个著名作品，它的特点主要是在起居部分的空间处理和室内材料的应用，于是它成了一个经典的现代内部设计。

起居空间的优美形象不仅是由于它的大小和设计的简洁，而且还由于细部处理的精致，加上原色的羊毛地毯，以及猪皮和灰绿色牛皮的椅面都处理得很协调。晚上，黑色和米色的生丝窗帘遮盖着从天花到地板的玻璃长窗，它的色彩和图案在灯光的照耀下也增加了内部的华丽。此外，他还亲自设计了灯具、窗帘盒和暖气罩，并且也精心设计和布置着每一件家具，好象每一个椅子都是必须固定在一定的位置上而不能任意移动的。几乎没有任何其他的著名建筑师对家具陈设象密斯考虑得那样细致。但是对住户使用来说也需要适当的注意，杂乱几乎是对“少就是多”的亵渎。也许没有多少人能住得起如此豪华的住宅，当然也没有几个人能够长期忍受这种金鱼缸似的住处。第二次世界大战期间，这所住宅遭受到严重破坏，战后重新修复，现已改为健身房使用。

1931年，密斯为柏林建筑展览会设计了一座开敞式平面的住宅，当时他是这个展览会的主持人。住宅平面上只有厨房和仆人用房是封闭空间，它与起居部分隔开。在二间卧室之间的卫生间做成一端为弧状的盒子，仅作为象征性的分隔。有规律地布置的金属柱子与自由交错的墙壁形成对比，有些墙体还延伸到屋顶之外。方案中比较新颖的手法是应用了围墙内院，院内布置有花木与家具，进一步使内外空间融为一体。

从1931年到1938年，密斯发展了许多庭院式住宅方案。在这些方案中，空间大都是限制在一个简单的长方形之内的，这个长方形由院子的围墙与住宅的外墙构成。住宅平面本身可以做成各种形状，外墙多半不开窗，只有个别的例外，住宅内朝内院的部分都是用玻璃隔断，造成清静优美的内部环境。在这些庭院式住宅方案中，大致有五种变体，比较有代表性的如1931年作的联排式庭院住宅方案（图16）；1934年作的三院式住宅方案（图17）；

---

❶赖特　Frank Lloyd Wright
❷吐根哈特住宅　Tugendhat House，Brno

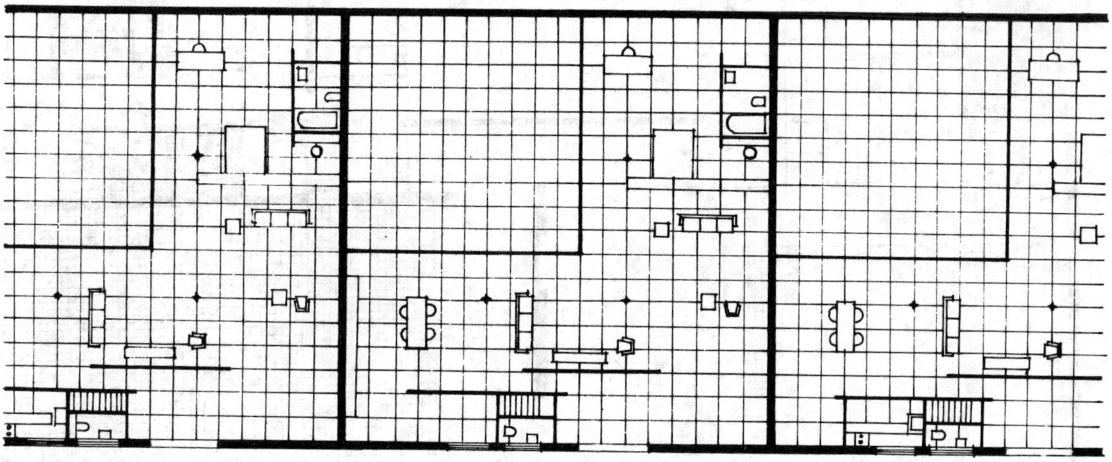

图 16　联排式庭院住宅方案平面·1931

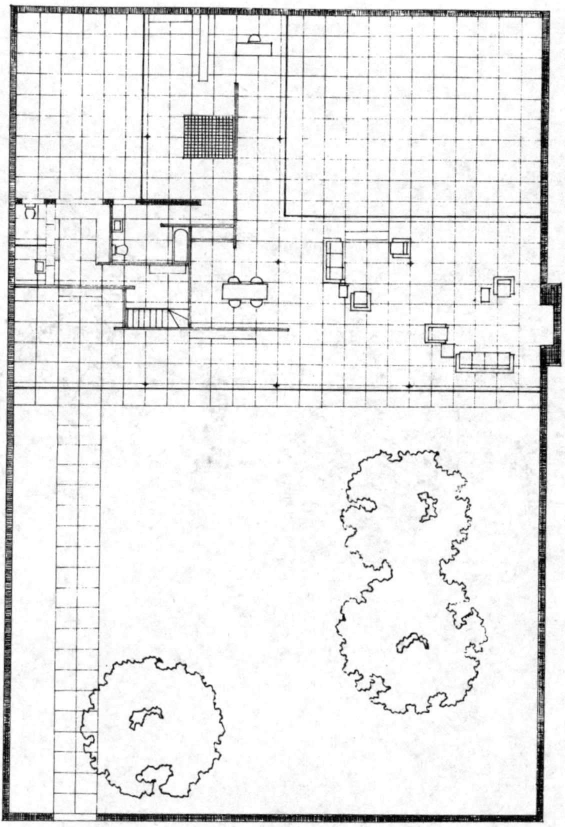

图 17　三院式住宅方案平面·1934

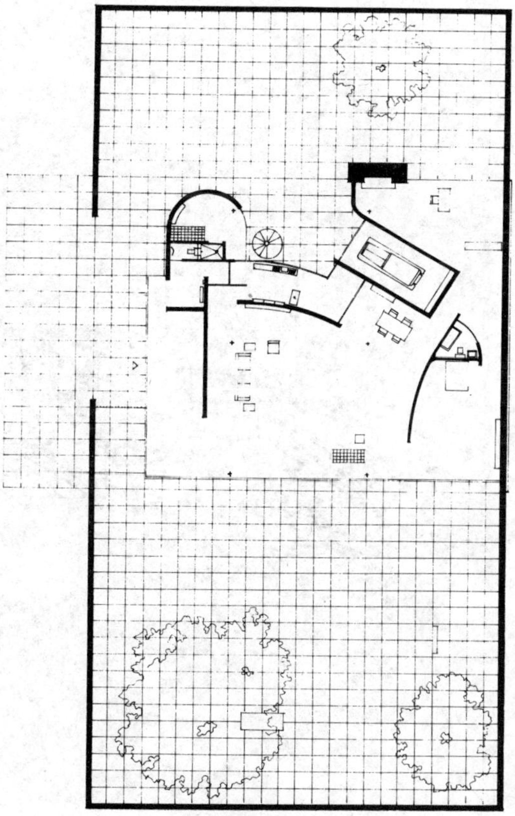

图 18　带车库的庭院住宅方案平面·1934

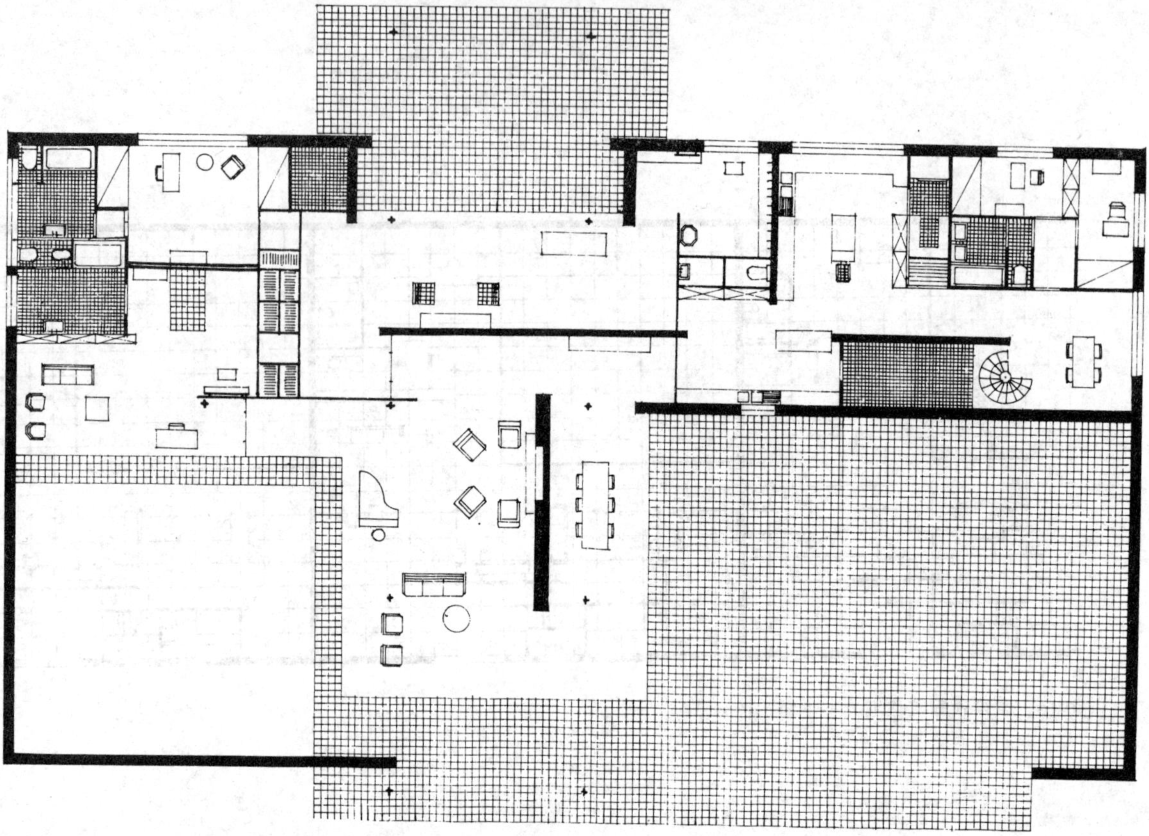

图 19　马格德堡的哈贝住宅方案平面・1935

图 20　哈贝住宅起居室设计草图・1935

图 21　三庭院住宅群方案模型・1938

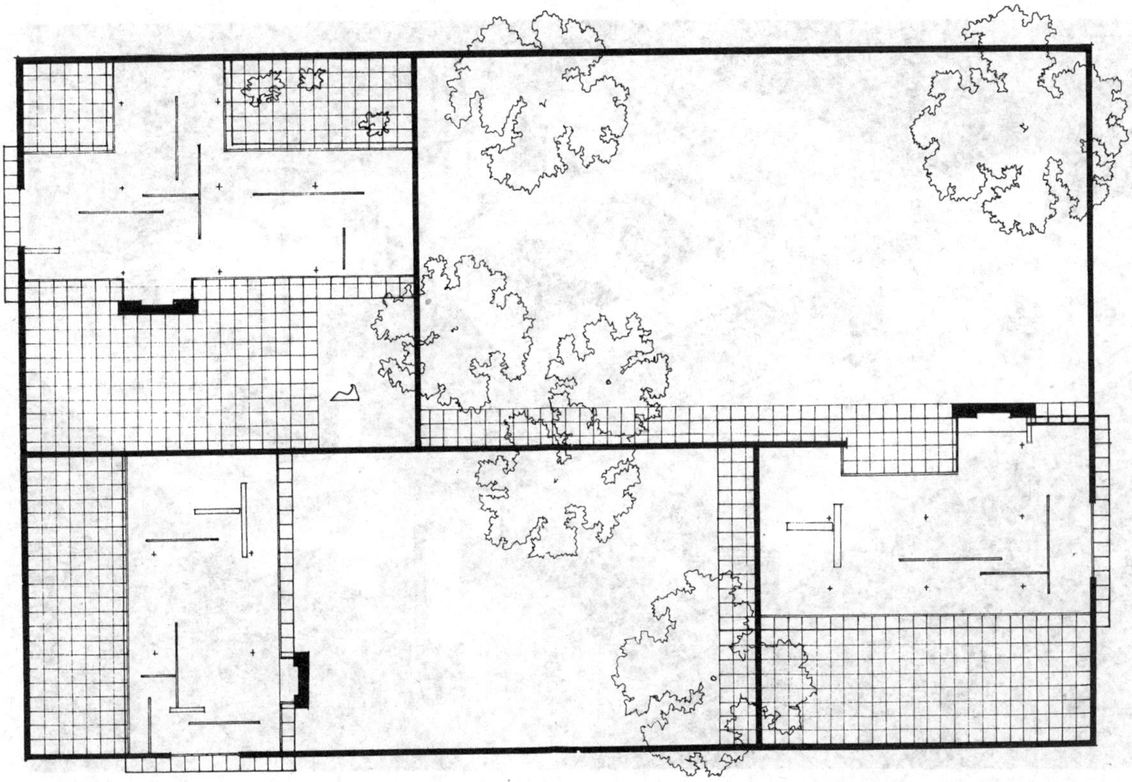

图 22　三庭院住宅群方案平面・1938

图 23　蒂罗尔　密斯住宅草图・1934

图 24　柏林　帝国银行方案模型・1933

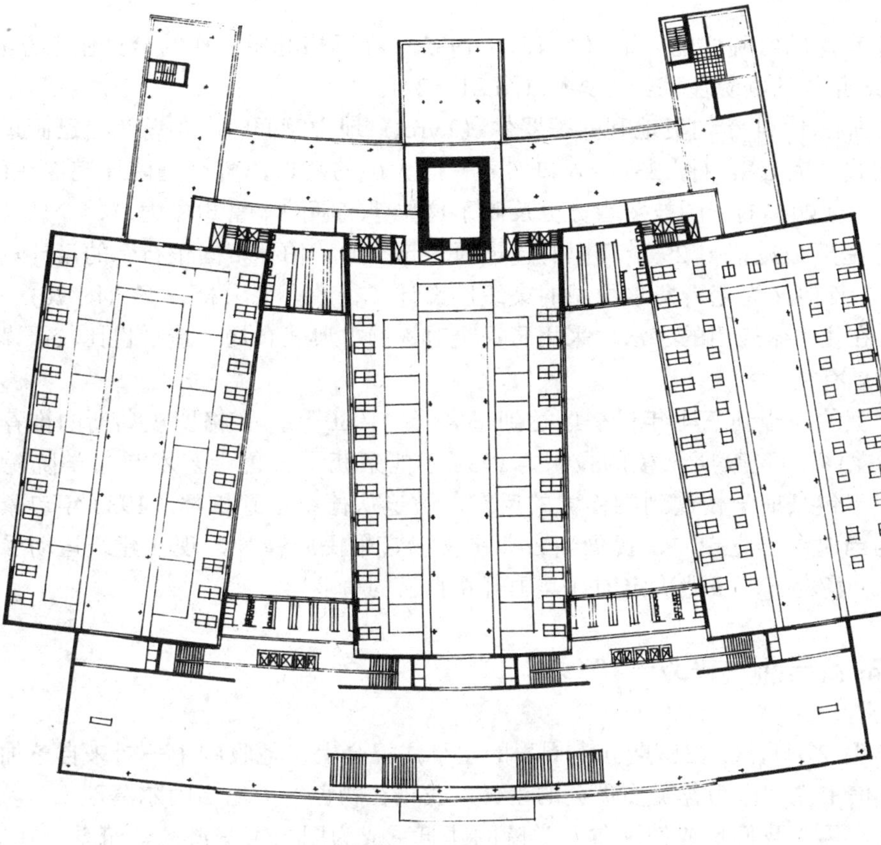

图 25　柏林　帝国银行方案平面·1933

图 26　克雷费尔德丝织厂办公楼方案模型·1937

1934 年作的带车库的庭院住宅方案（图 18）；1935 年在马格德堡所作的哈贝住宅方案❶（图 19、20）；1938 年作的庭院住宅群方案❷（图 21、22）。

此外，密斯在 1934 年到奥地利的蒂罗尔（Tyrol）地方渡假时，他曾为自己画过一张浪漫主义的庭院式住宅方案（图 23），入口对着一座大山的豁口，整个庭院住宅嵌在山坡上，颇得天然之趣。他娴熟的草图技巧也充分反映了这位建筑师的丰富想象力。

1933 年，密斯被邀请与 29 个其他的建筑师一起参加了柏林帝国银行❸的设计竞赛（图 24、25）。1937 年他又为克雷费尔德城的染织厂设计了行政办公大楼方案（图 26）。这二个方案一反过去在住宅中应用的手法，采用了完全对称的古典式布局，造型也比较严谨，这可能与当时的政局有关。

密斯在欧洲的声望到三十年代初已达到了高峰。1930 年，在格罗皮乌斯的推荐下，密斯被任命为在德绍的包豪斯学校的校长。1931 年他荣获了普鲁士艺术与科学院院士的称号。第二年由于包豪斯学校遭到纳粹党的反对，被迫从德绍迁到柏林。1933 年包豪斯学校关闭。正因为当时纳粹党专政，提倡新古典主义以玄耀民族精神，现代建筑运动受到了抑制，密斯在这种情况下，毅然决定前往美国开拓自己的事业。

·到美国后的新局面　1937—1949·

1936 年 3 月 27 日，就在密斯五十周岁的生日庆祝会上，他收到了一封来自芝加哥霍拉伯德❹的信。信中说："作为荐贤委员会的主任，我正在物色一为堪当阿尔莫理工学院❺建筑系主任的人选，因为我们想要使阿尔莫学院的建筑系成为国内第一流的建筑系。在这期间，我曾写信给洛杉矶的诺依特拉❻，他回信说格罗皮乌斯或马戈尔德❼可能会有兴趣。"霍拉伯德还在信中说："与咨询委员会商谈这件事中，我认为我们应该考虑选欧洲人的可能性……，因此，我想问你是否愿意在任何条件下考虑这一聘请……，如果要我们选择最好的人选，我当然认为您最合适。"

对此，密斯 4 月 20 日回电："谢谢来信，详情函告。"

5 月 4 日他给霍拉伯德回信，信中他表示对阿尔莫理工学院所提供的职位感兴趣，但附带的条件是他有权从根本上改革学校原有的体制，同时要求在芝加哥继续开办他的私人事务所。一星期后，可能还没有收到密斯的信，霍拉伯德又来了一封信，信中说："我真诚地希望您能考虑这一职位……，如果有您领头的话，阿尔莫理工学院建筑系将会成为全美最优秀的建筑系。"第二天，5 月 12 日，阿尔莫理工学院院长霍奇基斯❽也来了一封信，说他"非常高兴得悉您对我们的聘请感兴趣"，并告知说正式的聘书得由"董事会"发出。

密斯当然懂得最后一条只是个形式问题，不会改变阿尔莫理工学院肯定的姿态。然而在回信中他突然又提出："教学大纲必须修改，必须超出贵系已有的框架。"

---

❶哈贝住宅　Hubbe House，Magdeburg
❷庭院住宅群　Group of Three Court House
❸帝国银行　Reichsbank
❹霍拉伯德　John A.Holabird
❺阿尔莫理工学院　Armour Institute of Technology
❻诺依特拉　Richard Neutra
❼马戈尔德　Josef Emanuel Margold
❽霍奇基斯　Willard E.Hotchkiss

霍奇基斯耐心地有礼貌地答复了密斯，同意考虑这一意见，但认为密斯亲自了解了芝加哥的形势后再作决定也不迟。还问密斯是否愿意在秋天或冬天来阿尔莫理工学院作些讲座。“随后您自然会发现这里是否有吸引您发挥创造性的机会。”

这最后一封信是 7 月 2 日写的，随后三个月密斯没有给予答复，阿尔莫理工学院一事悬而未决。

7 月 21 日密斯又接到了哈佛大学建筑学院院长赫德纳特❶ 的信。信中说：“我非常高兴地知道您可能有兴趣接受哈佛大学的教授职位……，我盼望……大约在 8 月 16 日在柏林见到您。”

如果密斯对芝加哥有怀疑，他还会再对哈佛有所期望吗？当然不会马上从没有把握上升到充满信心，因为他知道赫德纳特在设计教授的提名中还有格罗皮乌斯，所以他给院长的回信中说：“我愿意接受聘任，但不愿意作为职位的候选人。如果您想给校长提呈名单，请把我的名字去掉。”

密斯对格罗皮乌斯有看法，他认为格罗皮乌斯作为社会活动家比他更有名望，但作为艺术家显然略逊一筹。这一点他没有向赫德纳特挑明。这位美国人还在努力，他保证力图为密斯争取获得这一职位。但是事与愿违，这种努力最后没有成功。

11 月 16 日，赫德纳特写信给密斯：“很抱歉，……我没能使我的计划成功……，现在邀请你到哈佛接受职位是不现实的，……我现在得考虑其他能够聘任为设计教授的人，……我非常失望，……请接受我诚挚的敬意。”

密斯在 1936 年只得孤独地、没有生机地呆在柏林。他一直铭记着威廉的一句名言：“无须抱着希望开始，无须期待着成功得以保持。”这名言他在第一次世界大战前就知道，后贯穿着他的一生。

1937 年，由于朋友的介绍，里索夫人❷ 委托密斯为她家设计在怀俄明州的一座夏季别墅。当时里索夫人是美国现代艺术博物馆评论委员会的委员，并在曼哈顿的广告公司任高级职员，她丈夫是那里的经理。里索先生和夫人很快与密斯取得了联系，密斯重新鼓起勇气于 1937 年夏天在巴黎与他们见了面。经过充分的讨论后，他应邀到美国作客。由于这一不寻常的业务，他回到柏林后，便收拾行装，几天后就登上了赴美的轮船，8 月 20 日在纽约登岸。

当他抵达纽约时，受到了约翰·罗杰斯❸ 的迎接，他是一位年轻的能说德语的美国建筑师，与他同来的还有普里斯特利❹，曾在柏林的包豪斯学习过。罗杰斯充当里索夫妇的翻译，因为主人不会说德语，而密斯不会说英语。

密斯只在纽约作了短暂停留，便驱车西行。在里索夫人的陪同下，密斯考察了里索别墅的基地。在返回纽约的路上，途径芝加哥，有两个他过去的学生接引了他，并带他到赖特在橡树园镇的住宅兜了一圈，随后普里斯特利邀请他出席第二天由阿尔莫理工学院代表主持的欢迎会，他答应了。又经过了二天，学院正式聘任密斯为建筑系主任，密斯在提出他的改革体系及教学大纲的建议后签订了协议，接受了聘任。

---

❶赫德纳特　Joseph Hudnut

❷里索夫人　Mrs Stanley Resor

❸约翰·罗杰斯　John Barney Rodgers

❹普里斯特利　William Priestley

就在这期间，密斯表示想在塔里埃森见到赖特，当时霍拉伯德对普里斯特利说：“你给赖特打个电话，我不想给老家伙有机会说我建筑的坏话。”普里斯特利立即打电话到威斯康星州斯普林格林镇❶的塔里埃森，发现赖特在家。

“赖特先生”，普里斯特利说，“密斯先生现在芝加哥，他想见您。”

“我想他会这样想的”，赖特毫不犹豫地大声说，然后他又补充道，“我欢迎他。”

赖特的邀请极为自然，这是一次罕见的姿态。他对欧洲建筑师持有偏见，他们的名声越大，他就越恨他们。他认为那些建筑师都是用从他那儿偷来的想法取宠于今天的世界。曾在30年代早期有二位欧洲建筑界的大人物试图接近他，但是他拒绝了他们想到塔里埃森访问的要求，他不自觉地多次得罪了这二位人物，他们就是格罗皮乌斯和勒·柯布西耶。然而这一次，以及后来的许多次，直到两人的关系破裂，他却没有得罪密斯。事实上，他也相当兴奋，不仅是因为密斯如同朝圣者那样把他尊为大师——格罗皮乌斯和勒·柯布西耶也这样做，但他们的苦心受到了轻侮——而且因为赖特真的推崇密斯的作品，特别是巴塞罗那的德国馆、吐根哈特住宅。这些作品，据他的判断，不是他一贯看不起的包豪斯功能主义者的产物。当然赖特并不是指密斯对空间的处理手法得归功于他，相反地，他还认为密斯不仅认真追随了大师，而且密斯从中独自创造了一些东西，这是难得的。

从有关资料中发现密斯完全被他在塔里埃森所见到的东西所震惊，那就是赖特自己布局，自己设计，自己建造的从1902年至1925年的建筑。他登上平台，连绵起伏的威斯康星景色尽收眼底，他俯视天鹅池，然后经过一片平原，来到了家庭小教堂不禁欢呼道：“这里真是自由王国！”他极为称赞建筑物的位置，摩挲着双手抚摸他早就从书本中获悉，然而第一次亲眼看到的实物。赖特感到越来越接近密斯，而密斯也一反缄默的常态，时不时表现出一种罕有的热情，而且是如此地自然而然。原计划一个下午的访问延续了四天。赖特风趣地说：“密斯先生的白衬衫现在已变成灰衬衫了。”在陪同密斯来访问的普里斯特利等人回芝加哥以后，赖特叫来司机亲自带密斯参观了在雷辛❷还在建造的约翰逊制蜡公司大楼，然后又经过橡树园镇❸，参观了他设计的联合教堂❹，在河边的库尼住宅❺和芝加哥城南边的罗比住宅❻，最后送他回到芝加哥的旅馆。

密斯回到纽约后的日子全靠罗杰斯和普里斯特利的大力支持，就在他们的办公室里度过了整个秋冬，他一面设计里索住宅，同时也准备阿尔莫理工学院的课程安排和组织教学内容。

1938年密斯结束了里索住宅的设计任务，但是由于某些原因，最后未能建成，然而它仍然对密斯在美国开拓新的建筑事业打下了基础。

里索的这座乡村别墅（图27）原拟建于怀俄明州杰克逊荷尔城❼的郊区，这是一个完全不同于过去构思的例子，他既没有重复吐根哈特住宅的流动空间手法，也没有采用庭院式组合的方式。在这里，他把住宅设计成一个独立的长方形盒子，横跨在一条小河上，两边建有石头的基座，住宅的正面与背面的大部分面积是玻璃幕墙，玻璃两侧是垂直的木板墙，整

---

❶斯普林格林镇　Spring Green

❷雷辛　Racine

❸橡树园镇　Oak Park

❹联合教堂　The Unity Temple

❺库尼住宅　Coonley House

❻罗比住宅　Robie House

❼杰克逊荷尔城　Jackson Hole

个盒子式的住宅显得是那样的轻巧而没有重量，好象是漂浮在空中。这个住宅方案虽然未能建成，但是他的这种新颖构思却在后来的范斯沃斯住宅中得到了进一步的发展。

此外，同年，密斯还做过一个二层的住宅方案（图 28)，也是设想把上面一层住宅做成盒子，下面用柱子架空，只有壁炉与烟囱直达地面。这种手法与勒·柯布西耶的萨伏伊别墅❶（1928—1930）非常近似。

早在 1938 年 2 月，密斯在回德国结束他在那儿的事务之前，他又到芝加哥作了一次旅行。他见到希尔德❷教务长及其他阿尔莫学院的领导人，同他们尽可能详细地讨论了他的聘任对长期袭用巴黎艺术学院那一套方法的建筑系可能产生的大变化。例如，由于新的教学大纲和重新编组的教师会产生什么样的效果？聘任谁、留任谁、解聘谁？建筑系还将留在艺术学院内吗？

3 月 31 日，就在他将登上“玛丽女王”号船之前，他推荐了三位新教师的名单，他们都是老包豪斯人，其中二位曾在那里任教。彼得汉斯❸新近移居美国，住在纽约的布鲁克林；希尔伯塞麦❹还在柏林，直到那时他还不知道他有可能到美国。第三位是年轻的约翰·罗杰斯。这份名单被接受了，密斯和希尔德商定保留现有的教职工，保留系原有的约定俗成，寻求几员干将由他牵头执行新的教学计划。

4 月 2 日，就在密斯回德国的途中，希尔德在霍奇基斯辞职以后接任了阿尔莫学院的院长，并寄给他一份正式的从 9 月份开始为期两年的聘书，作为建筑学的教授，担任建筑系主任的职务，年薪 8,000 美元。

没有多少时间留下让密斯在德国处理事务了，总共不过只有四个月，很少有喘息的机会。这次回到柏林比他预计的更为危险、恐怖。到柏林后，他找到了自己的事务所，发现还保持着原样。他的妻子艾达❺在 1935 年的大萧条时期移居到柏林，生活很艰难。有一段时期她只住一间房，直到有钱才租了一套公寓。密斯用自己的收入维持她的生活，但还很勉强。利利·赖克还在继续工作，当密斯不在期间，她尽心地处理有关他工程的所有事务。

如果还有什么疑虑留在密斯心中的话，纳粹又一次促使他作出决定。1938 年有关现代艺术不可容忍的争论最后是极右的观点取胜。就在他 8 月份即将离开柏林之前，他不得不去当地的警察局办理移民护照，为此他得把身份证留在那儿。但他害怕再去有可能会被拘留起来，如果不能脱险的话，他的出国计划即将告吹。他以前的助手奥塔❻代他走了一趟，取回了身份证和护照，回到卡尔斯巴德街 24 号❼，在那里他发现密斯面色苍白，正受到两个盖世太保的粗鲁审讯，因为他们突然“造访”，正好房主人没有身份证能证明自己，使他们感到怀疑。

现在身份证取回了，他设法向盖世太保进行了解释。一等他们离去，他便立即改变了原订计划，收拾好手提箱，马上出柏林。他原来的事务所管理员希尔奇❽到车站为他送行，他

---

❶萨伏伊别墅　Villa Savoy
❷希尔德　Henry T.Heald
❸彼得汉斯　Walter Peterhans
❹希尔伯塞麦　Ludwig Hilberseimer
❺艾达　Ada
❻奥塔　Karl　Otta
❼卡尔斯巴德街24号　Am Karlsbad 24
❽希尔奇　Hirche

图 27　怀俄明州　里索住宅方案模型·1938

图 28　二层架空住宅方案·1938

百感交集，远不是 33 年前到首都时的心情可比。半天后，密斯乘坐的火车到达亚琛，总算松了一口气，他扔掉了德国的移民护照，毫无阻挡地进入了荷兰，取道鹿特丹，在那儿，由于得到朋友们的帮助，他终于订到了开往纽约的船票。

密斯是在 1938 年 8 月份抵达芝加哥的，起先住在史蒂文斯旅馆（现名希尔顿宾馆），一个月以后，搬到黑石饭店，在那儿住到 1941 年，以后他才在皮尔逊东街 200 号有了一处合适的公寓。他是个孤僻的人，但这并不妨碍他的社交活动，如同在德国一样，他不愿意别人对他过分亲近，他将住房设施的物质要求也降到最低程度。

1938 年 10 月 18 日，最值得纪念的晚上来临了。阿尔莫学院在帕尔默大楼的红漆器厅里为密斯举行欢迎宴会。大约有四百位来宾，其中有当时国内主要建筑系的主任，还有几十个有名的建筑师和几十个芝加哥的社会名流。

据说密斯已得知在这次晚会上要求赖特来把他介绍给各位来宾。赖特的确来了，尽管宴会上的同行并不注意他，如同他不注意别人一样。介绍密斯的仪式由阿尔莫学院院长希尔德和几位学院的负责人主持。赖特最后站起来，先对美国建筑行业的状况作了简单评价，然后对密斯作了比较欣赏的介绍。他说：

“女士们，先生们：我把密斯·凡德罗给了你们。对于我来说，没有密斯当然就没有今天晚上。作为建筑师，我钦佩他，从人品上讲，我尊敬和热爱他。阿尔莫学院，我把我的密斯给了你们，你们要象我一样好好地待他和热爱他，他是不会辜负你们希望的。”

然后赖特步出了房间，后面跟着他的一大群弟子，顿时宴会上议论纷纷，大家也搞不清楚赖特是一次有意的示威行动，还是如他的同事所说的他在城外另有紧急约会需要离开。

密斯自己从来没有在这件事上说过赖特的坏话，这一点在二十年后两大师的门徒间互相对立时成为极神秘的议论内容。密斯在那天晚上用德语宣读了他的发言，由于翻译没有预先看过英文译稿，不知道译得是如此糟糕，以致于罗杰斯不得不上去替换翻译。

作为在萧条时期来到芝加哥的外国人，密斯简直不能指望有设计任务等着他。在美国头十年中，他主要靠在阿尔莫学院的工作生活，在美国他成了一名教师而不是建筑师。即使如此，正是这所学院给了他第一次设计机会，即重新规划整个阿尔莫新校园的总平面。1939年初他着手工作，完成了初步规划，后来经过二次修改，于 1941 年定案。但是由于二次世界大战爆发，延缓了这项建设计划的进行，直到 50 年代中期才陆续按规划实现。

在 1939 年的总平面初步方案中，密斯为了把新校园中心围绕着一个广场布置，因此要把原来纵贯校园中心的城市干道去掉（图 29）。校园的总平面布局基本上采取对称的方式，单体建筑一般面积较大，包括多种功能，例如把行政、学生会和礼堂综合为一座建筑，把建筑系和图书馆综合为另一座楼，二座建筑不仅体量相当而且南北相对，形成校园的中心，加上物理楼与化学楼相互对峙，更增加了重点的气氛。

然而当时有关方面认为改变道路的方案不能接受，因此只好放弃这一构思，于 1940 年重新做了一个方案（图 30）。在这个方案中，大体上还保留了一些原方案的特点，例如整齐的布局，对称的组合等等，所不同的只是多了一条纵贯校园中心的主要道路，建筑的体量与位置作了重新调整。同年，阿尔莫学院与刘易斯学院❶合并，改名为伊利诺理工学院❷，简称 IIT。有趣的是在新校园建设开始之后，这条纵贯的中央道路又被认为是可以取消了，于是在 1941 年密斯在这个新方案的基础上又做了最后的修改。密斯面对芝加哥南区 IIT 新校园 110 英亩的开阔基地，他采用了按网格布置的方法，单位为 24×24 英尺，这个模数正好是室内高度模数的两倍。这是他第一次应用秩序原理作设计，在某种意义上说，它是对实际需要作出的一项简单的措施。而且，这样大的一个项目可能要延续多年，以后说不定有其他建筑师设计，网格布局可以保证将来发展的整体性，这是他以前在德国时所未曾有过的概念。对于 40 年代末和 50 年代初的一般群众看来，他的校园建筑如同工厂，而具有新时代修养的专业人员，则欣赏它的完整与变化的美学效果。

校园最后规划的主体建筑是图书馆与行政办公综合楼。它和礼堂、学生会综合楼相对，构成一个中心广场。这两座建筑由于体量较大，都是设计成庭院式的，在这二个建筑方案中，他已把贝尔拉格忠实于结构的理论引到了一个新的境界。结构构件都是暴露得象哥特式教堂一样，作为结构构件的钢柱子和砖框子在外部与内部都清晰可见。但是和中世纪教堂设计不同的就是在结构构件上没有附加的雕刻装饰，密斯只是想在结构构件的组合与结点上作些精致的艺术加工，表现机器美学的思想。

在设计小教堂的时候，密斯面临着应该采取什么形式的问题。答案在这注重科学的时代必然是象宗教目的一样含混不清。密斯说：“教堂或者小教堂应该象哥特建筑那样，具有自己的特性而不依附建筑中的思潮学派或传统形式。”密斯的设计直接明了，做成一个长宽 60×

---

❶刘易斯学院 Lewis College

❷伊利诺理工学院 Illinois Institute of Technology

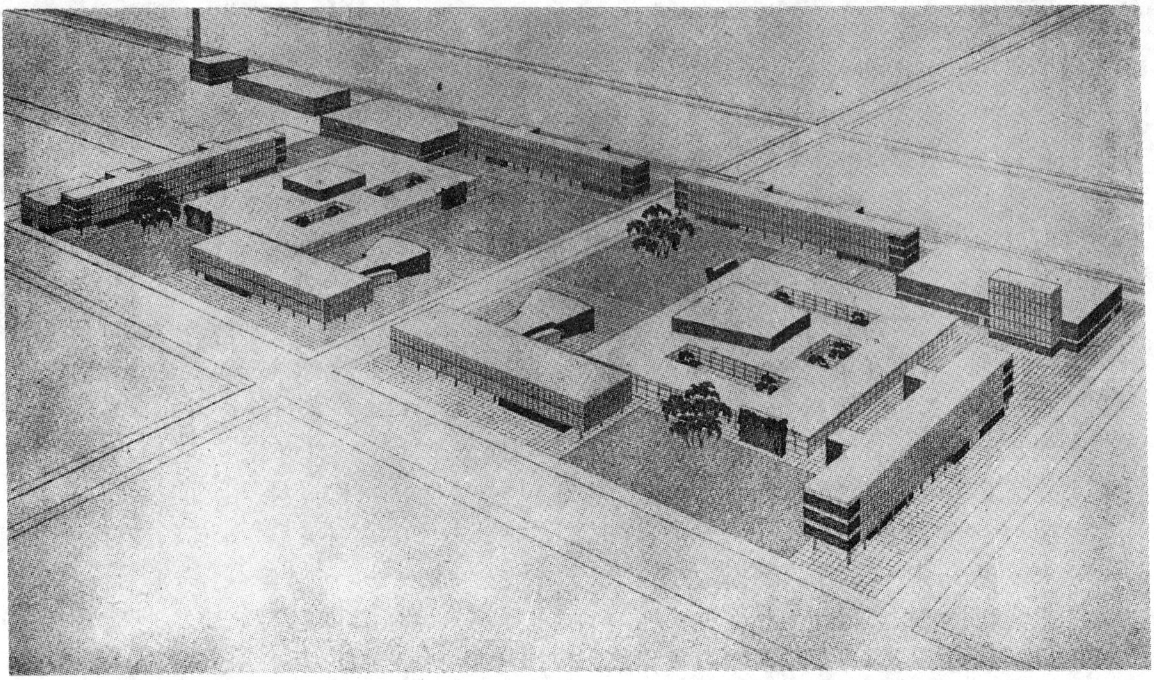

图 29　IIT 新校园初步规划鸟瞰图 · 1939

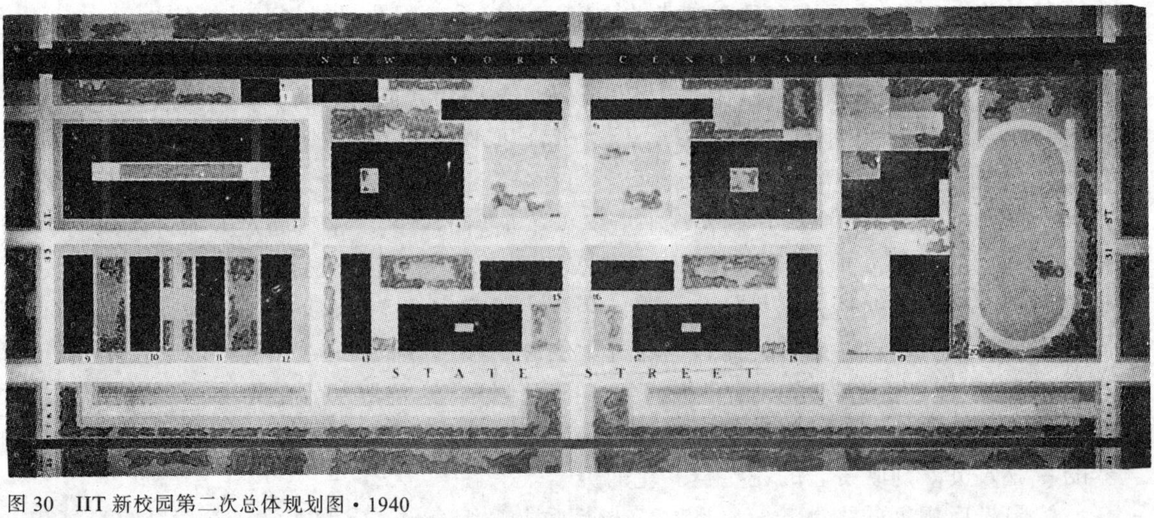

图 30　IIT 新校园第二次总体规划图 · 1940

图 31　IIT 健身房方案图 · 1941

37 英尺，天花高度为 19 英尺的封闭空间。正面分为五开间，中间三间全部是玻璃门窗，二侧是淡黄色的砖墙。其它三边墙面均不开窗。室内地面使用灰色水磨石，圣坛是整块 7.5 吨重的罗马灰华石，圣坛上的十字架用闪亮的不锈钢制成。密斯在这小教堂的落成式上宣称道："这座小教堂无惊人之处，它的目的在于简洁，……然这种简洁并非原始，并非高贵，而是在它的小体量中显示出了伟大和不朽。"

当然并不是所有的评论家都赞同密斯的话。小沙里宁同样为麻省理工学院设计的小教堂却采取完全不同的形式来表现神秘、隐退和反醒的宗教思想；赖特设计的费城犹太教堂则具有强烈的诗意；而勒·柯布西耶的朗香教堂又是另一种抽象的曲线形式。但是对密斯来说，虽然这座小教堂吸引不了多少信徒，但却以其简单的几何形外观向人们表示在科技时代进行祷告和忏悔的神秘功能。

纵观伊利诺理工学院新校园的最后规划总图，我们可以清楚地看出它有三个明显的特点：第一个特点是所有建筑都基本上是简单的立方体（图 31），建筑之间成直线关系布置。由于采用这种布置手法，因此创造了一连串半开敞的围合空间，这些露天的围合空间就成了室内开敞空间的延续。但是这种围合空间由于尺度较大，不是在任一点能马上看得出来，它需要有时间的向量，也就是说需要通过运动才能认识。校园规划的第二个特点是因为这里大多数建筑都是为教学科研服务的，为了使用方便，全设计成低层建筑，一般以二、三层为主，造成群体的水平感觉。规划的第三个特点是整个校园的总体布局与单体建筑设计都是按照模数的比例关系来确定的。密斯的这一手法和勒·柯布西耶的一样也导源自毕达哥拉斯的概念，这反映了他一贯遵循秩序与完善的指导思想，但同时也不可避免地给人以一种单调冰冷的印象。

在美国，密斯的命运逐渐发生变化，他已开始适应了新环境的自由生活，1944 年他加入了美国籍。随后美国便把他作为一个大艺术家来欢迎，准备接受他所贡献的艺术，还为他提供所需要的物质条件。在 50 年代晚期以后他在世界上建筑界中只有一个对手——勒·柯布西耶（赖特于 1959 年去世）。即使是勒·柯布西耶，也不能与他在世界的都市景观方面所产生的影响相比。密斯风格在战后建筑中风靡一时，这一点可以从世界主要城市的天际轮廓线上看得出来。

在新大陆的成功，得感谢良好的机遇和一个开放的社会。他向美国学习如同他象德国学习一样，他从所学到的东西中重新考虑了他的建筑设计原则，然而自始至终他还是保持着他的哲学基础。密斯认为建筑艺术的源泉在于材料，在德国他熟知砖和玻璃，在美国他发现了钢材，这是他以前梦寐以求的材料，有了它以后，他逐步实现了有关建筑结构的理想，而玻璃又为他如虎添翼。对密斯，对美国来说，钢与玻璃的结构体现着现代技术的威力。美国人热衷于技术，特别是在第二次世界大战胜利以后，认为他们自己是世界上最发达的国家，因此，从他们的眼光来看，任何把它表现在建筑上的艺术家无疑为美国和世界文化增添了意义和奇迹。而技术对于密斯，不仅有物质意义，还有精神价值，它是时代精神的宣言。的确，钢与玻璃的建筑已把实体净化到本质，达到了密斯所盼望的客观真理。

密斯在美国对结构的献身，并不意味着放弃对空间的探索，相反，结构的非物质化构思使他更为自由地创造出超感觉意义上的空间。以前在墙与柱之间流动的空间让位给单一的、巨大的、开敞的、净跨的空间，以严格的对称秩序来进行布局，从各个方面渗透出去，形成了只有柱子和玻璃的空间。这是密斯在后期对建筑创作的又一贡献。

同时，从国际上说，新的时刻已经来临。在 40 年代中期到末期，西方艺术界出现了巨大的变化，那就是"现代主义的复兴"。当经济萧条和极权主义等不利因素被克服时，衰落了十几年的现代主义又一次显示出前景。它成功了，现代主义的两个基本观点重新出现：抽象地表达语言和对国际主义的同情取代了三、四十年代的民族主义。

当然，和过去有所不同。首先，新的现代主义不再预示艺术与乌托邦政治理想的结合。本世纪的经济和政治的巨大变化已经促使了一切领域的变化。而且美国，作为戏剧性地揭开现代主义复兴的国家，对乌托邦政治理想不感兴趣。如果有什么激发新现代主义兴起的理想条件的话，那也许是美学条件，而不是政治条件。当今处于优越地位的美国人不会对欧洲人的政治课感兴趣，他们期望的是从许多逃到美国来的欧洲第一代现代派艺术家中学到新的艺术。这些移民中包括蒙德里安❶、厄恩斯特❷ 马森❸ 和布雷顿❹ 等人，他们受到美国主人们带有敬意的欢迎，虽然对他们的肯定仅限于作为艺术家，而不是政治思想的使者。

于是，一场新的艺术运动在美国蓬勃发展起来。一开始，它从欧洲二、三十年代的绘画形式中汲取灵感，主要是巴黎的超现实主义。到 50 年代中期，美国画家，如波洛克❺、斯蒂尔❻、罗瑟科❼ 和纽曼❽ 等人已经形成了一种抽象派的形式，把早期现代派绘画的还原主义的手法推到了新的高度，其成就几乎成为新国际先锋派的象征，特别是在美国。

这样的环境非常适合密斯，密斯也非常喜欢这一环境。他是位彻底的抽象主义者，没有民族同情心，没有政治理想，一位完全的新现代主义的普罗米修斯。就象绘画中的民族主义逐渐被认为是表面现象，同样在建筑上，也认为以历史内容为特征的装饰和构图是一种伪装，一种不受欢迎的对建筑本质的掩盖。密斯从 1922 年就坚信，建筑的本质就是结构。现在他要做的是把过去的信念付诸实现，既然时代精神是技术，那么钢与玻璃理所当然地成为现代城市中现代建筑最合适的造型原素，特别是在现代美国的城市中。这一推论是如此地合乎逻辑，在现代的建筑中已不由得“幻想”或“自我表现”。密斯在美国一而再，再而三地声明，“建筑，不是公鸡尾巴。”即使有人感到他对“理性”的定义有点专断，也很难对看到的 IIT 的墙体表示疑义，因为看上去它们在结构逻辑上是如此地无可辩驳，其中很大因素是它们的形式给予艺术上无容置疑的感觉。

密斯认为理性的秩序是更高层次的真理符号，这一信念在美国进一步得到加强，因此他在设计中的主观表现逐渐消失。事实上，这种理性精神已为他提供了一种揭示事物表面现象的武器，战后的美国成了他在 20 年代所不敢想的最有希望的地方，它是矫正 20 年代理想的世界。密斯深知垄断的资本主义就是美国的风格，为适应这一现实，把他上升到阿奎纳斯的秩序是非常必要的，因此密斯不再动摇他对托马斯主义有关本质的信念。这种对理性建筑观的追求已明显地反映在密斯 IIT 建筑的规则模度中。

1942 年，当他还在忙于为 IIT 图书馆和行政大楼设计时，《建筑论坛》杂志要他设计一座适合未来的“小城市博物馆”。他设计了一座又长又矮的、平屋顶的、玻璃外墙的建筑物(图 32～34)，在一端有一石墙围合的庭院，另一端是一片升高的平台。自由安排的墙体，又一次使人想起他在德国的作品。密斯在进行这座博物馆方案设计时，目的是为了能使毕加

---

❶蒙德里安　Piet Mondrian
❷厄恩斯特　Max Ernst
❸马森　André Masson
❹布雷顿　André Breton
❺波洛克　Pollock
❻斯蒂尔　Still
❼罗瑟科　Rothko
❽纽曼　Newman

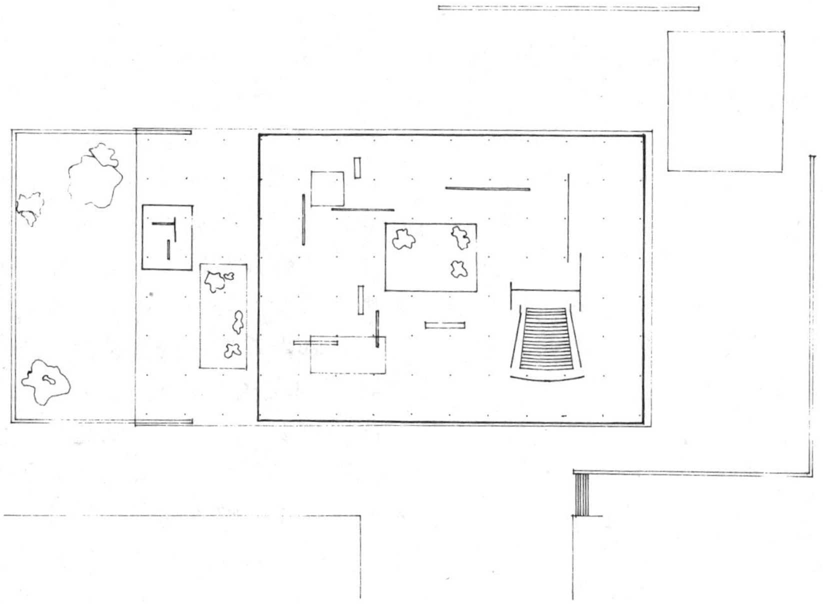

图 32　一座小城市博物馆方案平面 • 1942

图 33　小城市博物馆方案剪贴设计内景 • 1942

图 34　小城市博物馆方案外部设计草图 • 1942

索的巨幅绘画"格尔尼卡"❶获得良好的展览效果。在这里他把绘画、雕刻与建筑三者融为一体，互相衬托，相得益彰。建筑以其纯净流动的空间衬托了绘画与雕刻，同时，由于绘画与雕刻的点缀又增加了建筑的美。

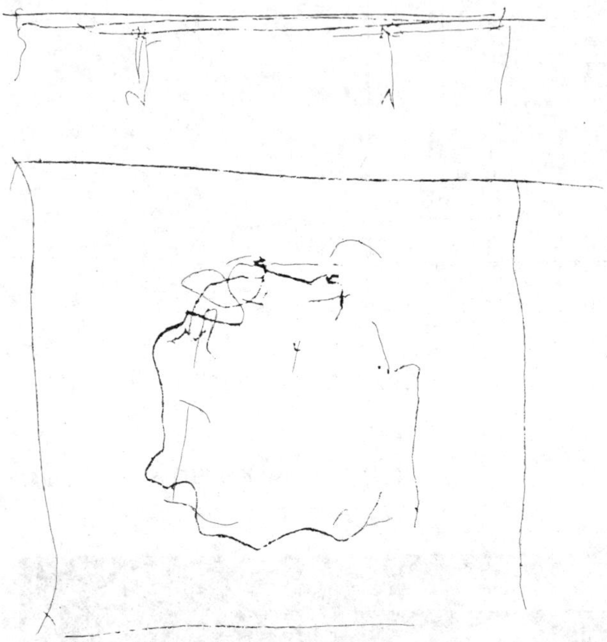

图 35　音乐厅构思分析草图·1942

建筑物内部设想为一个自由的大空间，内部可以随意划分。在博物馆的平屋顶上开了二个洞口，形成二个小庭院，一个在主体建筑内部，另一个在建筑物端头的走廊上。外墙和围绕内院的墙都完全是用玻璃做成的。博物馆内的讲演厅则只是在四周布置几片独立的屏风式墙以作分隔，讲演厅上的平顶则是从二根可以看得见的大梁上悬挂下来的，类似于后来在伊利诺理工学院克朗楼上的处理。整个博物馆室内地面与室外平台都是考虑用石板铺砌。行政办公用房也是放在同一个博物馆屋顶之下，但和展览空间分开。由于这个博物馆方案是采用钢框架结构，因此内部可以构成一个灵活布置的大空间。

就在同一年，他还作过一个类似手法的音乐厅方案（图 35、36），这是设想在一个单跨大空间内自由围合一个理想的环

图 36　音乐厅内部设计方案·1942

❶格尔尼卡　Guernica

图 37　印第安纳波利斯　汽车餐厅方案・1945—46

境，因此他用剪贴拼接的方法，把巴尔的摩市附近的马丁轰炸机厂内部的屋架设想在音乐厅的上面，在钢桁架下挂着悬空的大片天花板，加上内部自由不到顶的隔墙与雕刻的点缀，使得室内的空间好象在各个方向盘旋。大跨屋顶全部支撑在外围的柱子上，组织内部音乐厅空间的隔板与天花都是与外柱、屋顶脱开的。密斯曾画过一个草图来说明音乐厅的内部空间与外部结构互不联系的概念。

为了考虑音乐厅内部空间形状及屏风墙的材料对声学的影响，密斯曾指导了伊利诺理工学院的学生作了各种试验。方案图所剪贴的构件形体，不仅表现了空间构图，也表现了材料与色彩的特点。在音乐厅前还设想布置一个由梅罗尔❶所作的雕像，它那圆润的体形，婀娜的坐态给规整的音乐厅布局增加了生动活泼的效果。

密斯在建设伊利诺理工学院新校园之际，于 1945—1946 年还曾为印第安纳波利斯城作过一个汽车餐厅❷的设计方案（图 37），整个结构体系是由四根大柱子和上面的纵向桁架所组成，巨大的挑檐平屋顶悬挂在桁架上。屋顶之下是一个简单的玻璃方盒子，它的纯净形式标志着已把精确的结构升华为建筑艺术。这个方案可能是后来克朗楼的原型。

密斯在美国除了从事建筑教学工作与建筑创作之外，也抽空继续研究家具设计，1946 年他曾设想过一个用模子做成的塑料椅子，从他的草图中可以看到其流畅的曲线是为了适应人体的外形，这种椅子被称之为“贝壳式”椅，在某种意义上看是有一定创造性的，它为批量生产创造了条件。

莫霍利・纳吉❸比密斯早一年移居到芝加哥，他开办了一所设计学校叫做“新包豪斯”，袭用莫霍利・纳吉所熟知的老包豪斯的一套办法。对密斯来说，这意味着非法占据了“包豪

❶梅罗尔　Aristide Maillol

❷汽车餐厅　Drive-in Restaurant，是美国一种新兴的餐厅。驾驶汽车的人可以把车开到餐厅窗口，直接购买食品而不用下车。同时也可以让人在餐厅前停车，乘车人进入餐厅用餐。

❸莫霍利・纳吉　Moholy Nagy

斯”的名称，而这原本该归他的，因为他在德国时是包豪斯最后一任官方认可的校长。密斯不会原谅他这一越轨的行为，而且他的憎恨早在二十年代时就已植根，因为当时莫霍利是格罗皮乌斯的最得意的门生之一，也是密斯最早的竞争对手。

包豪斯，即使在美国似乎也引起了敌意。它只存在了短暂时间，因为一些老包豪斯人，或与它有关的人都对此有很多闲话。密斯只与其中的几个人有来往，偶而也参加著名结构工程师富勒❶的讲座。尽管1946年莫霍利去世，这所学校后来改名为“设计学院”❷，密斯还一直是对它持冷落态度。1952年设计学院合并入伊利诺理工学院后，密斯仍不改初衷，看不起合并过来的人员及其课程设置。

在1947年，纽约现代艺术博物馆为密斯举办了一次大规模的作品回顾展，又一次吸引了美国公众的广泛注意。关于这一点他得感谢菲利普·约翰逊❸的善意帮助。自从现代艺术博物馆举行“国际风格”展览以后，善变的约翰逊在1934年离开了现代艺术博物馆，跑到路易斯安那州右翼州长那里干了一段时间，后又回到了博物馆。然后又到哈佛大学在格罗皮乌斯和布劳埃❹手下学习，后来又在战时的军队里干了一阵子，最后又一次回到了纽约现代艺术博物馆建筑部工作。

密斯的个人作品展览会开得正是时候，战后的文化处于更新时期，美国人重新对国际艺术感兴趣。约翰逊毫不费力地使这次展览成为前所未有的最重要的展出，这正如他在1946年12月20日给密斯的信中所允诺的那样。他落实了资助，为展览提供了在以前建筑展览中从没有过的充分的空间。而且，这一次，他成功地说服了密斯对展览会的布置，要他适可而止。

在展览会上展出了图纸、照片和模型，从1919年的克吕勒住宅方案（20年代前设计作品中的唯一入选者），到20年代著名的建成和未建成的设计，到四十年代中期以后的方案和正在建造的建筑，包括范斯沃斯住宅，印第安纳州的坎托汽车餐厅和IIT的一些建筑。同时还展出了家具和所谓“贝壳式”椅的图纸。

对现代艺术博物馆这一次展览的反应是强烈的，美国有很多人都愿意献身于这一新现代主义运动。约翰逊在密斯心目中占据了特殊的地位，他为密斯出版了专辑，对他的成就作了全面的总结，这本书在后来的几十年中一直畅销不衰。

美国设计界的新星埃姆斯❺写了《艺术与建筑》一文，不仅对作为建筑师的密斯表示出极大的敬意，正如当时大多数评论界所作的那样，而且还对不一般的展览布置给予了充分的肯定。

塔里埃森的主人赖特也出现在展览会的开幕式上，表示出不寻常的敬意，尽管他力图使自己成为中心人物。

他步入展览大厅，人群跟随着。他迅速公开地发表了对密斯的评价，这些见解可以在他和密斯的通信中看到。

亲爱的密斯:

> 有人告诉我，你被我在看你的纽约展览时说的话伤害了，……但是我难道没有对你说过你的材料的处理是多么地出色吗?

---

❶富勒　R.Buckminster Fuller
❷设计学院　The Institute of Design
❸菲利普·约翰逊　Philip Johnson
❹布劳埃　Marcel Breuer
❺埃姆斯　Charles Eames

……你知道你经常说你一贯相信“创造几乎不存在的东西”，那么当我看到这些巨幅照片时，应该“创造几乎不存在的东西”的信条同时也涌上了我的心头。

然后我说巴塞罗那的德国馆是你最出色的对“虚”（negative）的贡献，你似乎还停留在我曾经在的地方。

可能是这句话伤害了你，我很想私下跟你谈这个问题，因为在我看来所谓的“现代建筑”把建筑师们拉到那一条路子上，我不愿把你与他们划为一类，但展览给我的印象恰好相反，我试图抹去这一想法，而我没有做到。

但是这话并不是说我想伤害你。真的，你在他们所有人当中无论是作为一名艺术家，还是个人品质都是最优秀的。

你在许多年以前来看过我一次，那时你还不会说英语。打那以后，你再也没有来过，尽管我多次邀请你。

所以我没有机会说明白我当时要说的和现在说的这些话。

为什么你不来一下？让我们争论一番，除非裂缝是不可弥补的。

诚挚的

赖特

亲爱的赖特:

非常感谢您的来信。

你听说我的感情被您在纽约展览会上说的话伤害了的说法纯属无稽之谈。如果我曾听到“努力创造轻盈”的笑话，我会觉得好笑。有关“虚”的问题，我觉得您用得非常地切中要害。

什么时候能在威斯康星再次见到您，我将十分荣幸，到时候我们再深入探讨这一问题。

永远尊敬您的

密斯

两人间的关系在这两封信中已说明：赖特不管在评论上还是在私人关系上都是热情的，富有挑战意味的，但没有狂妄的意思；密斯则是谦逊的，保持一定距离的，隐蔽他的想法的。他只回答了一点“切中要害”，尽管他毫无疑问地保留了他自己的意见。

两人的友谊当然是真诚的，赖特不止一次地邀请密斯到塔里埃森作客，密斯回信也很及时，可能是顾及到其他评论家的态度。然而现在看来，两人最终的分手是不可避免的。赖特对密斯在美国坚硬的、瘦削的、造型严肃的建筑早有微词，虽然密斯从未后悔过。赖特把密斯看作现代派建筑最杰出的建筑师，但他自己并不想成为其中的一份子，同时认为自己需要与此作坚决的斗争。几年来，两人就象许多线交织成的一个图形，通过交点，一方就可以听到对方的声音。沉默开始会给友谊添上寒意，最终只能使善意结冰。

·钢与玻璃建筑之王　1949—1958·

在 1947 年现代艺术博物馆为密斯举办个人作品的筹备期间，他经常到纽约去，因此进一步加强了和馆长兼评论家斯威尼[1]的友谊，其实他们早于1933年就已在柏林有过来往。同时他也结识了女雕塑家卡勒里[2]，在此后的十几年中，他们一直保持着一种微妙的罗曼蒂克关系。在芝加哥他还结识了许多新朋友，这对于他的事业发展起了重要的作用，其中原来是希伯来文学者后来成为房地产商的格林沃尔德[3]更是密斯事业的得力支柱。

正是格林沃尔德委托他设计了一批建筑，这样才使密斯从伊利诺理工学院的校园走向了美国社会。如果说现代艺术博物馆的展览确立了密斯在美国作为建筑师与理论家的声望，那么是格林沃尔德使密斯的建筑在美国的土地上生根开花。格林沃尔德多多少少受到自己大学经历的影响，所以当他投身于地产事业的同时，还是一个热心的业余艺术家，因此他对这位就在自己身边的国际著名建筑师深为敬仰。

密斯在1946年遇见格林沃尔德时，他已年届60，而后者却风华正茂，只有29岁。在格林沃尔德丧身于飞机失事之前，他们进行了13年的合作。他和密斯一道创造了一系列新的建筑形象，使美国企业界和建筑界为之侧目。芝加哥海角公寓[4]（1946—49）是格林沃尔德委托密斯设计的第一座大型建筑，原来构想用钢和玻璃组成幕墙的22层公寓大楼，由于过去战争造成长期的钢材短缺，不得已改用了钢筋混凝土。虽然在立面上只能采用一个个的窗洞构图，而他却把结构的支柱退在墙的里面，产生了新颖的效果。

密斯和格林沃尔德的第二次合作是1948—51年兴建的芝加哥湖滨路860～880号公寓姐妹楼，这是一对在本世纪具有深刻影响的高层建筑。它们的比例修长，26层高，平屋顶，玻璃墙面，成了新摩天楼的原型。即使在80年代中期，反对密斯和现代主义呼声日高的时候，在世界范围内还有相当一部分高层建筑仍然采用密斯湖滨公寓的处理手法。

在湖滨路的这块地段上，密斯布置了二座长方形平面的大楼，它们互相之间成曲尺形相连。每座公寓大楼的平面为3×5开间，每开间均为21英尺见方。大楼的结构由框架组成，其目的是尽可能明显地表现结构特性。支柱和横梁组成了立面构图的基调，中间再由窗棂分隔，每开间有铝合金窗框四樘，都呈长方形。为了打破建筑表面的平淡，密斯在窗棂和支柱外面又焊接了工字型钢，以加强建筑物的垂直形象。底层的墙体退在支柱的后面，目的是为了形成一圈敞廊，这种手法可以使人回想起1928年的亚当大厦方案。象伊利诺理工学院的建筑一样，湖滨路的两座塔楼平面呈长方形，布局紧凑，但在总体上却采用了风格派不对称的几何构图。860号楼短边朝东，880号楼短边朝北，它们之间用一层高的钢结构敞廊连接起来。

随着这两座公寓塔楼的完工，密斯积累了适应美国社会需要的建筑经验，这是在其原有建筑哲学基础上的进一步发展。他的愿望终于实现了：例如高层建筑的形式来自结构；将建筑还原到结构要素，以表达他充满时代精神的探索等等。湖滨路公寓体现了时代的技术精神，这种精神在他以后的十几年建筑生涯中不断地反映出来。

密斯在湖滨路公寓上继续精炼他的词汇，附加的工字钢不仅有加固窗棂的作用，而且还能取得美学的效果。但密斯自己说，他最初采用这种手法，是因为如果没有它，建筑物“看上去不直”，这明显地说明了他原来的目的是出于美观而不是结构。在他以后的许多建筑中不断地应用这一手法，实际上已意味着将技术手段升华为建筑艺术的重要象征。那些过份强

---

[1]斯威尼　James Johnson Sweeney
[2]卡勒里　Mary Callery
[3]格林沃尔德　Herbert Greenwald
[4]海角公寓　Promontory Apartments

调密斯是纯客观理性的功能主义者的人需要修正一下他们的错觉了。只要看一下湖滨公寓大楼，他把长条的工字钢不仅焊在窗棂上，而且也焊在柱子外面，这显然是不起结构作用的。尽管如此，密斯的崇拜者仍然坚持说密斯是最彻底的理性主义者，但是密斯却从不去纠正这一公众的印象。可能是因为他在美国是位教师，不只是开业的建筑师，同时因为他是在讲求实用的美利坚，而不是推崇哲理的德意志，所以他在1940年以后常谈到客观性和理性，而很少谈到主观精神。然而，他在美国的建筑作品中实际上所体现的主观精神也仍然和在德国的作品中一样。因此，我们可以看到密斯“精神”的最根本要素是美观，是艺术而不是理性。

实际上，湖滨公寓大楼的平面是根据格林沃尔德的意见经过修改的，以满足广大住户保持私密性的习惯，从而放弃了他最初采用内部开敞平面的布局。追溯1921年密斯最初设计的玻璃摩天楼到这时已近30年了，此后经过许多建筑师的努力探索，尤其是在纽约由哈里森❶和阿布拉莫维茨❷负责设计的联合国秘书处大楼（1947—50），无疑都为湖滨公寓大楼开辟了道路。1947年密斯在现代艺术博物馆的展览使他成为国际上讲求技术精美倾向的中心人物。

湖滨公寓建成后，曾在美国产生了很大的影响。密斯自己以后在有些高层建筑的总体布局中也经常采用这种直角相联的方式，例如在1956年建造的芝加哥湖滨路900号公寓楼即是如此。从此“双楼”在美国就变得时髦起来了，甚至1969—1973年雅马萨奇在纽约设计建造的110层的世界贸易中心也是采用双楼的形式。在湖滨公寓中，就象范斯沃斯住宅一样，形式的纯净与完善已经变成为最高法则，其他任何因素都得从属于它。密斯以不屈不挠的精神不允许每一构件有任何偏差，包括玻璃的六面都要精确无误，这样似乎可以给人们以一种深刻的印象：建筑艺术就是严格的训练，建筑艺术就是工业产品。同时从湖滨公寓上也可看到一种有趣的共生现象，那就是建筑艺术创作与建筑工业化之间取得了谅解。今天建造一幢摩天大楼的任务已远远超出了19世纪末芝加哥学派的先驱们的工作，建筑师不仅要解决使用功能问题，而且还要使建筑有相当的质量，这种质量就是人们通称的建筑艺术表现。如果有创造性的建筑师都知道怎样正确处理建筑工业化的问题，那么建筑技术与艺术的矛盾问题就可迎刃而解了。

诚然，湖滨公寓大楼并不是完美无缺的。由于受到建筑总造价的限制，他把玻璃外墙建筑必需的空调设备也取消了，这样可以使每个房间节约2000美元的投资，但住户就不得不考虑各种各样的遮阳措施，尤其是夏季。至于内部设计也有考虑欠周之处，例如住户只能把垃圾筒放在大门旁边，否则就别无他法。但是在密斯以后的公寓大楼设计中，这些过去的缺点都很快地得到了改正。

1952年SOM事务所的邦沙夫特❸对密斯的成就首次作出了实际的回响，设计了全玻璃的纽约利华大厦❹，表明湖滨公寓的处理手法同样也适用于办公楼。

密斯设计的第一座高层办公楼，名声显赫的西格拉姆大厦还是在六年以后才建成的，但他利用那段时间进一步对高层建筑的变化和精致作了努力。

由于评论界对湖滨公寓持肯定态度，使得密斯与格林沃尔德的关系有了发展前途。1952

---

❶哈里森　Harrison
❷阿布拉莫维茨　Abramovitz
❸邦沙夫特　Gordon Bunshaft
❹利华大厦　Lever House

年他将事务所迁到芝加哥瓦伯希南街37号❶的钱普林大楼❷时，他增加了工作人员，扩充了绘图房。一年以后，他接受了两组更大的公寓群的设计。一组是湖滨路900号两幢广场公寓楼❸（1953—56），位置在860—880号公寓楼的北边。另一组是国民广场公寓群❹，由四座单体建筑组成，计划造在芝加哥北面2.5英里处的戴弗塞林荫大道❺上。后来由于格林沃尔德在1959年去世，国民广场上的公寓只完成了南面一对（1953—56），北面一对宣告流产。这两组公寓都是一长条板式大楼带一较短的大楼，所不同的是湖滨路900号的两幢公寓楼是周边式布置，而国民广场上的公寓楼则是平行布局。

两组公寓大楼从外观上看，都采用了一些湖滨路860—880号公寓大楼的处理手法。单体建筑的基本形式是长方形，平屋顶，所有的窗框外部都焊有垂直的工字形窗棂，底层的墙退在柱子后面，这一处理不仅突出了柱子的支撑作用，而且表现了底层的开敞空间效果。两组公寓大楼的下部都是用钢筋混凝土柱子，上部用钢柱，比较有趣的是底层混凝土柱子的四角都包有铝合金的边框，暗示着与墙面不同的处理。同时，出于实际的考虑，密斯把玻璃幕墙挂在支柱前面，可以避免受温度变化的影响。最初曾经在海角公寓中考虑过的玻璃幕墙方案，后来几乎被密斯应用在所有的高层建筑中，以致成为他在美国建筑的重要标志。然而不管采用它的动机如何，实际得到的效果是遮蔽了结构而不是暴露结构，这似乎违背了他最推崇的原则之一。实际上，并不是他不坚持他的原则，更主要的他是一个艺术家，而不仅仅是工程师、建筑师或哲学家。在他最出色的高层建筑中，幕墙看上去是极为精致的结构性处理，尽管它一点也不起结构作用，而密斯却总是把它说得好象非常合乎逻辑那样。

然而，密斯并不是有这种癖好的唯一的建筑大师，我们可以联想到赖特在住宅设计中对天然木材的应用，勒·柯布西耶在建筑中屡加应用不加粉刷的混凝土外墙，这些都不只是出于忠实材料本身，而更多的是对自然美的考虑。所以在五十年代，密斯的钢与玻璃的简洁建筑便吸引了美学界与企业界的注意。资本家们显然对密斯的低造价建筑感到满意，认为它可以成为一种民族的理想化形式，并且看到这一形式与美国作为世界经济强国地位之间的联系，那就是表现为精美、简洁、以及用现代建筑法则所设计出的抽象形式的纯净性。从美学方面来看，这里可以引用一段施尼茨勒❻在回顾她1954年第一次造访湖滨公寓时的体会："这是一个星星闪烁的夜晚，我睡不着，因为我感到星星将会降到我的头上，我身不由己如同漂浮在天与地之间。"作曲家凯奇❼登上湖滨公寓上层，正好一阵暴风雨掠过湖面，他惊叹道："这难道不是密斯的天才发明了闪电？"

利利·赖克是密斯在德国时的好友和设计伙伴，在密斯赴美以后，她曾对密斯遗留在柏林的事务进行了妥善处理，并和密斯的妻子艾达、女儿乔治亚❽、玛丽安❾、沃尔卓特❿以

---

❶瓦伯希南街37号　37 S.Wabash
❷钱普林大楼　Champlain Building
❸湖滨路900号的广场公寓楼　Esplanade Apartments
❹国民广场公寓群　Commonwealth Promenade Apartments
❺戴弗塞林荫大道　Diversiy Parkway
❻施尼茨勒　Lilly von Schnitzler
❼凯奇　John Cage
❽乔治亚　Georgia
❾玛丽安　Marrianne
❿沃尔卓特　Waltraut

及密斯的兄弟埃瓦尔德❶之间的关系比较融洽。

后来，密斯的三个女儿都曾先后到过美国，但只有沃尔卓特留在芝加哥和密斯住在一起。而密斯正走上事业的蓬勃时期，不太高兴忍受儿辈们的打扰。与密斯关系密切的洛娜·马克思❷说，父女间时常发生摩擦，特别是当二、三个女儿同他住在一起的时候。因为他住所虽然非常舒服，但并不宽敞，只有一间起居室，一间餐厅，一间厨房和二间卧室，对于单身汉或一对夫妇来说，这样的住房是挺合适的，但是二、三个搞专业的人住在一起时便远远不够了。格林沃尔德曾表示愿意给他提供一套相当规模的湖滨公寓住房，但他不愿意接受，以免与住户们同乘一座电梯，听到对他所设计的建筑的褒贬。他宁愿住在一座仿文艺复兴风格的旧楼里，尽管外表看上去寒酸得不适合他的地位，但却适合他的胃口。

在第二次世界大战结束前，伊利诺理工学院建筑系的学生只有50名左右，战后随着大批退伍军人进入高等学校，使建筑系的学生人数激增。二年以后，建筑系迁入校友会馆里面，占用了大部分空间。同时，密斯也开始填补由于战争而空缺的教师编制。1945年他聘请了风景建筑师考德威尔❸任教。50年代初期，他又聘请了希尔伯塞麦❹和彼得汉斯❺任教授职位。并且他在瓦伯希大街的建筑事务所也扩充了力量。1946—47年间，他的事务所任务不饱和，直到格林沃尔德委托他设计海角公寓大楼才改变了这种状况。后来人员较为固定，没有大的调整，尽管在50年代早期密斯进入了事业的兴旺阶段，他的职工从未超过10个。

密斯对理想化建筑的过份追求有时产生与业主的严重冲突，最典型的事例表现在范斯沃斯（Edith Farnsworth）住宅的纠纷上。1953年春，他告范斯沃斯和范斯沃斯告他一案，导致了法院开庭审理。业主与建筑师互不相让，于是产生了一场漫长的、耗费精力的官司。

关键的问题是在于到底是谁欠谁的账？对于密斯为之支付的超出造价之外的费用怎么办？这是两个个性极强的人力量和权力的冲撞。问题的产生和发展过程是非常富有戏剧性的。

1945年，出身自芝加哥一个有名望家庭的范斯沃斯在朋友家里认识了密斯。早年，她曾献身于小提琴，因而在意大利向科蒂❻学习过一段时间，后来她又改变了主意，不摆弄乐器了。她从西北大学的医学院毕业后，在芝加哥开设了诊所，终于成为国内著名的肾脏病专家。她一直希望在她中年时期建造一座周末乡村别墅，她曾请教纽约现代艺术博物馆，要他们推荐一名建筑师。他们推荐的人中有勒·柯布西耶，赖特和密斯，她选择了后者，也许因为密斯是三人中最容易接近的。他们的接近不仅仅是距离上的意义，她与他的关系也不仅是业务关系。她姐姐玛丽安·卡彭特❼回忆道："她被他迷住了，她与他可能有点私情。"大多数目睹密斯和范斯沃斯友谊的人都认为有一段时间他们俩之间有一层罗曼蒂克色彩。而密斯为自己辩解，相当不光彩地说："她本想与建筑师一起住在这座别墅里。"后来她发现密斯不是理想的朋友，便说出了这样一段话："作为一个男人，他也许不是我所想象的那样富有洞察力，

❶埃瓦尔德　Ewald
❷洛娜·马克思　Lora Marx
❸考德威尔　Alfred Caldwell
❹希尔伯塞麦　Ludwig Hilberseimer
❺彼得汉斯　Walter Peterhans
❻科蒂　Mario Corti
❼玛丽安·卡彭特　Marian Carpenter

只是比我所认识的人更冷静。也许他需要的不是朋友或合作者，而是容易愚弄的人，或是牺牲品。”

显然，当她要求密斯设计住宅时的感觉并不是这样。委托合约是 1945 年签订的，1946 年密斯设想的小住宅方案很快就已经形成，密斯把这所住宅看作是实现他理想的一次绝好机会。作为单身妇女的乡村别墅，它座落在一块 9.6 英亩的绿地上，南面是福克斯河❶，位置在芝加哥西面 47 英里处的普南诺地方。这样一个环境可以让建筑师为心所欲地设计。虽然密斯早就已经有了住宅的构思，但随后他就放松了。只到 1947 年现代艺术博物馆展出这一住宅的模型后两年，也就是 1949 年 9 月基础部分才正式动土，整个住宅直到 1951 年才竣工。

住宅的构思别具一格，它是一个全玻璃的方盒子，地板架空，从地面抬高约 5 英尺，这是为了预防洪水的泛滥。整个住宅由八根柱子支撑，每边四根，住宅两端向外悬挑。住宅平面大小为 28×77 英尺，北面是平缓的草地，南面是树木茂盛的河岸，门廊设在住宅的西边，宽一个开间。

玻璃住宅内是一个大通间，内部只有一个长条的服务核心，它包括卫生间、厨房和管道井等。起居室、卧室都是靠家具分隔的，没有明显的隔断。起居室位于火炉的前方，朝南可以观察优美的河景。住宅内没有空调，通风靠门窗对流。实际上窗子只设在东端玻璃墙下，面积不大，通风效果并不理想。钢框架在完工以后，进行磨光处理，以获得平整的表面，然后外墙刷白漆。因此，住宅中最显眼的构件是玻璃与钢，虽然这些材料都是现代技术的发明，但它们却以工匠的手法来完成。这正是密斯的精华：东西拿来然后转化，把暂时性的东西上升到永恒真理的高度。这座建筑会使人联想起十八世纪的村舍，还会使人想到神庙。刷白漆的钢柱会使人看作为古典柱式，起着和多立安或爱奥尼柱式同样的符号作用。尽管住宅体现了地道的密斯精神，而架高的平台实际上是辛克尔建筑风格的翻版。

看来，与其说它是一座别墅，不如说它更象一座亭阁，它获得了美学上的价值，尽管没有满足居住的私密性要求。实际上，密斯所谓的技术精美，却与物质功能产生了许多矛盾。在严冬季节，由于供暖系统的不平衡，大片的玻璃面凝冻；夏天，尽管南面有郁葱的糖枫林遮荫，但强烈的阳光仍把室内变成烘炉，对流通风不起什么作用，窗帘也没有什么效果。密斯反对在门外再装纱门，直到他受到蚊虫叮咬的痛苦后才同意范斯沃斯的主张，在门廊的天花上装搭钩，挂上纱帘。

范斯沃斯住宅的纯净与精美是无可否认的，它与自然环境的结合也处理得极其协调。在住宅里可以从各个角度坐视外部景色的变化，它可以说是密斯具有浪漫主义意识的代表作，体现了密斯建筑的非物质化，并表达了固定的、超感官的秩序。

在结构方面，住宅地板和屋顶的周框是用槽形钢制成，以承托横跨房子的工形钢梁，在这些钢梁之间安装了预制的钢筋混凝土板，这些预制板便成了现浇混凝土的模板，在室内地面上再铺着一层 2 英尺宽、2 英尺 6 英寸长的磨光灰华石板。房子所有的管道及线路均集中于中间的长方形筒内，在核心位置伸出屋顶的部分，则用来排除厨房、卫生间、热水炉以及起居室壁炉的废气。房子的采暖系统主要是以嵌入地板中盘绕的热水管装置而成。但另有一辅助的暖风系统，当冬季严寒时，可以很迅速地将室温提高。在天花板的边缘均设有窗帘槽，房子的每一边都可以拉上窗帘。窗帘是生丝的，它成为大片玻璃幕墙不可分割的部分。

---

❶福克斯河　Fox River

自范斯沃斯住宅建成以来，迄今30多年，它已被广泛地认为是现代建筑的典范之一。同时，范斯沃斯住宅也标志着密斯后期设计的转折点——全神贯注于结构形式。的确，这所住宅是建筑史上一次难得的机遇，不论业主或委托业务本身，对建筑师均给予无限制的自由。

范斯沃斯住宅这种在工形钢框架内设玻璃幕墙的处理，似乎已成为后来无数幕墙式建筑的预言。然而，关于这一点，则可以追溯到构成派的影响，构成派的作品中确曾表现了侧面连接的形式——水平与垂直构件"旁交"而非"会合"。

由于范斯沃斯住宅的内部需要设置服务核心，还不可能象克朗楼那样成为真正的一统空间，然而这所住宅的空间组织却具有另一番新颖效果，其开敞性似乎拥抱了整个周围环境，它虽有玻璃隔开，但那些树群与灌木丛则仿佛穿梭于室内外，使空间连成一体。基地的特点催生了这个抬高的构架，内容则促进了对建筑本质的还原。两者均促成了这独特的建筑与环境，使密斯能够获得那已成为与"密斯"两字同义的不朽的纯净性。

当这所住宅刚一完工，《建筑论坛》杂志曾评论说："对于许多建筑大师来说，它是继12年前赖特在亚里桑那建造的沙漠住宅后在美国出现的最重要的住宅"。当然这种赞扬似乎有点过份。实质上，范斯沃斯住宅是以其简洁纯净的体形而称著的。同时，这种住宅也只能适用于周围有大片绿化土地的空旷地段，它的造型和自然环境相配，可以相得益彰。然而对于住宅的私密性来说却是考虑得太少了。由于这所住宅过于讲究细部处理，以致在建成后，女主人发现房屋的造价是73,872美元而不是预算的4万美元，使她大吃一惊。

现在我们可以来了解这座住宅最后怎样成为密斯和业主之间产生裂痕的契机了。住宅越接近完工，他就越关心他的理想是否转化为现实，而越不关心他与业主的关系。而对范斯沃斯来说，住宅意味着她与他成为一体的象征，而不是他理想的实现。同时，造价也急骤上升，比原来预算4万美元已增加50%，密斯一点都不顾及到当时由于朝鲜战争而造成的通货膨胀，只管选用优质的材料和精美的施工方法。因而使她越来越对密斯感到不满。尽管造价上的争吵与审美趣味的分歧也很严重，但还不致闹到感情上的破裂，关键的问题是在于范斯沃斯感到密斯对她的人格有了损伤。

1953年春夏之交，在伊利诺州约克维尔镇❶的一个小法院里开庭审理双方的诉讼案，密斯告她欠了他为住宅垫付的28,173美元，而范斯沃斯却说密斯还要她为工程预算再多支付33,872美元。再加上许多其它的问题，使得双方闹得不可开交。但是最后范斯沃斯败诉了，密斯获得了一笔14,000美元的补偿费。她受到了沉重的打击。在诉讼事件结束后，建筑杂志刊登了他们对这场官司的评价，范斯沃斯曾难过地写道：

> "精彩的评论用漂亮的词藻修饰，使头脑简单的人迫切地以一睹玻璃盒子为快。那玻璃盒子轻得象漂浮在空中或水中，被缚在柱子上，围成那神秘的空间。……今天我所感到的陌生感有它的因头，在那葱郁的河边，再也见不到苍鹭，它们飞走了，到上游去寻找它们失去的天堂了。"

的确，绝大部分专业评论家被密斯的设计所吸引，他们致以一片颂词。然而也有例外，对此持怀疑态度的评论出现在1953年4月号的《美的住宅》❷杂志上，戈登❸写了一篇有份量的文章《新的苗头威胁着美国》，文章从范斯沃斯住宅主人的反对意见出发，进而抨击"国

---

❶约克维尔镇　Yorkville

❷《美的住宅》　House Beautiful

❸戈登　Elizabeth Gordon

际式”，特别是包豪斯。戈登认为勒·柯布西耶是前者的代表，格罗皮乌斯是后者的代表，密斯则是两者兼而有之。她觉得密斯的建筑“冰冷无情”。他设计的家具“干瘪”、“单薄”、“毫无舒适感”可言。她的论点暗示着在欧洲兴起的现代主义，到1953年已经在美国广为传播，以致遭到民族主义的反对。戈登的敏感可以在赖特那儿找到共鸣，赖特已断然结束了他与密斯的友谊，他说：“这些包豪斯建筑师（指密斯）从极权主义的德国跑出来到美国，以一种特有的热情来推行他们艺术上的极权主义。为什么我要反对国际式呢？因为它在文明的意义上是要趋向简单化。”

当然密斯既没有回击赖特，也没有再同他联系过，这些都无关紧要，只要房子造起来就行了。

1962年伦敦的地产商彼得·帕隆博[1]从范斯沃斯的手里买下了这座别墅，他非常推崇密斯的建筑，接受了大师的意见，拆除了纱帘，而在室内每个角上安装地扇通风。同时他听从密斯的建议，不在住宅核心的墙面上挂画，只是在房间里布置雕塑品。帕隆博可以说是这座别墅最理想的主人。他很富，有足够的费用来维持经常性的修缮工作，而且一年中他只在那里住很短的一段时间，这样他就能从精炼的美中获得丰富的精神享受。

密斯继范斯沃斯住宅之后，于1950—1951年设想了一个50×50英尺的方形住宅方案（图38、39），它是在以前基础上的进一步发展。这个住宅方案设计成单跨结构，外墙全部用玻璃组成，玻璃房内含有一个服务核心，包括厨房、二个卫生间、管道井和壁炉，很象范氏住宅的布置。住宅的平面为正方形，直接座落在一块铺砌整齐的方形地面上，在它的右半边做有一块错开的相似地面，象征着入口的前室。

住宅设想供独户使用，适宜于夫妇带二个孩子的四口之家。建筑形式比范氏住宅更结构化，过去那座住宅共有八根柱子，而现在这里只有四根，每根柱子正好都布置在每边的中间，这种对结构的简化已经达到了不能再减的地步。因此不仅在转角处去掉了支柱，而且加强了建筑艺术的轻快感和内外空间的融合。为了保证这一特殊的结构体系能有建造的可能性，密斯设计了双向的刚性钢网架平屋顶，以加强四角悬挑结构的强度。

50×50英尺的方形住宅只是一种设想的模式，也可以做成40×40，或60×60英尺等等。密斯过去在德国时一直反对建造大量性住宅，看来到了这时思想已有所转变，他认为在美国的中产阶级中似乎可以大量发展这类住宅，以满足社会的需要。因此密斯说：“我们得发展钢框架加核心的住宅来解决这一问题。”并且还补充道：“内部要开敞，以便保持灵活性。”此外，他还坚持室内空间的分隔构件要能自由移动，并要允许卧室和起居室空间的尺寸、形状和位置可以随意改变。

实际上，范斯沃斯住宅建成后已引起了纠纷，更难相信，带有孩子的美国家庭会接受密斯所创造的这种缺乏私密性和不封闭的方形住宅室内空间模式。

50年代上半期过去后，密斯已不再坚持这种一统空间的玻璃住宅模式。他已把这种单跨大空间整体屋盖的构思应用到公共建筑中去了。

50年代中期，密斯已近70岁，他又作了三个杰出的大型公共建筑方案，把单跨整体屋盖在结构上和表现上都推向了新的高峰。

伊利诺理工学院克朗楼（Crown Hall，1950—1956），或译皇冠堂，是密斯在五十年代

---

[1] 彼得·帕隆博　Peter Palumbo

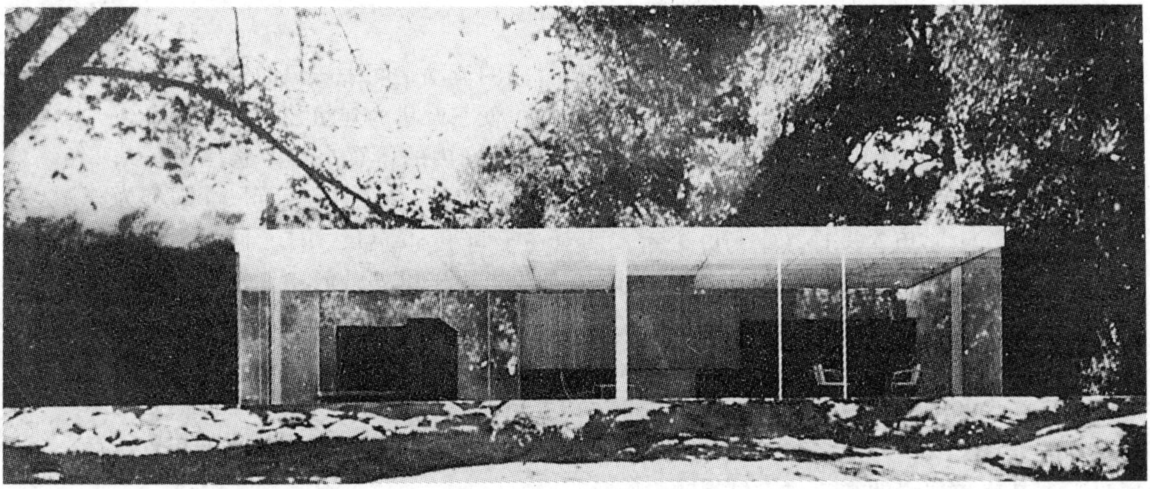

图 38　方形住宅方案模型・1951

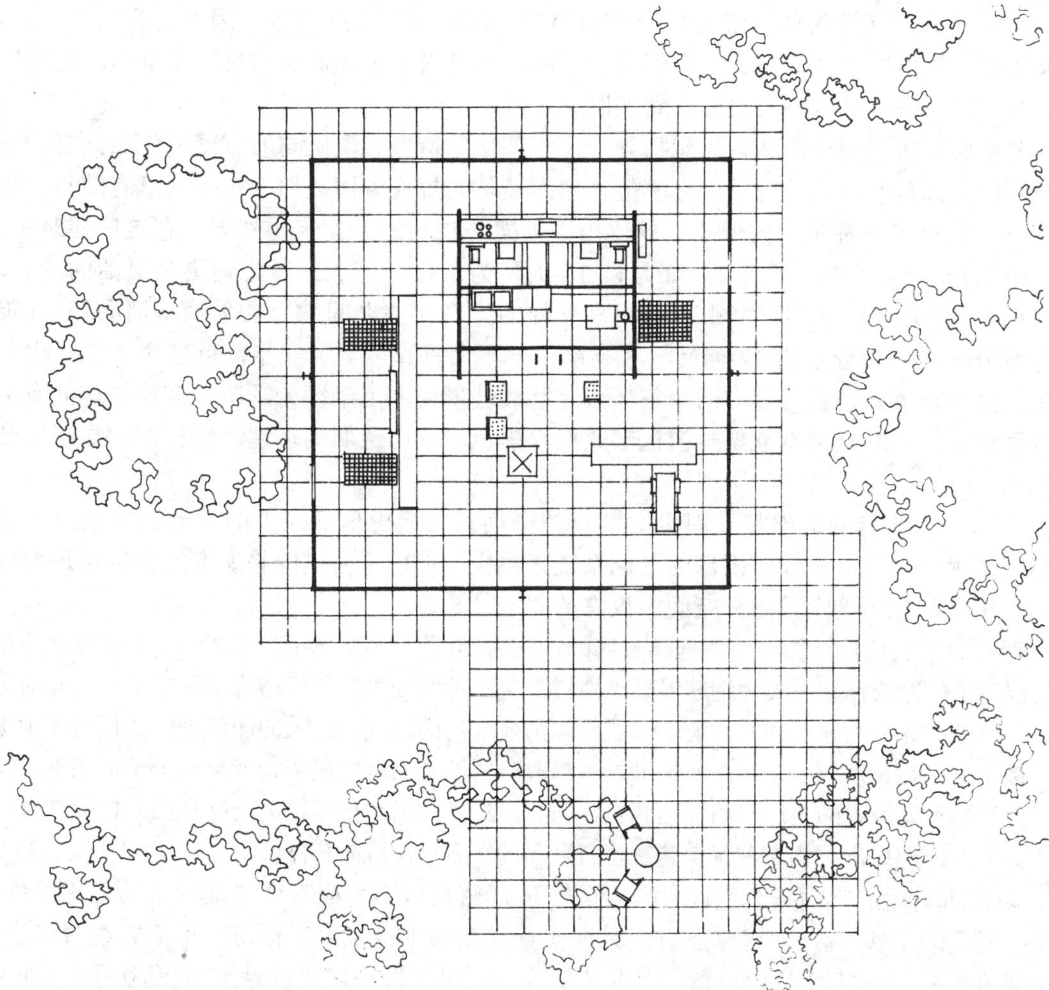

图 39　方形住宅方案平面・1951

中期比较有代表性的作品。这是他改变了过去在欧洲常用的流动空间手法，而是采用静止的一统空间的构思。同时，他在这座建筑上努力表现结构，使它升华为建筑艺术的新语言。

克朗楼是伊利诺理工学院建筑系系馆，也是密斯在校园内的得意杰作。整座建筑共二层，上层是一座精美的玻璃方盒子，长 220 英尺，宽 120 英尺，室内高 18 英尺，内部为一无遮挡的大空间，主要用作设计教室与办公室。四对柱子间距 60 英尺，柱子间用板型大梁连接，屋顶悬挂在大梁之下，东西两端各悬挑出 20 英尺。由于钢架外露，用结构来表现建筑艺术在这里得到了充分的发挥。上层地面比室外抬高 6 英尺，这样可以使下面半地下室部分得到必要的采光与通风条件。半地下层里包含有小教室、车间、盥洗室等等。建筑物的入口在南面，有一个宽敞的平台和阶梯上下，这一手法和范斯沃斯住宅相似，所不同的是这里采用了对称的处理方式，有明显的中央轴线，就连内部的二个楼梯也都呈对称式的布置，这也许还是受到辛克尔严谨的古典建筑思想的影响。

为了围成一个巨大而全无阻挡的空间，克朗楼的结构是采用钢框架形式，整个建筑的屋顶结构是由四榀横跨屋面的门式钢架支承。密斯曾深有感受地说："这是我第一次在整幢房屋中获得一个真正的一统大空间，……校园中其他房屋内部总是有支柱的，因而不是完全自由的。"至于为什么要暴露这些大梁呢？密斯解释说："这是一项实际的事，因为它脱离了天棚，……天棚不再被隔断。然而还有一个美观的原因，大梁吸引了人们对建筑的注意力，使房屋外形更为有趣。没有必要为大梁而感到羞耻。"

在密斯对建筑物要求简洁的思想指导下，克朗楼的造型表现出与所有密斯作品共有的逻辑明晰性以及细部与比例的完美。它不但在形态美学与规模方面凌驾于校园内已有的建筑物之上；它更采用了一种不同的形式，仅使用钢框架与玻璃组成建筑物外观。在这座建筑中，模数没有采用 24 英尺或 12 英尺，而是以 10 英尺为单位，可能是考虑到更为灵活的缘故，因此整个外墙都是以 10 英尺宽来划分垂直立柱的。在立柱之间的上层玻璃幕墙高约 20 英尺，再划分为二段，分别为 12 英尺与 8 英尺，下段又垂直等分为二半，使整个立面显得井然有序。全部玻璃外墙都是固定的，下半截是磨砂玻璃窗，上半截为透明玻璃窗，里面有活动的百页窗帘。所有外部钢框架与窗框都漆成煤黑色，它与透明的玻璃幕墙相配，显得十分清秀淡雅。

由于建筑物所有的玻璃都是固定的，新鲜空气只得籍由地面层上的百叶透气扇进入室内。暖气则由装设于悬吊天花内部的空调系统来供应。而两个管道间将所有的管道从地面接通到天花板上，成为这个开敞大空间中仅有的固定结构。

克朗楼的主层地板结构是与钢框架分离的，它由 20 英尺×30 英尺（6 米×9 米）方格分布的钢筋混凝土柱网支撑起一大片钢筋混凝土楼板。这一种以分离的楼板结构系统来承受所有荷重的做法，曾被批评为与建筑物的外观不一致，因为建筑物的外观所给人的印象是：楼板与屋顶板一样，都是悬吊在钢框架上。然而，也可以解释成，内部分离的楼板结构就象一个箱形墙基，使密斯籍此得以将建筑物的主层抬高并强调它。还有，这样的做法也使密斯能够加强入口的地位，在主入口的前面伸展出中间夹有意大利灰华石贴面的平台和两段阶梯。

克朗楼所采用的室内一统空间方式，除了体现密斯以不变应万变的理性主义思想以外，他还有一个想法，那就是把这座建筑变为现代意义上的中世纪手工作坊，里面容纳着老板、工人和徒弟，在一起工作、劳动和学习。他认为在这里可以把现代世界的"混乱秩序"整理得井然有条，使教师和学生们可以得到精神上的温暖，至于使用上的不便就不太考虑了。其实，克朗楼的设计思想还是包豪斯过去的那一套原则在美国的再现。这样，密斯在他的身边聚集了侍僧，他们象他一样地热爱克朗楼，满意于生活在自由空间和庞大空间条件下学习。由于克朗楼所围成的玻璃空间已经理性化和程式化了，它开始消失了浪漫的色彩。

当克朗楼竣工的前一年，即 1955 年，勒·柯布西耶的自由塑性造型的朗香教堂出现时，密斯受到强烈的震动，同时深为困惑。密斯说："你们必须向柯布西耶看齐，他是位艺术巨匠，他创造了一件艺术品，但是我并不以为你们也有可能在第五大街上建造这么一座教堂。"在克朗楼的建造过程中，密斯还做过二个大空间建筑的方案，但是都未能实现。

其中一个著名的大型公共建筑方案是西德曼海姆国家剧院❶（1952—1953），密斯应邀参加了设计竞赛（图 40～43)。这一设计在规模上远远大于克朗楼，剧院包括两座不同尺度的观众厅，还有各种辅助空间。二层楼，平面为 262×524 英尺，上层即主层高 39 英尺，下层 13 英尺高。在他的净跨结构中，这个方案是独具一格的，它里面包含有各种空间和建筑部件。正如他自己说的那样："我得出结论，围护这一复杂空间体的最好办法是用巨大无柱的钢架大厅和彩色玻璃墙面，……把整个剧院的内容全放在这样一个大厅中。"

图 40　西德　曼海姆国家剧院正面（模型）·1953

图 41　西德　曼海姆国家剧院外观（模型）·1953

❶曼海姆国家剧院　National Theater in Mannheim

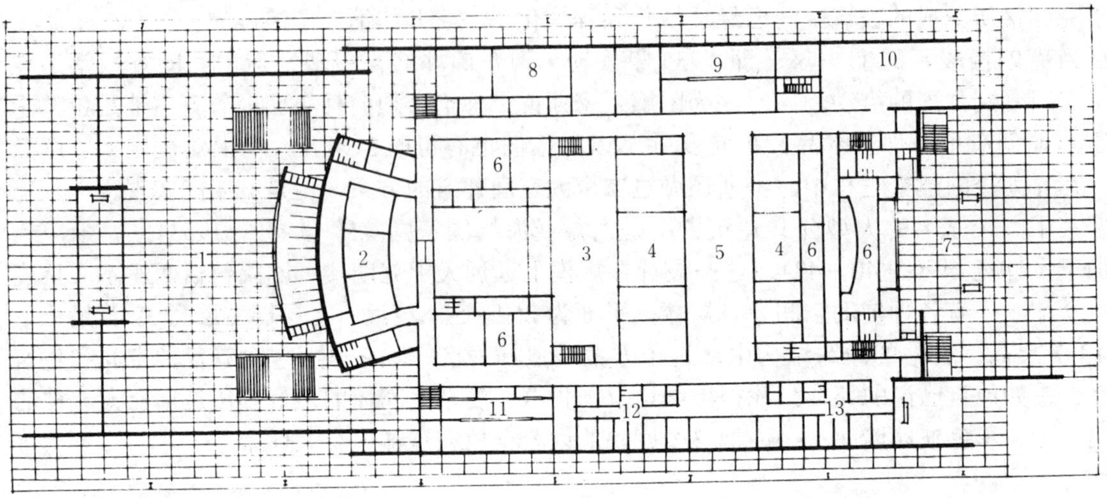

图 42　曼海姆国家剧院底层平面·1953

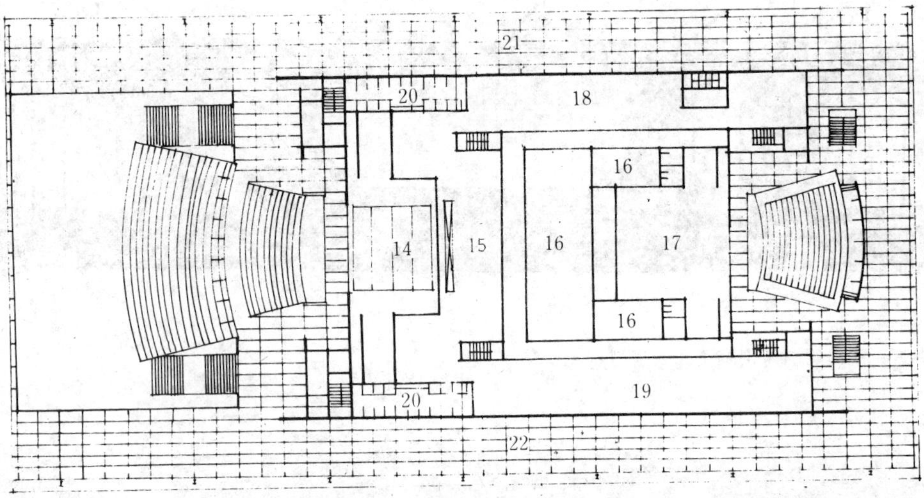

图 43　曼海姆国家剧院二层平面·1953

大厅的结构追随克朗楼的构思，所不同的是把横跨屋面的大梁改为一榀榀露明的桁架，屋面板从桁架上悬挂下来。曼海姆剧院七对柱子支承着 26 英尺深的桁架，而不是平面网格，柱间距为 70 英尺，两端挑出 26 英尺。这一结构布置手法可以从 1942 年为某一小城市所作的博物馆方案和印第安纳波利斯的坎特汽车餐厅方案中看到它的渊源。而它的内部空间处理则很象 1942 年所作的音乐厅方案。

在大空间的内部，同样可以感受到密斯的匠心。1300 座的大剧院入口设在建筑物短边的正中，里面对称地设置了两部楼梯从底层引向上面的观众厅。而观众厅的外侧全为玻璃外墙，端头悬挑在底层开敞前厅的上面。建筑物的另一端设有 500 座的小剧院，边上设有布景、车间、化妆和贮藏等房间。两观众厅之间是多功能舞台和附属用房等等。曼海姆剧院方案充分证明了密斯同样可以用一统空间来处理多样复杂的内部功能。

在 1953—1954 年间密斯还做过一个芝加哥大会堂方案（图 44～47），这是应芝加哥

图 44　芝加哥大会堂方案鸟瞰（模型）·1954

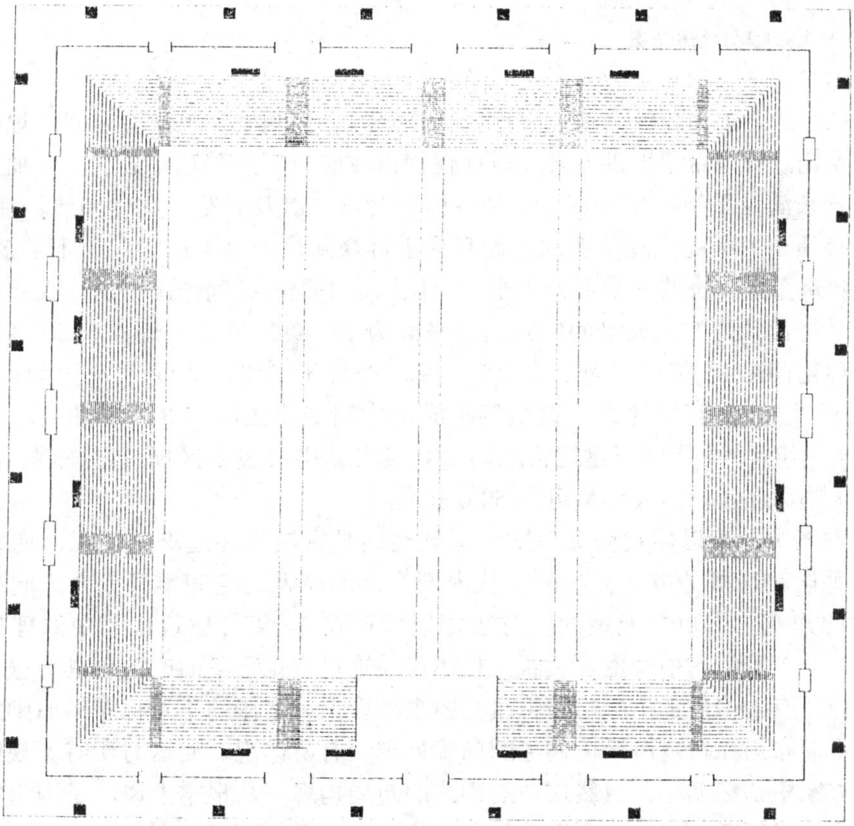

图 45　芝加哥大会堂方案平面·1954

图 46　芝加哥大会堂采用钢架与铝合金板结构的外墙方案（模型）

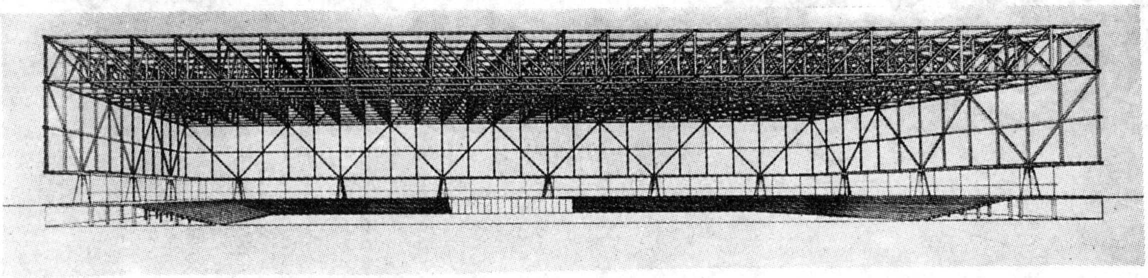

图 47　芝加哥大会堂屋顶结构方案

南区规划委员会的要求而作的。地址在市中心洛普区和伊利诺理工学院之间。规划委员会一直没有正式委托，只是希望提供方案，以便促使市政府当局接受它。显然，芝加哥需要有一座新的大会堂来满足每年举行几百个各种各样的会议，以及展览、文化和政治活动的要求。为此，建筑必须是大型的、多功能的，而且易于群众到达。对于这样一个不可多得的良机，密斯曾带着建筑系毕业班的一个三人小组和一位结构工程师共同作出了这一大胆的单跨大空间结构，这是他设计过的最大空间的建筑。平面为 720 英尺见方，覆盖着 50 多万平方英尺的地面，内部空间高 85 英尺。为了使会堂内部不受柱子妨碍，他设计一个整体大屋盖，由 30 英尺深，间距为 30 英尺的双向钢桁架组成，分别支撑在每边 6 个支柱上，柱子间距为 120 英尺，角上出挑 60 英尺，建筑物总高 110 英尺。中央表演区周围是 18 排 17,000 个座位，还能增加临时座位，最大容量可达 50,000 人。

从这一方案中，可以使我们又一次地看到空间是密斯最终追求的结果，而结构只是手段。当然，手段在这里是极其壮观的，从内部看，那高大的空间本身就令人起敬；从外部看，结构性的建筑艺术更是无疑的。过去密斯体现在 30 年代建筑作品中的理想秩序，在四、五十年代的单跨结构中产生了飞跃。他不仅在这里将矩形平面改为更具普遍意义的正方形，而且他把所有的构件都按严格的轴线关系来处理。风格派的不对称布局原则过去曾经在湖滨公寓总平面布局和在范斯沃斯住宅的门廊处理上有所体现，而这时所有不规则的构思都已在大会堂方案中荡然无存。当然这一规则式的布局构思，从根本上说，是因为它是一座公共性建筑，设计必须考虑它的综合性功能。虽然这一方案体现了密斯的理性主义精神，但是实际功能并不一定需要按密斯所设计的那样单跨的大空间，他完全可以在厅内设柱网，并足以满足他需要的灵活性，那样不仅简化了结构，而且还可以大大降低造价。后来，他以前的学生和助手萨默斯❶在墨菲建筑事务所于1971年完成这项工程任务时就是采用150英尺间距的柱网布置方法。密斯当然知道可以提供这种方案，但是促使他不采用这种方法的原因，不是出于理性和逻辑，而是超乎理性和逻辑之外的热情和意志。当然他的建筑是植根于无懈可击的理性，但他却又把理性推到了非理性的极端。这里再次证明了他是一位艺术家，他试图把理性的结构技术升华为艺术，而不只是停留在纯理性的阶段。正是因为密斯建筑处理手法的理性化与体系化，一般公认密斯的建筑是最容易学的，同时由于在建筑师中广泛地应用了密斯的设计手法，以致改变了美国五、六十年代的城市景观。

在50年代初期，纽约城处在自20年代以来建设的高潮，于是导致了对现代办公楼的大量需求，摩天楼在曼哈顿不断地耸立起来，甚至侵入了原来只作为居住区的公园大道，其中大多数的摩天楼还是传统的纽约阶梯式的外观，或者是模仿利华大厦的板式造型，因为急于获利而设计与施工都做得粗制滥造。

1954年西格拉姆酿酒公司宣布一项计划，拟在公园大道上建设一座公司自己的办公楼，要求在1958年前完工，以庆祝该公司成立一百周年。当时的董事长布朗夫曼❷为了寻求一个新颖的设计方案以超越已经在公园大道上建造起来的大量钢与玻璃的摩天楼，他把这项任务委托给了战后颇有点名气的一家加利福尼亚公司勒克曼与佩雷拉公司❸进行设计。

西格拉姆公司首脑布朗夫曼的女儿菲利斯❹远在巴黎的家中得知这一消息后，觉得很是不妥，但似乎又限于建筑艺术知识的不足，因此她焦急地飞回到纽约，说服了自己的父亲，由她负责进一步寻找一个合适的建筑师人选。菲利斯深感责任的重大，事关西格拉姆的声誉问题。她拜访了现代艺术博物馆建筑部的主任菲利普·约翰逊，在他和他推荐的顾问们的帮助下，菲利斯对当时国际上有名的现代派建筑师们作了详细的研究，最后她选定了密斯。

当年11月份，密斯与西格拉姆公司签订了合同，并聘请了纽约的卡恩与雅各布斯建筑事务所❺作为助手，并要菲利普·约翰逊也辅助他。其实在当时，美国人知道约翰逊比知道密斯还多，只是后来密斯经过了很大努力以后，才赢得了世人的侧目。

如果没有西格拉姆公司的慷慨，要想使这座办公楼成为战后最出色的高层建筑是不可能的。他们不仅提供了密斯最昂贵的造价（最后造价为4,500万美元），而且还给予密斯当时其他摩天楼设计者所没有的决定权。

当密斯在纽约仔细听完业主关于办公部分和出租部分的要求之后，又全面了解了纽约复杂的建筑规范，回到旅馆，一连几小时默默地坐在那里边抽烟边饮威士忌，直到脑海中出现了一个明确的方案为止。为了使设计更加形象具体，密斯安排人做了一具花园大道的模型，表示建筑基地两边的几个街坊，最后密斯才作出自己的决定。菲利普·约翰逊赞扬说："设计从一开始就有一个明确的概念，并且在密斯的第一轮草图中就完全表现了出来。设计一经决定，就不再变动。"

密斯简洁的原则排除了他在这里采用阶梯式或蛋糕式的造型，也排除了正方形塔楼和象利华大厦一样与大街成直角布局的板式大楼。最后他设计了一座高耸的3×5开间的长方形

---

❶萨默斯　Gene Summers

❷布朗夫曼　Samuel Bronfman

❸勒克曼与佩雷拉公司　Luckman and Pereira

❹菲利斯　Phyllis Bronfman Lambert

❺卡恩与雅各布斯建筑事务所　Kahn and Jacobs

塔楼，与大街平行，正面后退 90 英尺，两边各向内收 30 英尺。这样一个简洁体量的构思损失了城市法规允许的大量底层出租面积，构思重于经济效益，这还是首例，虽然西格拉姆公司不是没有经济脑袋，他们曾期望的是得到一座空间优美和满足物质利益的大楼，但是在密斯的坚持下，西格拉姆公司终于将公司的经济效益服从于整个社会效益了。

就市民来说，这项决策的最直接效应是大楼前的广场空间。当时在棋盘状的纽约城市街道上，除了洛克菲勒中心以外，还没有一块开敞的都市空间。密斯认为公园大道上现有建筑的密度使人不能很好地观赏建筑。广场可以在建筑密集的街道上提供受欢迎的和舒适的空间场所，增加了行人对特定建筑艺术的欣赏机会。

西格拉姆大厦（Seagram Building 1954—58）位于公园大道第 52 街与第 53 街之间，正面朝西。由于基地向东倾斜，密斯把广场做成为一低矮的平台，前面有三步台阶。粉红色花冈石铺面的广场面积为 90 英尺深，150 英尺宽。在广场的左右两边各设一对称的水池，每一水池的外边都做有提尼安大理石的池边，产生了与周围交通分开的微妙感觉。

办公大楼是一长方形柱体，高 516 英尺，39 层。其玻璃幕墙几乎全是笔挺的垂直线，挂在 24 英尺高的一层楼以上的钢柱前面。窗棂的垂直线盖过了横梁的水平线，这种手法早在芝加哥国民广场公寓与湖滨路 900 号公寓上已经应用过。建筑物的色彩是非常沉着的，他用淡灰色玻璃做幕墙，立面外表用高贵的建筑材料铜皮饰面。这样，整座建筑体量就散发出一种温暖的、平和的、古币式的色彩，随着时间的推移，它越来越变得尊贵高雅。

在主体建筑的背面连接着一开间深三开间宽的 39 层突出部分，再后面是三开间深的 10 层高的裙楼，两旁还各有二开间宽的 4 层楼侧翼。整个侧面不仅表现了轴线的形象，还带有他 20 年代采用过的构成主义的特征。这样便使西格拉姆办公楼所损失的面积，尽可能的得到了补偿。

这座大楼的采光与照明设计特别引人注意。白天，建筑上的茶色吸热玻璃能够防止日晒。晚上，打开总开关，每层房间四周的发光天棚通明，其照明深度可达 11 英尺半。整个 38 层大楼的立面灯火辉煌，奇妙的夜景似乎是对它自身的否定，建筑开始从沉重变为轻巧，从光影变为灯光四射。

西格拉姆大厦与它的广场是密斯在美国设计的建筑中最经典的作品，的确它的处理模式显然与巴黎艺术学院的手法有关，一切为了保证大楼的纯净性和由此而产生经典的永恒的价值。为了使高耸细长的塔楼能抵挡侧向风力，在中间连接部分的南北端设立了剪力墙，它们都是钢筋混凝土结构，然而表面仍饰有一层窗棂与横梁的网格，中间贴大理石，以保持与其它墙面处理的一致性。这种设计显然是自相矛盾的，完全不符合密斯原来为之献身的结构逻辑性与明晰性，他在这里过分强调了细部的精美与造型的纯净，过分强调了经典的美学价值，以致不得不牺牲了某些自己的原则。

在西格拉姆大厦的设计过程中，密斯的自豪感和遇到的问题之间曾发生过严重的冲突。一天他接到了纽约市教育局的来信，提醒他：他还没有在纽约开业的执照。这种执照要有相当于高中文化程度的证明，然后再通过考试才能发给。

看到这一消息后，他停下了手头所有的工作，愤怒使他犹如一座沉默的火山，立即离开了纽约，回到了芝加哥。几个星期过去了，他没有与约翰逊通信，当时他只简单地吩咐他继续工作。他对有影响的人为他说情所作的努力表示漠不关心。密斯的助手萨默斯写信给亚琛的教会学校，校方提供了密斯当年的成绩单，这是使纽约注册当局免除考试发给执照的最为必要的一步。后来问题总算得到了解决。

密斯虽然在完成西格拉姆任务的过程中得到菲利普·约翰逊的很大帮助，但是他与约翰逊之间的关系却不是十分融洽的。因为在西格拉姆建设过程中，约翰逊已经开始尝试放弃密斯的结构表现原则，偏爱雕琢平整的、流线型的新古典主义。密斯不喜欢这种风格，更不愿意感受到对自己的背叛。

一天晚上，约翰逊邀请密斯到康涅狄格州他在1949年为自己设计的住宅作客，两人在有名的玻璃房子里痛饮了几个小时。这所住宅虽比范斯沃斯住宅完工早，但显然是借用了密斯的构思，内部空间由活动橱柜和圆柱体的卫生间划分，据说是受到马利维奇❶一幅画的启发。密斯对此不以为然，因为它不仅是个舶来品，而且他认为细部相当糟糕。

夜深了，两人都有点醉意，话题转到贝尔拉格身上。约翰逊说他实在不懂密斯到底喜欢阿姆斯特丹证券交易所的什么东西，他看不出有什么值得欣赏的。对此，密斯深感愤怒，什么也没说起身便走。约翰逊后来说："显然，喝醉了酒的脑袋把他的一切都搅混了，不过他再也没有回到这所住宅来。"密斯在附近的朋友家过了一夜。从此，裂痕再也没有修复。

实际上，约翰逊对西格拉姆大厦的贡献并不亚于密斯。他负责许多优秀的室内设计，最著名的是四季厅酒吧和餐厅，两处都采用密斯的家具。餐厅的装修，包括尼科尔斯❷的优美金属帘幕和约翰逊自己设计的中央水池，形成了高雅的空间。同时还把毕加索的酒吧招待员的画放在通餐厅和酒吧的平台上。由于西格拉姆大厦是密斯的杰作，以致约翰逊的天才被作为辅助部分而埋没在西格拉姆大厦中了。

·晚年事业的波折　1958—1969·

1958年对密斯来说是很不平静的一年。就在这一年，密斯从伊利诺理工学院退休，以后便专心致力于建筑设计业务。实际上，密斯在退休时，年龄已有72岁，校方有些领导在很早以前就已经表示有意要他停止教学。诚然，在50年代时，随着他年纪的增大，实际工程业务的频繁，以及他的学术名望在世界的传播，已使他对伊利诺理工学院的责任放松了。从1949年他在校园以外建造第一座建筑——芝加哥海角公寓，到1958年西格拉姆大厦落成之间，密斯的建筑事务所差不多有一百多项工程设计任务，地区遍布三大洲。在这些任务中，也包括他在伊利诺理工学院新校园中已建成的大多数房子在内。

然而，伊利诺理工学院的新领导不满意密斯对待工作的态度，因为他显然已分散了注意力去完成新校园的规划。继希尔德❸之后的伊利诺理工学院新院长雷塔利亚特❹不象他的前任那样欣赏就在校园内的这位国际著名的建筑师，同时也无耐心接受密斯这个人不同寻常的工作习惯。在1958年密斯退休后不久，伊利诺理工学院就取消了他继续设计校园建筑的任务，而把余下的工程全部转交给了史欧姆事务所❺。尽管当时密斯自以为已保持了对校园规划建设的控制权，并力图再精心完成其它几座主要建筑任务，但是一切努力都失败了，校方的决定已不肯收回，因为新院长已不是原校园规划的当事人了。

密斯对校方把余下的工程任务转交给史欧姆事务所的愤慨是众所周知的，这给史欧姆事

---

❶马利维奇　Kazimir Malevich
❷尼科尔斯　Marie Nichols
❸希尔德　Henry Heald
❹雷塔利亚特　John Rettaliata
❺史欧姆事务所　Skidmore, Owings, and Merrill

务所继续新校园的建设带来了不少困难。史欧姆建筑事务所的主要建筑师邦沙夫特❶，纽约利华大楼的设计人，曾从纽约写信给密斯，提出他将来负责该事务所在伊利诺理工学院的工程任务，并想征求密斯的意见。密斯回信说："我已考虑了伊利诺理工学院校园建设的全部问题，要是接受你的友好建议也许会是一种错误。这个校园是一个完整的构思，它应该按规划实现。否则，还是由我来继续完成其余的部分。"

为了缓和这种僵局，邓拉普❷代表史欧姆事务所后来在芝加哥体育俱乐部组织了一次晚宴，来表彰密斯对伊利诺理工学院新校园工作的贡献，并希望在他们以后的工作中能得到密斯的支持。可是由于利害冲突而造成的隔核并不那么容易消除，就在那次晚会上密斯的好友，伊利诺理工学院建筑系教授希尔伯塞麦❸便指出对方的虚伪态度，并对新负责设计的建筑师们脱口说出："问题是在于密斯是一位绅士，而你、你和你都不是！"晚会顿时呈现了不愉快的气氛。接着另一位密斯的好友考德威尔❹当即也表示他要向伊利诺理工学院提出辞呈，以表对校方的不满。最后晚会不欢而散。但是伊利诺理工学院的决定仍然是很坚定的，史欧姆事务所后来照样在新校园的几项建筑任务方面进行了工作。

在密斯离开伊利诺理工学院以后，只保留了二项附属工程还在进行，其它的主要建筑都已由史欧姆事务所负责按照原校园规划继续实施。而史欧姆事务所在校园内第一批建造的二座大型建筑，赫尔曼馆❺和克里勒图书馆❻明显地是建立在克朗楼模式基础上的，但却在造型上笨拙得多。这二座建筑都应用了有一人多高的板式大梁承托屋盖，而这些板式大梁却和支撑它们的柱子没有很有机地结合。

还是在1958年，纽约的西格拉姆大厦落成，密斯没有能够去参加开幕式典礼，原因是他由于过去滑雪受伤所造成的关节炎重新发作，致使他在生命最后十年里一直都局限于轮椅之中，并且只能藉助于拐杖勉强地支持自己行动，因此在他晚年期间，事务所逐渐走向衰落。

然而在西格拉姆大厦建设期间（1954—58），他的事务所还是很兴旺的，当时接受了几十项任务，并且因为人手不够，还辞退了不少委托。过去密斯一直不喜欢事务所拥有很多职工，但是到50年代中期和后期，由于事务所任务的繁忙，尤其是底特律的拉斐亚特住宅开发区的工作顺利，以致不得不迅速增加事务所的人员和工作室面积。1952年时，密斯的事务所在芝加哥东俄亥俄街230号一座楼房里只有很少的地方，到1959年时他已租下了整个一层楼面，他的工作人员也激增到35人。对于新雇用的伊利诺理工学院毕业生，他的态度是十分慎重的，起先都是让他们跟有经验的建筑师当助手或绘图。所有的设计方案都是由他自己或他信任的建筑师来作，这样可以确保质量。在设计过程中，和当时许多美国建筑师习惯不同的是密斯特别重视依靠模型的作用。也许这反映了他青年时代在亚琛工地上的经验体会，这种重视实物效果的立场是和巴黎学院派强调设计图面印象的出发点完全不同的。

在密斯的事务所中曾聚集了不少优秀的人才，他们都为密斯风格的建筑和在60年代形成为著名的第二芝加哥学派起过重要的作用。早在40年代后期，他的模型工厂主任达克

---

❶邦沙夫特　Gordon Bunshaft
❷邓拉普　William Dunlap
❸希尔伯塞麦　Ludwig Hilberseimer
❹考德威尔　Alfred Caldwell
❺赫尔曼馆　Grover Hermann Hall
❻克里勒图书馆　John Crerar Library

特❶就已经开始把密斯在德国魏玛时期所作的家具改变为不锈钢的材料，因此便于在美国高质量地大量生产。在50年代时，富吉卡瓦❷、邓拉普、萨默斯和他以前的学生布朗森❸和戈德史密斯❹等人都是密斯事务所的主要骨干。富吉卡瓦在负责完成芝加哥湖滨路860—880号公寓之后，又继续负责了底特律拉斐亚特住宅开发区的任务。邓拉普的高效率工作曾为密斯事务所立下了汗马功劳，后来他离开了密斯参加了史欧姆建筑事务所，还继续发挥着密斯的影响。萨默斯曾是密斯最信任的设计人之一。布朗森和戈德史密斯也都是密斯风格的积极提倡者，并是第二芝加哥学派的代表人物。萨默斯和布朗森后来转到墨菲事务所工作，戈德史密斯则参加了史欧姆事务所。

在50年代时，密斯还常依靠几个人，他们都是密斯的好友和顾问，而不是事务所的雇员，其中包括结构工程师科纳克尔❺，伊利诺理工学院的风景建筑学教授考德威尔，以及城市规划教授希尔伯塞麦。

在1950到1953年之间，还有一些伊利诺理工学院的校友曾先后在密斯事务所里工作过，主要的有黄耀群❻、汉纳福德❼、塔古基❽、罗卡❾和海德❿，他们后来大都又回到原校任教。

当50年代逐渐过渡到60年代时，密斯的精力已随着年龄的增大而减弱，并且身体健康欠佳，因此他必须集中力量抓好一些最有影响的工程任务，其中比较重要的是底特律的拉斐亚特公园住宅区，休士顿美术博物馆的卡利南厅，古巴圣地亚哥的巴卡尔第办公大厦，以及西柏林的新国家美术馆。在这些工程任务中，萨默斯经常是密斯的主将，他以热情苦干和善于表达密斯风格而为事务所带来了坚定的信心和社会影响。

在密斯丢失了伊利诺理工学院的任务后，密斯事务所的大多数工作人员仍然对密斯表示尊敬与赞美，但有的已各奔前程，也有一些则仍然是密斯的忠实追随者，他们把密斯看作为崇拜对象，甚至已怀有感情而依依不舍。无可否认，密斯是一个伟大和谦逊的人物。

密斯对待他的同事和事务所的工作人员十分和蔼，凡是同事家里举行晚会，他总是尽可能参加。他经常独自坐在一把椅子中，沉默寡言，他的脸色既不活泼，也不冷淡，有时他会含蓄地微笑，然后会大笑。他对人是诚恳而开朗的，他喜欢点燃一支大雪茄，挥舞起来象支大棒，以强调他说话时的宏亮调子。他的演讲总是深思熟虑，但很坚定，他的思维清晰，就象他做的建筑一样的简洁。

对密斯的这种印象并不是所有接触他的人都是如此，虽然在他的行动中实际上没有什么不一致之处。密斯如果发现他自己和那些没有共同语言的人在一起时，他会退到自己的房间里去，对于那些粗野而无关紧要的事，他是不会激动的。芝加哥艺术博物馆⓫文献图片部主

---

❶达克特　Edward Duckett
❷富吉卡瓦　Joseph Fujikawa
❸布朗森　Jacques Browson
❹戈德史密斯　Myron Goldsmith
❺科纳克尔　Frank Kornacker
❻黄耀群　Y.C.Wang
❼汉纳福德　Ogden Hannaford
❽塔古基　Arthur Takeuchi
❾罗卡　Louis Rocah
❿海德　David Haid
⓫芝加哥艺术博物馆　Art Institute of Chicago

任乔基姆[1]对他的评价是“伪君子”。范斯沃斯的姐姐玛丽安·卡彭特回忆说：“我对他是很难理解的，我的丈夫叫他是一个德国大块头。他不说话，也不反驳，而是沉默。他们告诉我，他不大谈话，除非他喝了很多的烈性酒。显然我们不会给他喝得太多。”

密斯到老年时性格变得有点孤僻，他喜欢和他谈得来的人在一起，尤其是那些德语讲得流利的人。他在街上碰到这些人，可以停下来交谈很长时间，如果他们到密斯家里作客，可以聊天直到黎明。不知什么缘故，密斯似乎是一个夜猫子，每天都休息得很晚。他起床总是在中午前不久的时候，他出现在事务所很难得早于午饭结束以前。他到事务所后不慌不忙地阅读文件，研究设计方案，并且以同样的态度和他的职工们讨论有关的问题，然后直到下班时才回到他的公寓住处。晚饭经常是和他最信任的助手萨默斯或他的女友洛娜·马克思一同进餐。

洛娜和密斯的关系十分亲密，她很少问他的事，这样也许是保持接近的最好方法，因为密斯是不喜欢别人查问他的事情的。确实，洛娜对他非常关心，于是也就成了密斯在生活上的依靠。

洛娜和密斯都有他们在伊利诺理工学院以外的朋友圈子。他们经常同去拜访一些人，例如芝加哥艺术俱乐部的主席鲁肖[2]与密斯的私交甚密，因此密斯在50年代为该俱乐部所作的内部空间设计分文未收。不少人都曾给密斯写过热情洋溢的信，其中包括菲利普·约翰逊、洛娜的前夫塞缪尔·马克斯[3]等人。塞缪尔也是一个开业建筑师，虽然他的作品很少得到密斯的好评，但他对密斯的心意还是很诚恳的。

尽管密斯在晚年身体不好，行动不便，但他还是经常在外旅行，特别是在50年代非常频繁，其中大部分的旅行都是出于业务的需要，偶而也有渡假的旅游。

在1959年春夏之交，密斯和洛娜一起对欧洲进行了第二次的战后访问，同时也包括他第一次访问希腊。在雅典时，他曾对帕提农神庙和整个卫城给予了最高的评价。有一天，密斯例外地起得很早，为能抽出更多的时间来鉴赏这些神庙。回到旅馆后，他默默地沉思了好几天。接着他又去参观了特尔斐[4]的古典建筑遗迹和厄皮道拉斯[5]的古希腊剧场。在1952年以前他曾到过意大利，古罗马的建筑遗迹和地中海的旖旎风光也使他流连忘返。密斯对古典建筑的特殊兴趣或许是受到德国古典复兴建筑大师辛克尔和现代建筑先驱者贝伦斯的启发。对密斯来说，古典的希腊已经成为他思想上的圣地。显然密斯对德国的洛可可装饰不感兴趣，要不是有一次洛娜坚持要去参观慕尼黑附近的洛可可装饰的话，他是不愿意走进去看看的。

格林沃尔德和密斯的小女儿沃尔卓特在1959年的去世，使密斯失去了二个最亲密的人，也为他的事业蒙上了一层阴影。格林沃尔德原是房地产商，曾委托密斯在1955—56年规划底特律市的拉斐亚特公园住宅开发区，密斯邀请了希尔伯塞麦和他合作。1958—63年已陆续建成一批单层和二层的联排式住宅，以及三座21层的高层公寓大楼。不幸的是格林沃尔德死后，整个住宅区任务也就转移到别的投资者和别的建筑师手里了，因此密斯原来规划的方案一直未能全部实现。虽然如此，拉斐亚特住宅开发区的建设仍然是美国城市更新运

---

[1] 乔基姆　Harold Joachim
[2] 鲁肖　Rue Shaw
[3] 塞缪尔·马克斯　Samuel Marx
[4] 特尔斐　Delphi
[5] 厄皮道拉斯　Epidaurus

动的一个重要组成部分。

密斯最初对这片住宅区的规划思想是建立在假设旧城居住街坊正在日益混乱与环境恶化的基础上，居住区的功能不断受到破坏，因此需要重新建设公园式住宅区，以满足居民生活的需要。在新住宅区里有充分的空气、阳光、绿地，以及学校和社区中心等等，这样不仅解放了过分拥挤的联排住房的街道，而且使汽车流线合理，既能避免不必要的过境交通，又能使私人汽车到达住户门前。

拉斐亚特公园住宅区位置在靠近底特律市中心区半英里处，它既不是穷人，也不是富人的居住区，它是为中产阶级的人使用的，他们中的大多数人都是专业工作者，他们需要住在城市里面，而不愿意跑到郊区去。

密斯的公园式住宅区规划理想却破坏了邻里单位的效果，混合社区与居民的社会交往也在大片的草地中消失。服务设施的布置很少考虑住户生活的方便，布局的过份空旷与强调几何构图，不仅占地过大，而且使低收入的居民住宅环境变成了冷清的区域，因此该住宅区也曾受到社会有关方面的批评。

继拉斐亚特住宅区之后，密斯在城市设计方面的作品主要集中于市中心广场的改造方面，它们都是为商业机构和行政办公大楼服务的，而不再是居住建筑了。密斯晚年在这方面已实现的代表性作品主要有三个：多伦多的多米尼中心❶（1963—69），蒙特利尔的韦斯特蒙特广场❷（1965—68），和芝加哥的联邦中心❸（1959—73）。前二个是商业性质，后者则是政府建筑群。虽然三个广场的功能明显不同，但是它们都采用了相似的解决方案。

对密斯来说，从60年代开始，他的作品已大体可以分解为二种基本类型，一类是棱柱式的塔楼，而另一类则是单层大空间的厅堂式建筑。至此，他已把现代派的纯净主义发展到了极端的地步，在他和他的追随者看来，只有这样才能把混乱的城市整理成有秩序的环境，它是理性社会的需要，也是合乎逻辑发展的结果。

在多米尼中心和韦斯特蒙特广场都要求有商业办公楼、银行、餐馆、商店以及剧院等公共服务设施，而在联邦中心则需要一个邮政大厦、法院和联邦办公大楼。密斯为了理想城市的秩序，把它们都设计成类似的不对称群体组合方式，其中包括有单层大厅式建筑和二座高层大楼，然后用广场把它们分开。但每一座单体建筑都还保持有自己的轴线。这种重复的布局可能仍然是受风格派抽象构图的影响，也是密斯在20年代创造的室内流动空间手法扩大到建筑群中的应用。所有这些超级大楼和单层建筑都可以看成类似于室内空间划分时的独立墙，广场就象自由流动的空间，把这些建筑物有机地组合起来。由于要保持广场的秩序，多米尼中心把银行做成一个单层大空间建筑，商店和餐馆都被放在地下层，以保持地面上的整洁。

密斯的这些现代主义建筑作品的建成，对改善美国城市面貌确实起了重大的作用，但是也由于密斯风格的建筑在各个城市中到处传播，以致造成大量单调的、无装饰的钢与玻璃建筑的泛滥，因而受到了许多人的抨击。

在挑战者中，首先发难的是美国建筑师罗伯特·文丘里，他在其著作《建筑的复杂性与矛盾性》中就曾批评了正统现代主义建筑的简化教训，对密斯的信条“少就是多”叽笑为“少

---

❶多米尼中心　Dominion Centre

❷韦斯特蒙特广场　Westmount Square

❸联邦中心　Federal Center

就是厌烦”。他认为只有多样的丰富性，形式的模糊性，和含义的隐喻性，才能真正造成建筑艺术。

因此在 60 年代现代主义思潮已开始混乱，以致造成了现代派内部的分裂。早期现代主义的英雄抱负渐渐消失了，正统的现代主义建筑观也已从进攻转为防御，从高潮转入了低潮。如果密斯生前知道以后会遭到如此冷遇，他一定不会那样去坚持重复的理性秩序。但是因为他是生活在一个动荡的时期，他不可能跳出历史的局限性。工业化的急速发展以及战争对文化的摧残，使他这一辈现代建筑先驱者不能不怀着理性的激情去探求有秩序的建筑新世界，而对密斯来说，更是进一步陷入了追求纯形态的艺术创作。当然在他的思想发展过程中，也明显地受到了中世纪经院哲学的影响。尽管如此，密斯对现代建筑发展所起的进步作用仍然是不可否认的。

密斯一生中最向往的是建造一座巨大空间的教堂，可是他始终未能如愿以偿。在 1968 年，他的女儿乔治亚曾问过他最希望建造而还没有实现的建筑是什么？他的回答很简单："教堂"。但是密斯当时已有 82 岁，这个愿望未免为时太晚了。正因为他对大空间建筑的特殊兴趣，他很热衷于博物馆的设计，1942 年他曾做过一个小城市博物馆的假想设计方案，可是一直没有机会实现，直到 1954 年他才真正建造了一座博物馆的扩建部分——休士顿的卡利南厅❶。这个作品和早期的风格很不一样，它没有采用流动空间的处理手法，而是应用大通间来灵活布置，在总平面布置上有点类似 1933 年所作的帝国银行方案。在立面造型上，简洁稳重，能和原有主体建筑的古典特征相协调。后来，到 1965—68 年间，密斯又为该博物馆扩建了更大的勃朗厅❷，虽然造型风格与卡利南厅一致，但是它却采用了柱网的布置手法。

密斯从来没有正式对他的批评作出回答，而是常常为自己重复的建筑艺术处理作些辩解，他说："发展此发明是更好的解决方法，最好的构思有一个就够了，不仅足以适应对各种功能的需要，而且它的精致处理也是合乎逻辑发展的过程。"也许就是这样一些理由，导致了他从海角公寓和湖滨公寓，到西格拉姆大厦的造型，以及从 50×50 英尺方形住宅方案到芝加哥大会堂方案的空间与结构处理都是如此。显然每一个方案的处理都有特色，都有发展，但都是包含在一个体系之内的。

1957 年，密斯曾意外地获得了在古巴圣地亚哥的巴卡尔第办公大厦❸ 的工程委托。巴卡尔第朗姆酒厂的董事长博希❹ 很希望要建造一幢克朗楼模式的办公大厦，因为他在这以前参观伊利诺理工学院时，曾被克朗楼的造型深深地吸引过。博希写信给密斯说："我的理想办公室就是一个没有隔断的场所，那里每个人，包括领导和雇员都能互相看到。"

密斯愉快地接受了这一任务，不久就和他的助手萨默斯一同前往古巴，在途经哈瓦那时，已在脑海里为巴卡尔第大厦构想了一个方案，它可能就是建立在克朗楼模式基础上的。

巴卡尔第大厦最后的方案是一个内部无柱的大空间（图 48～50），130 英尺见方，18 英尺高，它的平屋顶从玻璃墙面向外伸出约 20 英尺。八根独立的支柱，每边二根支撑在屋顶的边上，并去掉了角柱，形成一圈开敞的回廊。主要的结构材料是钢筋混凝土，而不是密斯喜爱的钢，这是因为古巴的海洋空气里含有盐份，容易对钢材产生腐蚀作用。屋顶是一个后张法的整体

❶卡利南厅　Cullinan Hall
❷勃朗厅　Brown Hall
❸巴卡尔第办公大厦　Bacardi Office Building
❹博希　Jesé M.Bosch

图 48 古巴圣地亚哥 巴卡尔第大厦方案（模型）·1957

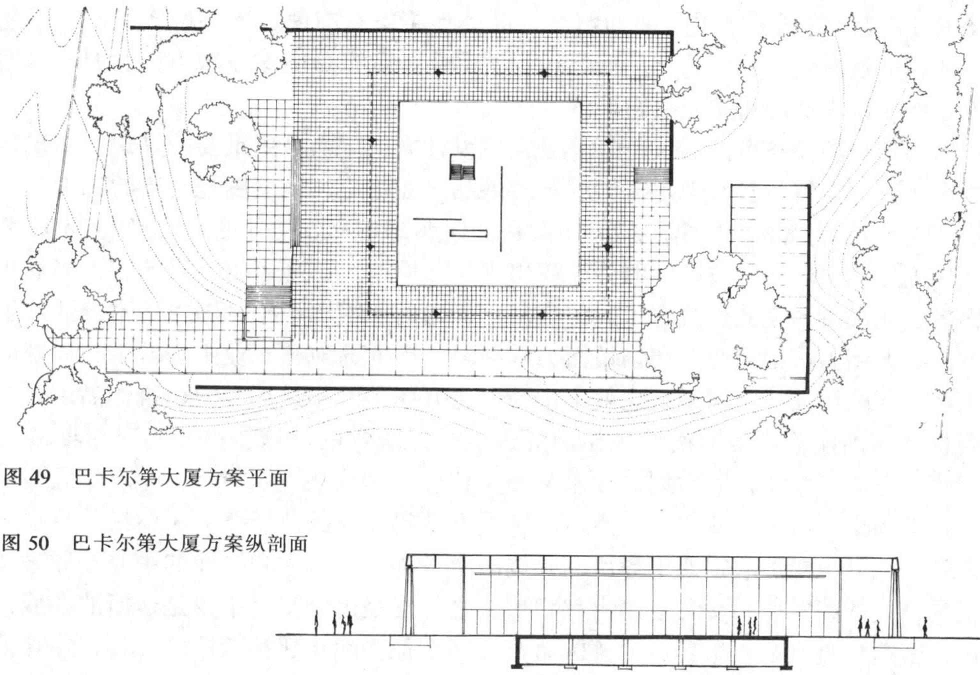

图 49 巴卡尔第大厦方案平面

图 50 巴卡尔第大厦方案纵剖面

图 51 巴卡尔第大厦方案内部透视

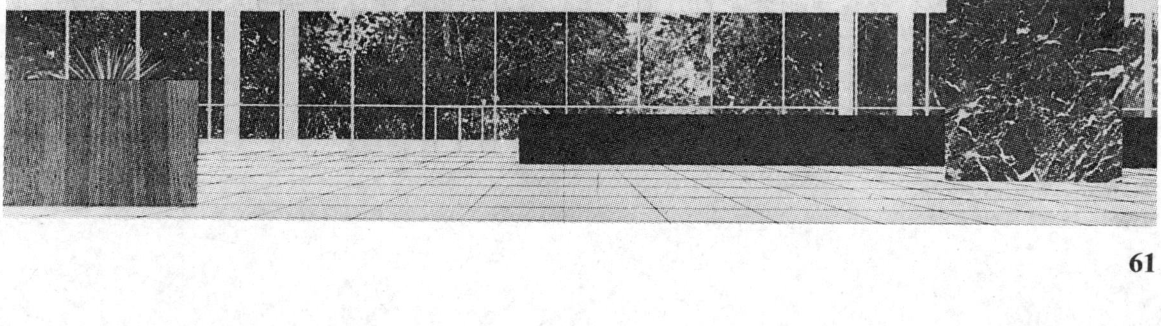

预应力混凝土结构，它主要由内部的双向梁所构成，而且愈到中央愈厚，混凝土边梁和顶板则起着辅助作用。这种构思可在方形住宅方案和芝加哥大会堂方案中看到它的原型。

巴卡尔第大厦的平面是对称的，这是密斯在美国期间常用的手法，但是在室内却用了二片独立的大理石墙和一条机械排气管道来划分空间，形成了不规则的构图，在建筑物的四周则有间断的砖砌围墙环绕，这些都和当年巴塞罗那德国馆的构思相似。整个建筑物放在一个大平台上，很象辛克尔的古典手法。然而，台阶处理不是古典的，它分为二段，先从侧面上到低平台，再转 90 度对准中心轴线，由第二段宽阶梯引向主要平台。建筑物的体型是水平型的，开敞明快的外观和坚实的混凝土柱与屋顶形成对比，表现了生动而稳重的效果。后来由于古巴政局变动，设计方案因而搁浅。然而巴卡尔第大厦的构思并没有就此消失，它又在 60 年代后期建造的西柏林新国家美术馆中复活了，这座简洁的展览建筑可以说就是用钢做成的巴卡尔第大厦。

在西柏林国家美术馆建造之前，密斯也接到了一项类似的工程任务，那就是谢弗艺术博物馆❶（1960—63）。1959 年时，密斯的外孙德克·洛汉❷在西德慕尼黑工学院建筑系学习，他和谢弗的女儿海登玛丽❸结了婚。谢弗当时是巴伐利亚非常富有的企业家，他在世界上收集有 19 世纪德国艺术最重要的精品。因此他希望在施魏因富特城❹兴建一座艺术博物馆来永久陈列这些收藏品，并且把博物馆与艺术品全部捐赠给这座城市。谢弗艺术博物馆的任务就是洛汉说服他的岳父交给密斯的。

密斯接到这项任务后，不仅是打算去完成设计方案，而且更重要的是想去实现他理想的大厅或空间，把建筑本身作为永久性的艺术展品。在这里，他试图把古巴的巴卡尔第大厦造型缩小比例，然后用钢结构建造起来。但是，谢弗却不喜欢把他的 19 世纪艺术收藏品放在一座现代钢建筑中，于是彼此间的分歧就出现了。同时，施魏因富特城的有关当局也怀疑这个方案是否能维持预定的建筑造价。加之，密斯当时又接到了柏林国家美术馆这项更大的工程任务，也无精力再去为谢弗博物馆而另辟新径，因此建筑师、业主和城市当局都同意解除这项工程任务的协议。密斯于是也就集中精力去开始他晚年最热心的建筑作品了。

西柏林新国家美术馆的设计在初期的进展是很缓慢的，这是由于当时密斯的关节炎复发，疼痛、发烧，以致住院数周，接着又回家休养。大约在 1962 年到 1963 年之间将近有一年时间都未到事务所去。就在这个当口，密斯女儿玛丽安的儿子德克·洛汉从慕尼黑工学院毕业来到芝加哥，参加了密斯事务所，并逐渐上升为密斯个人和事业的中心。原来在密斯事务所很受信任的萨默斯和女友洛娜也都相形次之，这是因为洛汉不仅是密斯的亲戚，而且他说德语。密斯一直有心要培养这个德国后裔，但是他在晚年那种孤僻的性格，往往使他们难于接近。洛汉对密斯总是怀有恐惧心理，当他们二人在一起时，常常无话可说，也不自然，然而洛汉始终对密斯非常尊敬。这种尊敬可能是来自两方面的影响，一方面是密斯异常的综合能力，另一方面则是他内向的精神素质，在很长时间内深深地吸引了那些愿意追随他的人。

随着洛汉在密斯事务所中地位的提高，不可避免地与萨默斯之间展开了一场暗暗的竞争。虽然萨默斯在设计经验与业务能力方面都占优势，但洛汉由于血缘的关系而取得了胜利。当西柏林国家美术馆工程正在进行的时候，萨默斯的地位已被洛汉取代，他渐渐地认识

---

❶谢弗艺术博物馆　Schaefer Museum
❷德克·洛汉　Dirk Lohan
❸海登玛丽　Heidemarie
❹施魏因富特城　Schweinfurt

到自己的处境，并采取了非常克制的态度来对待。于是萨默斯对密斯说有一天他要离开这个事务所。

密斯回答说:“我希望你最好再留几年。”

萨默斯说:“那么我就必须留得更长些。”

“好吧”，密斯若有所思地说,“我非常感谢你，那么你希望什么时候走呢?”

“二周以内。”

就在1965年，萨默斯辞职了，他在密斯事务所附近的一幢楼房里建立了他自己的事务所，并雇佣了一个助手，年轻的德国移民，名叫赫尔穆特·扬❶，刚从伊利诺理工学院毕业。他们二个人在一起设计了许多方案，直到萨默斯参加墨菲联合事务所❷为止。1967年他在墨菲事务所被指定去设计芝加哥新会堂，并放在原来的位置上。由于密斯过去曾做过这个大会堂的方案，因有异议而搁浅，所以萨默斯建议密斯和他合作，并仍由密斯负责。这时密斯已81岁，他根本没有精力去照顾这项复杂的工程了。密斯面对萨墨斯的好意，却是摇摇他那年迈的头说:“如果它是帕提农，我就不会拒绝。”

西柏林新国家美术馆就位于密斯故居附近几百码的地方，密斯回到柏林来接受这项工程任务，无疑地是带有感情色彩的，这种感情甚至超过了亚琛。因为正是柏林塑造了他的艺术，他的思想和他在洪流中的生涯。而且也正是柏林，让他回来为这座伟大的城市在20世纪中奉献他理想的现代建筑形式。

这座博物馆是作为绘画与雕刻的宝库而建造的，也是密斯向往已久要实现的一部奥德赛史诗。密斯把这座建筑的形式做成像是一个古典庙宇，柱廊围绕，轴线对称，并放在一个大平台上。毋庸置疑，这是按巴卡尔第大厦已经做过的方式设计的，它不是一种新发明，但是它也适应了这座建筑的特殊场地和表现形式。

密斯要用他自己独有的风格来实现这个方案的决定是不可动摇的。甚至当1963年他还卧病在医院的时候，他仍然在考虑整个设计最关键的问题，同时他指挥他的模型工厂做了一个1∶10的柱子断面。等他能回到事务所工作时，他研究和推敲这个方案差不多有几个月之久。1965年破土动工典礼，密斯是靠着轮椅和拐杖来参加的。

西柏林新国家美术馆本身就成了一个重要的现代艺术展品，巨大的展览大厅包括着一个无内柱的通用空间，四周全是玻璃幕墙，里面仅供展览临时陈列的艺术品。大厅面积为166英尺见方，内部高26英尺。地下层部分是存放19与20世纪永久性美术品的。屋顶为213英尺见方，用整体网格式钢结构做成，它是把交叉的小梁嵌在6英尺高的大钢梁上，这些大梁互相间隔为12英尺。大平屋顶的中心微微凸起，是为了抵消挠曲，而四角则微微升起，是为了校正视差，使外表看起来水平。八根十字形断面的钢柱外表都漆成黑色，每面二根，它们都向上收分。

美术馆座落在一个346×362英尺的花冈石铺面的大平台上，入口朝东，前面有宽阔的大阶梯。在平台的东南角和西北角嵌入了次要的台阶，以打破古典的惯例。然而由于这个玻璃大方盒子是非常简朴而对称的，就象一座希腊神庙。密斯为了实现他的通用大空间理想，没有从展览的功能出发，因而给布置展品带来了一定的困难，关于这一点，密斯解释说:“这

❶赫尔穆特·扬　Helmut Jahn

❷墨菲联合事务所　C.F.Murphy Associates

是一座巨大的展览厅，当然，它意味着对于美术展览有很大的困难，我已充分地估计到了这一点。但它是有可能性的，因此我就不考虑这些困难了。”

密斯对这座建筑的结构与施工非常注意，正值美术馆施工进入到最后吊装阶段，1967年4月5日上午9点他乘车来到了工地，在那里一直停留了九个小时，看完整个屋顶框架吊装完成才回到住处。起重机吊装很精确，这个1250吨重的整体屋盖在立面升起时的误差还不到2毫米。当屋顶提升到足够的高度以后，便将柱子放到基础里面，然后再把屋顶放在柱子上就位。密斯为了建筑艺术的完善，他花费了毕生的精力。对于荣誉与祝贺，他看得很淡薄，在一次庆祝会上，这位82岁高龄的建筑大师用莱因地区的口音讲了这么一段简短的话:

> “大家都会同意每人说话不超过五分钟。说多了都是些废话！我要感谢那些人，他们制造了钢构件，他们浇灌了混凝土。同时当这个巨大的屋顶升起的时候，雅雀无声，我真惊叹不已！”

这是典型密斯性格的发言，简洁、明确，尊重劳动，不图虚荣，就象他的建筑一样的精练，这也是他最后一次到博物馆，1968年9月的正式开幕仪式，密斯因健康关系已不能再来参加了，但是他在这个城市所留下的纯净形式的建筑形象却是永恒的。就在新美术馆不远的地方，位于东柏林墙内，辛克尔设计的老博物馆是一座古典复兴建筑，它那严谨端庄的造型也可能对密斯的创作思想有过一定的启示。

在英国，伦敦的一个房地产商彼得·帕隆博1962年曾到芝加哥访问，他给密斯带来了一项巨额投资的工程任务，这就是重新改造伦敦市中心区市长府邸广场，并要在广场旁建造一座高层办公楼。虽然密斯预测到他的建筑很难在传统建筑密集的伦敦受到欢迎，但由于他

图52　伦敦　市长府邸广场与办公楼设计方案·1967

图 53　密斯在华盛顿接受约翰逊总统授予自由奖章时的情况・1963.12

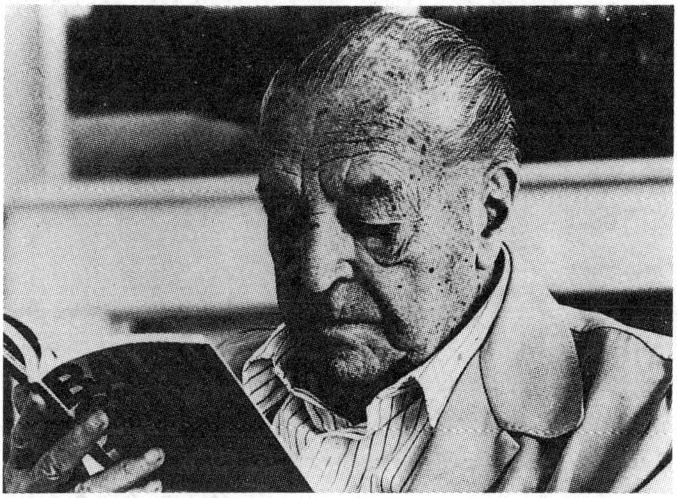

图 54　密斯在学习・1967

希望在没有他的作品的大城市里获得规划建设的任务，他尽了很大的努力去争取实现这一理想。

1964 年他飞抵伦敦考察现场。那里原有 1939 年由丹斯❶设计的埃尔德市长府邸❷，1936 年由勒琴斯❸设计的中部银行大厦，和 1672 年由雷恩与范布勒❹设计的圣沃尔布鲁克教堂❺。在这个广场周围充满了大量的历史性建筑，它比密斯在芝加哥市中心区或纽约市中心区所遇到的情况要复杂得多。帕隆博说:“他非常细心地从每个可能看到的角度去观察，从各种视线上去观察，从围绕这块场地的一些建筑物上去观察，并认真地作了记录。”

然而，在 1967 年他给帕隆博的办公楼方案却是一座 19 层 290 英尺高的典型密斯风格的玻璃幕墙板式高层建筑（图 52），窗棂外表包以铜皮，这是和密斯事务所在美国所作的几十座玻璃盒子式建筑的唯一区别。就单体建筑而言，它造型的纯净性和细部的精确性是会吸引人注意的，问题是在于这座密斯风格的现代建筑如何与周围环境结合的问题。显然在社会上有二种不同的看法，以致造成设计方案迟迟不能付诸实施。直到 80 年代，在伦敦出现一种对历史风格复兴的指导思想以及保护环境周围历史现状的呼声，更促使了大多数人对密斯设计的市长府邸广场与办公楼方案提出尖锐的抨击，认为密斯的作品忽视了它的

❶丹斯　George Dance
❷埃尔德市长府邸　Elder's Mansion House
❸勒琴斯　Edwin Lutyens
❹雷恩与范布勒　Christopher Wren and John Vanbrugh
❺沃尔布鲁克教堂　St.Stephen Walbrook

特殊环境，不能为英国公众接受。1985年5月，英国环境部部长詹京❶正式拒绝了帕隆博建造这个方案的申请。

在20世纪中期，由于西方国家对建筑遗产的重视，不能不引起对过去档案资料的联想。在第二次世界大战结束以前，密斯过去曾留在柏林事务所的设计档案都由利利·赖克和路德维希❷装在木箱子里，并运到密斯父母所在地图林根省密尔毫森城❸家里。图林根省在战后划归德意志民主共和国。在1959年时，密斯很想把这批资料运去芝加哥，于是他通过西德包豪斯档案馆的温格勒❹去东德访问密尔豪森城，藉口是对中世纪雕刻进行研究。实际上温格勒是为了到密斯父母的家。在那里他偷偷摸摸地打开了那五个箱子，并检查了所有的资料，然后他转告密斯，箱子里面还保存的档案资料有：主要的图纸、照片、有关的文件、工作档案、竞赛资料、期刊、包豪斯的文件等。这些资料差不多记录了密斯在德国时期的全部建筑生涯，这些材料的价值是很明显的。然而为了转移这批材料，东西德双方谈判差不多经过了四年多时间。直到1963年末，西柏林的艺术研究院总书记巴特拉❺和东柏林德国艺术研究院的负责人内格尔❻达成协议，才把这些箱子转移到西柏林，最后于同年12月运到芝加哥。密斯见到这批箱子时非常气愤，把它们放在那里过了好几个星期才去打开。此后他决定把他所有的档案资料都捐赠给纽约现代艺术博物馆。1968年在现代艺术博物馆正式设立了密斯·凡德罗的档案库，它隶属于该博物馆的建筑与设计部。按照密斯的遗嘱，他最后还捐赠了有关文件22,000多件给美国国会图书馆保存，这些文件主要是个人和专业的信件，与建筑专业关系不大。

同样在1963年，密斯得到了一件喜讯，那就是美国总统将授予他自由奖章，以表彰他对美国建筑事业的贡献。授奖通知是在1963年7月由肯尼迪总统颁发的，11月，肯尼迪被刺，最后奖章由约翰逊总统在1963年12月亲自授予（图53）。也许是为了纪念肯尼迪，密斯曾被考虑在1964年作为肯尼迪图书馆的设计人之一，但是后来他的这一理想未能实现。

密斯在70岁到80岁时，他的经济条件是比较宽裕的，但是他仍然很少用于物质享受。烈性酒和雪茄烟都是普通标准，从不奢侈，过去他为吐根哈特住宅设计的生活方式对他自己来说是不需要的。在他双目失明以前，他和洛娜偶而去看电影，很少去听音乐会，但却喜欢去听歌唱家玛丽安·安德森❼的演唱。他满足于普通的轿车，不求新颖，因为晚年行动不便，都是洛娜替他驾驶。他收藏艺术品的兴趣主要是在美国发展起来的，虽然他从来没有想要成为一个艺术收藏家。当他离开德国的时候，他获得了二件绘画珍品，是由贝克曼❽和康定斯基❾所作的。在美国期间，他也得到几件老朋友的作品，如保罗·克利❿和库尔特·施

---

❶詹京　Patrick Jenkin
❷路德维希　Eduard Ludwig
❸密尔毫森城　Mühlhausen
❹温格勒　Hans Maria Wingler
❺巴特拉　Freiherr von Buttlar
❻内格尔　Ott Nagel
❼玛丽安·安德森　Marian Anderson
❽贝克曼　Beckmann
❾康定斯基　Kandinsky
❿保罗·克利　Paul Klee

维特斯[1]的作品，以及一幅毕加索的油画，一幅布拉克[2]的剪贴画，以及90多幅由芒奇[3]所作的蚀刻画和版画。尽管他早年和构成派接触很多，也和风格派的陶爱斯保来往甚密，但他却从未收藏一幅几何形的抽象画。当有人问他是什么原因时，他回答说："你不需要任何东西都有"，这就是他对没有这种画的解释。他买这些画是作为艺术欣赏和促进他创作的动力，而不是为了珍藏与研究。

60年代时，他的家庭生活是简单而安静的，甚至可以说是清教徒式的。但他也从不拒绝友好往来，作为客人来访，保证总能得到亲切的接待。除了假期和公务出差以外，一般他都呆在家里，这可能是由于关节炎的原因。同时，因为他性格的内向也导致他好静的思想，他能连续坐上几个小时，不仅他独自一人的时候是这样，就是和其他人在一起时也能全神贯注地去思考问题。

凡是亲友到密斯家中来访，常常都是寒喧到深夜才离开。然后他还再独自思考自己的事。他总是喜欢阅读他经常看的一些书（图54），而且都是大致相同的哲学书籍，兴趣集中在宇宙观的认识上。他钻研着许多德文和英文的观念形态的著作，例如海森伯格[4]和施罗丁格[5]等人的书。有时他也不能理解书中的道理，因为他毕竟在哲学方面修养不够。密斯到晚年似乎在寻求用宗教思想来解释观念形态的原因，特别是在他有限的岁月里更迫切要求对这个问题能得到解答。

密斯虽然研究神学，但他也读精神心理学家弗洛伊德写的一本书，名叫《幻想的未来》，这是攻击宗教的著作。他为了想要探索自己的观念形态之路，也进一步阅读赫克斯利[6]、韦萨克尔[7]和埃丁顿[8]等人的著作。由于密斯晚年对神学的迷恋，以致对施瓦茨[9]的著作《教堂的化身》非常欣赏，这几乎成了他的思想基础。

由于1962—63年密斯长期生病与身体虚弱，不得不依靠一些亲友的照顾。象萨默斯过去一样，洛汉在60年代中期成了密斯最亲近的专业助手，关于事务所的重要问题，他总是一次次地重复请示着这位老人。起初，密斯对这些事是很淡薄的，而到1969年洛汉正式向密斯提出要签署一个协议，将原有的事务所改为由密斯和洛汉、富吉卡瓦、康特拉多的联合事务所。从1975年开始，这个事务所改名为FCL联合事务所[10]。到1982年时，富吉卡瓦和杰拉尔德·约翰逊[11]又离开了这个事务所而另外组织富吉卡瓦和约翰逊联合事务所了。

还是要联系到1963年，密斯由于关节炎发作，一直不能自由活动，而且异常疼痛，特别是到1965年，病情更为严重，所以从那时起他经常需要洛娜的帮助。就在1965年这一年，勒·柯布西耶因为在地中海游泳时心脏病突然发作而去世了。赖特则早在1959年就已经离开了这个世界。四个现代建筑大师剩下的只有格罗皮乌斯和密斯了。然而长期工作劳累所欠下的债是要偿还的，在60年代中期他患了分叉斜眼病，这种病也被称之为分散性斜

---

[1] 库尔特·施维特斯　Kurt Schwitters
[2] 布拉克　Georges Braque
[3] 芒奇　Edvard Munch
[4] 海森伯格　Werner Heisenberg
[5] 施罗丁格　Erwin Schrodinger
[6] 赫克斯利　Julian Huxley
[7] 韦萨克尔　Karl von Weizsacker
[8] 埃丁顿　Arthur Eddington
[9] 施瓦茨　Rudolf Schwarz
[10] FCL联合事务所　Fujikawa，Conterato and Lohan Associates
[11] 杰拉尔德·约翰逊　Gerald Johnson

视。这使他不能长时间地集中视力看书，往往只能靠洛娜读给他听。他们互相之间十分亲近，而洛娜对他也非常爱慕。

大约在1966年时，密斯开始发现患有食道癌，由于年龄关系不能进行手术，只好用放射线治疗。虽然病情有所好转，但是距离恢复正常健康还相差很远。1968年时，密斯和洛娜进行了最后一次可贵的旅行，时间有好几个星期，可是却引起了食道癌症的复发。因此在1968年和1969年密斯在很大程度上成了禁欲主义，这意味着他在生理上遇到了各种困难。

1969年夏天密斯去世了，他只比格罗皮乌斯去世晚几个星期。最后发病是在一天晚上吃晚饭的时候，洛娜看到密斯有一点发冷，并且脸色苍白，她决定整夜陪伴着他。第二天早晨她发现他在床上发抖，呼吸急促，拳头顶着下巴。于是她叫了一辆救护车把他很快地送去了医院，经医院诊断是心脏病发作。

密斯的大女儿乔治亚闻讯从纽约乘飞机赶来，二女儿玛丽安已经在芝加哥。过了两个星期，密斯渐渐有点神志不清。在8月19日那天，密斯的呼吸微弱，病情危急。在乔治亚打电话给洛娜和洛汉后不到半个小时，密斯就停止了呼吸，终年83岁。密斯的遗嘱是要把他的骨灰安葬在伯纳姆❶和沙利文❷的墓地附近。

二个月以后，也就是在1969年10月25日，密斯的亲友、学生、崇拜者在芝加哥伊利诺理工学院克朗楼举行了一次纪念会，首先是听斯塔克❸演奏巴哈的乐曲，然后听密斯生前的好友斯威尼❹的讲话。他说：

> “密斯建筑思想的特点是既丰富又简练，并且具有深度。他很喜欢应用意大利的灰华石，提尼安岛的大理石，金白二色相间的玛瑙石，灰色的透明玻璃，镀克锣米的钢柱，以及黑色和棕灰色的印尼望加锡地方的乌檀木。……他认为混凝土、钢和玻璃都是我们时代的材料,如果从这些材料出发,我们时代的形式就一定会发展。同时密斯强调的不仅是应用这些材料，而是要怎样应用这些材料。正如他所说：每一种材料我们都要考虑利用它什么方面。诚然，密斯已给芝加哥留下了丰富的建筑遗产，这些都证明了他是一位注重实际的建筑学家。他一直没有忘记早年从他父亲那里学到的石头知识。对砖的形式、质地和砌筑的逻辑他非常熟悉，正是在这种思想基础上，他建立了各种新材料的表现方法和技术措施，为一个时代创造了新的形式。同时，他还在圣奥古斯丁❺的思想启示下，奠定了自己的建筑创作法则，那就是：纪律、秩序和形式。他认为在建筑中，这就是真理。美就是真理的光辉。”

没有人比斯威尼对密斯评价更确切的了，他的讲话不仅是出自私人的友谊，而且也是对本世纪70年代以前建筑艺术的全面认识。他所颂扬的密斯形象是诚挚而公正的。但是，在密斯刚去世后不久，正统的现代建筑学派就面临了一场严峻的挑战，有一批建筑师便对密斯的建筑思想提出了疑问，甚至提出了尖锐的批评，特别是对于到处充斥着千篇一律的方盒子高层建筑更为不满。正是因为资本主义企业只从经济实惠出发，已把现代建筑公式作为赢利的手段，而忘记了现代运动的根本目的。如果密斯能活得更长一点的话，可能对这种情况也会不满的。

---

❶伯纳姆　Daniel Burnham
❷沙利文　Louis Sullivan
❸斯塔克　Janos Starker
❹斯威尼　James Johnson Sweeney
❺圣奥古斯丁　Saint Augustine

Ⅱ 建筑哲学

·“少就是多”的思想·

科学技术已为当代世界作出了重要的贡献，它象一股不可抗拒的洪流决定了时代文化的特征，在今天没有别的因素比它更为有力和影响更大了。近百年来，工程技术在建筑上的威力已逐渐显现出来，它冲击着一切保守落后的势力。然而对于工业化的发展，社会上一直存在着二种不同的思想反应。一种是持否定态度，他们主要看到工业生产所带来的消极因素；另一种则是持肯定态度，他们努力为顺应工业化的发展而创造新时代的建筑。虽然在新时代中产生了先进的工程技术手段，但是社会上的思想认识问题仍是决定它如何存在的价值。

一百多年前，英国社会活动家拉斯金与莫里斯只悲观地看到工业化对社会所带来的害处，他们认为工业化破坏了艺术，不相信现代工程技术能生产出象过去一样的艺术作品来，因此他们提倡“工艺美术运动”，主张以精巧的手工艺代替机器制品，这种思想也涉及到建筑装饰材料的生产与对建筑本身的设计建造。后来历史说明工艺美术运动只能是少数浪漫主义者的玩物，他们在反对复古主义思想的同时，又走上了反对工业化的极端，阻碍着社会的前进，因此只能被历史所淘汰。

半个世纪以后，工程师们的成就继续震撼着世界，新发明的轮船、火车、电灯、电话以及巨大的桥梁和工程构筑物，则变成了建筑师创作灵感的源泉。一批有识之士已开始看到工业生产的材料可以具有真正的质量，它们并不会破坏设计者所创作的建筑形式，而且它们可以为建筑师们提供象工程师所获得的同样机会，为建筑中表现新技术新材料创造一个新的建筑艺术世界，也能给人们以深刻的印象。这种思潮发展的结果，导致了在本世纪20年代走向新建筑的运动。在所有的欧洲国家中，当时这种新的精神都在迅速成长，同时每个国家都作出了它自己的独特贡献。过去的障碍已变为衰败状况，建筑学呈现了崭新的思想。

在新建筑运动的发展过程中，有一批思想先进的建筑师逐渐走到运动的前列，他们的影响直至今天。其中的一个人，也是当代最有影响的现代建筑大师之一，就是密斯·凡德罗。他深信建筑艺术与结构之间不应该存在矛盾；深信这二种东西应该是统一的；深信二者都具有它的价值和重要性；并且深信结构本身能够成为一种建筑艺术的手段。一百年以前拉斯金与莫里斯所不能想象的东西，密斯·凡德罗则已经实现了。他创造了一种建立在工程技术基础之上的有目的的建筑艺术，这种工程技术在我们时代已经有了深刻的影响。

密斯·凡德罗的建筑艺术依赖于结构，但不受结构的限制。它是从结构中产生的，反过来又要求精心制作结构，并要求使结构材料升华到精神领域。德国著名哲学家歌德（1749—1832）曾经这样歌颂过希腊多立安神庙：“支承的柱子和全部三陇板在鸣响，的确，我认为这是整个光辉的神庙在歌唱。”说明了建筑学的目的就是要把各个结构构件组成一个和谐的乐章，使其达到感人的艺术效果。密斯·凡德罗已经达到了这个目标，他是用一种非常平凡的钢材来达到的，这种材料过去一直被隐藏在建筑物内部。他重新发现和发展了这种钢材，并且使这种材料在建筑上达到了完善的地步。

密斯·凡德罗不仅能熟练地应用多样变化的建筑构件，而且能够掌握它们和谐组合的规律。他设计的建筑，包括室内装饰与家具布置，都要精练到不能再改动的地步，于是创造了一种以精确简洁为特征的建筑艺术，并富有结构的逻辑性。他的名言“少就是多”（Less is more）正是在这种思想基础上于1927年提出的，今天它已象沙利文的“形式服从功能”口号一样为人们所周知。密斯是一位真正的建筑大师，也是一位艺术家，但不是个经常变化形式的发明者。他的建筑艺术是从材料性质出发的，因此密斯曾对他的学生说：“我希望你们将来会明白，建筑与形式的创造无关”，“建筑不是儿童、青年或老年人的游乐场所，建筑是时代潮流的真正战场。建筑写下了各个新时代的历史，并赋予它们各种名称。建筑取决于它所处的时代，并逐步表现出它的形式。”

·独立式墙与皮包骨的结构·

材料与结构对建筑有重要的影响，每一种材料和每一种结构都有它自己的特点和在建筑上的可能性，如果真正了解和掌握了他们的规律，那么这些材料与结构就可以作为体现建筑艺术特征的手段了。密斯·凡德罗正是为了实现他独特的建筑思想而应用了各种不同的建筑材料：砖、钢材、玻璃和混凝土。他按照这些材料的特性来应用它们，并且发展了它们在建筑上新的可能性。

砖是一种古老的材料，但密斯却赋予它以新的意义。他在1923年所作的砖结构乡村别墅方案，就是建立在承重墙结构基础上的。然而这些墙已不是过去沉重的封闭实体了，它在平面上象风格派的构图。独立式的墙体不仅在建筑内部自由布置，而且还伸出到屋顶外部。建筑物的体型根据内部空间的需要而做成不同的高度，既有变化，又均衡匀称。这个设计是密斯·凡德罗应用砖结构表现他特有手法的第一个例子。后来，这种手法于1926年在古本建的沃尔夫住宅与1931年在柏林建筑博览会上所作的独户住宅中得到了具体的表现。

20世纪初期，正在建设的摩天楼结构给密斯以很大的启发，他看到这种结构形式可以在建筑艺术上带有新的可能性，于是他在1921年设想在柏林腓特烈大街建造一座玻璃摩天楼，这是一个非常大胆的方案，整座建筑外皮全部包以玻璃，没有任何传统实墙的痕迹，底层是一些巨大的独立支柱，好象上部的玻璃大楼全部落在它们的上面，形成了皮包骨的结构。建筑物的内部是做成许多蘑菇形的钢筋混凝土板被支承在一根根独立的支柱上，所有的楼板都是由中心支柱向外悬臂挑出，因此，这种结构不需要承重外墙是合乎逻辑的结果。密斯在这块三角形的地段上，为了使建筑平面与基地相适应，把建筑物的外形也做成是许多三棱柱体的组合，这种强烈的轮廓变化反映了德国表现派的影响。

密斯在深入研究玻璃摩天楼的特征之后，感到这种建筑艺术不是主要由光影来决定的，大片的玻璃面能产生特殊的映象效果，这是过去任何建筑所未曾有过的，于是他在1922年又做了一个多瓣弧形组合的玻璃摩天楼新方案，那种轻盈透明的体形使材料、技术与美学达到了高度的统一，成为后来同类建筑的范例，这也证实了密斯的预见。然而这种理想方案的真正实现还是50年代以后的事。

1928年密斯曾为柏林设计过一幢商业建筑“亚当大厦”，在这个方案中采用的是玻璃外墙与钢框架的结构。由于各层楼板都悬挑到玻璃墙面之外，因此产生了一条条带形玻璃墙面的效果。它与底层一排坚实的支柱以及退进的橱窗形成强烈的对比。

1951年在芝加哥建造的二座湖滨公寓，同样是以钢和玻璃相结合的产物。但是在这里却采用了另一种手法，它们与玻璃摩天楼不同之处，在于强调了大楼外部的垂直钢架，好象是把一座巨大的钢铁框架盒子放在一根根独立的鸡腿柱上。在垂直外露的钢柱之间有较细的垂直窗棂，后面有一条条水平的钢梁，不仅标志着楼层的高度，也增加了立面的变化，它与芝加哥学派的传统手法"芝加哥窗"颇有异曲同工之妙。

密斯擅长钢结构与玻璃相结合的手法后来也同样应用于住宅设计中，1950 年在芝加哥附近普兰诺地方建造的范斯沃斯住宅就是一例。他把这座住宅设计成为一个玻璃盒子架空在八根钢柱上，简洁透明的体形已达到炉火纯青的地步，这和他早期所作的砖结构乡村别墅方案的构思完全不同，但是它们却有着一种共同的内在因素，那就是建筑的诗意，和对时代与精神的追求。

密斯不仅对砖与钢结构的建筑有突出的成就，同样，他对钢筋混凝土结构的建筑也有较深的造诣，这是常被人们忽略的。1922 年他曾作过一座钢筋混凝土办公楼的方案，每层楼板都从柱子上向外挑出，楼板的尽端向上翻起形成矮墙，矮墙里面是长条的橱柜，一条条的带形窗落在橱柜内侧的边框上，因此产生了凹进很深的阴影，具有强烈的雕塑效果。不过，他的这种手法没有在实际作品中推广应用，而勒·柯布西耶则是在 20 年代以带形窗和鸡腿柱而闻名。

每一幢密斯的建筑都有它的特色，它们表现出不同材料与结构的固有性质，但是所有的建筑都是为了一个共同的目标：就是要使结构成为一种建筑艺术的手段。密斯是应用钢结构的能手，然而钢材是工厂的定型产品，它的限制比砖石建筑要大得多。尽管如此，他还是在细部处理与结点上作了许多认真的推敲，钢与钢，钢与玻璃，钢与砖等等的连接都可做成各种不同的艺术效果。例如通常我们所见的框架幕墙的处理就可以有三种方式：放在柱子之间，放在柱子前面，或者放在柱子后面。每一种处理都表现了它不同的技术与建筑艺术效果，但都反映了密斯建筑的特有风格。

·钢建筑学的新语言·

密斯最大的成就是建立了钢建筑的新语言，他是从钢的性能出发来发展钢建筑学的。过去也有许多建筑师为此做了很大努力，但是却没有人能深入到这种程度和得到明显的结果。由于密斯对工业化时代的敏感，尤其是在德国与美国，他预见到钢产量的日益增加必然导致钢建筑的发展，研究钢建筑学的新语言便成了时代的需要。他从 20 年代初起就进行了这方面的探讨，40 年代以后他在美国更是作出了很大的成就。密斯仔细研究了钢建筑艺术的要素，并且已经找到了一种在结构材料和精神目标之间联系的桥梁。他从不希望经常去发明新形式，但却在努力创造钢建筑学的新语言，也就是要在建筑上做到结构的精确与形式的简洁，达到纯净典雅的艺术效果。

有人曾问密斯·凡德罗为什么总是重复使用同一类型的结构体系而不去试用各种新的可能性时，他回答说："如果每天都要想出点新东西来，那我们干脆就前进不了，要想出点儿新奇的东西并不困难，但要把什么东西研究透彻却还真需要付出很多代价呢。我在教学中喜欢引用维奥勒特·勒·都克❶的一个例子。他曾指出：哥特教堂发展的三百年历史中，首先就是对同一结构的形式体系所进行的透彻研究和精心处理。我们特意把自己约束在当前可行的

---

❶维奥勒克·勒·都克 Viollet Le Duc

那些结构体系的范围内，并力图作出详尽的设计来。我们打算以这种方式为进一步发展打下基础。”

在建筑学上，每一种结构都有其特殊的问题。一旦结构定型被选定了，建筑的形式就必须受到一定的限制，不受结构限制的建筑艺术是很难找到的，我们只能在选定的结构基础上去利用它的性能和发挥它的艺术效果。建筑艺术效果是与结构材料相联系的，只有各个部分的构件与整体相调和，才能获得完善的形式。

密斯设计的建筑物的平面和立面，内部和外部，都反映了建筑的结构。同时这种结构就是建筑艺术的基础。密斯·凡德罗的钢建筑学的逻辑与哥特式教堂一样，它们的结构系统和建筑艺术表现是统一的。密斯曾经就过：“当技术完成它真正使命时，它就升华为建筑艺术。”

正因为密斯的建筑艺术是建立在结构因素的基础之上，而不是建立在外表的形式之上，因此每个部分，每个细部之间的关系都变成象整体一样的重要。在建筑上所应用的钢材都是定型的，因为它们都来自工厂。用这些不同的定型构件互相连接，或者和别的材料相结合，可以使建筑达到精练的效果。然而精炼并不意味着单调，它可以为了达到某种艺术效果而采用不同的可能性。例如框架除去了承重墙，而包围建筑外皮的幕墙可以有不同的处理手法，美国在本世纪后半叶所出现的形形色色的框架幕墙建筑就是发展了密斯思想的结果。

在我们的时代，工业已经造出了许多新的建筑构件，用这些构件可以去装配整个建筑。然而，这些构件仍然需要进行组合，这种组合必须符合新的建筑语言，同时又是建立在我们时代技术成就的基础之上的。对密斯来说，创造符合时代的新建筑语言要比个人不断发明新形式更重要得多，因为这种新建筑语言可以被所有建筑师掌握并能遍及世界。密斯说：“必须清楚，一切建筑都是与自己所处时代不可分的，并且只有应用它们自身所处时代的建筑语汇，才能具有表现力，自古以来毫无例外。”他又说：“凡是企图在现代建筑中去搬用过去建筑形式的，都完全无指望取得成功。就连最优秀的艺术上的天才要这样做也是注定要失败的。……向后看的就不能有所前进；生活在过去之中，就不可能走向未来。”正是在这个思想基础上，密斯创造的新建筑语言已经通过他的作品证明了用这种方法能够创造出和过去历史上伟大建筑艺术作品同样的价值。

·新空间概念·

自从建筑在空间中存在以来，它就出现了一个空间问题。我们在视觉上不能看到无边无际的空间，只有在空间中的物体才能使我们认识它。物体在空间中互相之间的关系就是空间概念的结果。这种概念是随着时代而变化的，我们时代的空间概念倾向以开敞式为特征。

建筑是放在空间中的，同时它又封闭着空间，因此有二个问题产生了：外部空间的处理与内部空间的处理。这二种空间互相之间可以不相联系，或者可以用不同的方法把它们联系起来。外部空间能够与内部空间融为一体，内部空间也能与外部空间融为一体，或二者能互相流动变成为一个空间。

密斯设计的砖结构乡村别墅为探讨空间的解决方案作出了新的贡献。在这个方案里，他采用了内外空间互相流通的手法。长而矮的墙从建筑物内部伸到外部开敞的空间中，又把外部开敞的空间通过开口的外墙带回到房屋内部，同时房屋内部分隔也都是开敞式的，因此产生了流动空间的概念。

可以认为这种房屋平面的图解特征是受到荷兰风格派著名画家蒙德里安和陶爱斯保图案

的影响。过去陶爱斯保在绘画中所作的东西，就是密斯在建筑设计中所作的东西。虽然他象陶爱斯保一样，以精神为目标，然而在他们的作品中却存在着很大的区别。陶爱斯保的绘画是艺术的独立作品，密斯的设计方案则是他的空间概念的标志，是三度空间整体的一部分，因此不能和二度的绘画相比。建筑象雕刻一样，是三度空间体，但不同于雕刻的是它不仅存在于空间之中，而且包含有空间。要把这种包含空间放在不定形的不受限制的空间中，而且要处理好这种封闭空间与外部空间的关系，这正是建筑学的基本任务之一，密斯已经用前所未有的创造性提出了解决空间问题的新方法。

他在巴塞罗那展览馆中对这种流动空间概念作出了具体的示范，震动了欧洲建筑界。这是一座不受通常实用条件限制的建筑，它唯一的目的就是在巴塞罗那国际博览会上表现德国。建筑的立体结构是由八根十字形断面的钢柱来支承的，它们组成三个相等的长方形开间，上面的平屋顶出檐深远，轻快潇洒，在地面与屋顶板之间的空间是由大理石墙面和玻璃墙面自由划分的，它们似分似合，似开敞似封闭，以流动空间的概念使得一个简单的包含空间变得复杂而丰富了。这座建筑不仅由于应用了各种材料的自然美得到装饰，而且因为它的新颖空间而闻名遐迩。所有的空间好象都在流动，并且通过露天的水院把室内外空间融为一体了。水院尽端的雕像是画龙点睛的焦点，成为虚中有实，实中有虚的转折。巴塞罗那展览馆是密斯“流动空间”思想的代表作，也是现代建筑发展过程中的里程碑。

50年代以后，密斯又发展了“通用空间”❶或“一统空间”❷的新概念。他与沙利文的功能主义观点相反，认为形式不变，功能可变。密斯说:“建筑物服务的目的是经常会改变的，但是我们并不能去把建筑物拆掉。因此我们要把沙利文的口号‘形式服从功能’倒转过来，去建造一个实用和经济的空间，以适应各种功能的需要。”在这种思想指导下，追求适应多种功能的大空间已成为一种时风。密斯在1956年建造的伊利诺理工学院克朗楼与1962—1968年建造的西柏林新国家美术馆都是这种通用空间思想的体现。通用空间的新概念现在已成为20世纪后期在建筑界影响最大的设计思想之一。它同时标志着现代建筑设计中起主要决定作用的功能主义理论的终结。

·美与比例·

结构的精确，施工的完善，结合建筑自身内在的美，这便是密斯·凡德罗建筑的特征。结构的精确不仅要预先对结构有所了解，而且要想到能发挥其特性。选择一种结构是自由的，但是一旦选定了，它的自由度只能在它的限度范围之内。要发现这些限度和发挥某种结构特性，就要根据艺术作品的需要了。

今天的建筑师不象过去的建筑师能够依靠工匠，因为过去的工匠是靠世世代代的传统和智慧来处理所有建筑作品的。建筑师今天必须自己就是工匠，表达他的手艺的方法就是细部处理。密斯·凡德罗的建筑美就是通过建筑细部的精致处理来达到的，同时，这些细部又表现了建筑的整体性。

建筑作为一种艺术，无疑它的美学质量是非常重要的。然而美学质量却不能象结构的精确与施工的完善那样容易被认识。原因是美是抽象的概念，但又是通过具体形象来表达的，

---

❶通用空间　Total Space
❷一统空间　Universal Space

它没有公式，但却有规律可寻。在密斯的作品中，实现美的要求正是他的目标。他为美而奋斗就象为真理而奋斗一样。

为了达到美的目标，在建筑设计中应该采取什么方法呢？历史经验说明，除了空间概念和细部装饰之外，匀称的比例是非常重要的。希腊古典建筑之所以成为典范正是它各部分构件比例的匀称与组合的和谐。19世纪时曾有许多人为了发现古希腊建筑美学的秘密而测绘了大量的建筑遗物，但是遗憾的是并未能找到美的公式。我们看到多立安神庙的立面可以有不同的比例构图，它们同样都能达到美的目标，关键就在于如何掌握各部分构件之间的比例与组合的和谐。文艺复兴时代的建筑大师阿尔伯蒂曾对建筑的美学原则提出过独特的见解，他说："所有建筑的美基本上都是从三种东西中产生出来的，即：数目、形状和各个不同部分的组合。"他认为"建筑艺术问题就是要使一定数量的部件连接与统一成为一个整体。这个整体本身必须有各个部分的力量和精神，这样整体就和各个部分有机地联系起来了，否则各个部分就一定会互相冲突与不一致，同时由于这样的不一致，就一定会破坏整体的统一与美。"

密斯·凡德罗的结构精确与施工完善的特点都是在建筑的细部与整体中同时体现出来的。这种特点的目标就是美的原则，而美的原则又是寓于各个部件与细部的比例之中的。他正是巧妙地掌握了各部分构件的比例与匀称的组合，使得结构构件已升华为建筑艺术。密斯的建筑艺术已达到了阿尔伯第的美学要求，并进一步上升到理性的高度。密斯·凡德罗曾说："我们决定采取有机建筑，以期达到局部与整体能成功地互相协调。这就是我们的基本观点。"他还说过："有一句歌德的名言，'它没有核心也没有皮，它是一个整体'，我的建筑内部和外部是一个整体，你无法把它们分开，外部关系到内部。"

·建筑与雕刻、绘画·

自古以来，建筑与雕刻、绘画是紧密结合的，它们往往组成了历史上的优秀作品。但是到本世纪20年代，建筑与艺术逐渐开始分离了，甚至有一些偏激的建筑师，他们抨击过去时代中对艺术装饰的错误应用，也反对当代建筑艺术的变化。在1927年斯图加特住宅展览会上，要求简洁统一的国际式思潮几乎占据统治地位，所有建筑的房子很难得在墙上看到有绘画或在室内有雕刻。画家们本身在他们的作品中也反映了同样的主张。卡西米尔·玛利维奇❶是当时的一位艺术大师，在他的绘画作品"白色上的白方块"❷中，画了两种几乎没有对比的白色块块，似乎要达到一种简单化和纯净化的目的，这种简化几乎近于没有东西。

为什么过去历史上的建筑与雕刻、绘画的结合能产生感人的精神作用，而难道今天的艺术对建筑就完全没有意义了吗？这是一个值得深思的问题。有人认为工业化生产的现代建筑没有给艺术留下地位，也有人认为现代建筑本身就不需要艺术装饰，它可以反映机器美学的精神。然而，这些思想都是片面的，当一种新建筑风格取代一种旧建筑风格时，诚然抄袭是不可能的，但是在新风格的基础上创造性地继续发展传统风格的艺术效果是完全可能的，也是必要的。有一种非常相似的历史现象可以作借鉴：当哥特式建筑继承罗马风建筑时，传统壁画的地位失去了，因为柱墩间都是大窗户，然而哥特教堂的建筑者们为了达到同样的壁画效果，却创造了染色画的玻璃窗，形成了这一新风格的特色。现代建筑没有必要也不应该完

---

❶卡西米尔·玛利维奇　Casimir Malevich

❷"白色上的白方块"　White Square on White

全沿袭过去历史上结合雕刻与绘画的方式，它必须象哥特式教堂一样，在新风格的基础上考虑与艺术的结合。

密斯·凡德罗认识到在建筑与艺术之间必须建立新的关系。建筑不再需要使艺术处于从属地位，而艺术也不再要求过分强调，它们应该是平等的，融为一体的，以新的语言方式表达自己的精神意义。密斯所作的巴塞罗那展览馆是现代建筑结合雕刻、装饰的优秀例子，它没有采用传统的浮雕与壁画，取而代之的是用色彩斑斓的大理石墙面，镀克罗米的钢柱与纯净的玻璃隔墙的有机结合，构成了不同自然材料质地的对比。这就是现代建筑装饰的新语汇。在展览馆尽端水院中的雕像则是装饰的重点，不仅封闭的水院衬托了它的重要性，同时雕像也反过来加强了建筑的价值，建筑与雕刻已经融为一个整体，很难说是哪个重要了。

密斯在一座小城市的美术博物馆的设计方案中，他把毕加索的巨幅绘画“格尔尼卡”布置在一片自由独立的墙面上，好象是一个精心布置的艺术屏风，它与雕刻一起已组合成为这座博物馆建筑不可分割的因素了，现在，雕刻、绘画与建筑的结合已逐渐在新的基础上重新得到了发展。1973 年在芝加哥建成的联邦中心建筑群的广场上由亚历山大·考尔德❶所作的巨型红色抽象雕刻“火烈鸟”就是让现代建筑重新结合雕刻的例子。

·纯净的形式·

形式是创作的结果而不是目的，完善的形式是要通过创造精神来实现的。这是密斯·凡德罗的一贯指导思想。他曾经说过：“形式并非我们工作的目的，它们只是结果。把形式本身当作目的，就是形式主义，这是我们所反对的。”“真正的形式是以真正的生活为前提的。我们不应过多地凭结果来评价，而应更多地看其创作过程。因为正是这个过程才能看出形式是否产生于生活本身，或者是为形式本身而生造出来的。”

创造精神有不同的类型，有人的创造精神在早期就奠定了基础，他的哲学观点是始终如一的，并且在不断地推敲与完善，但是他却从不改变它的结构。著名的法国哲学家和数学家笛卡儿❷（1596—1650）就是这种类型的代表人物。

另外还有一种创造精神，那是不能在年青时代就把思想固定下来的，这种创造精神是不断发展、继续运动的，它包括整个生活历程。德国著名哲学家和诗人歌德❸（1749—1832）就是这种永恒变化和发展精神的类型。

在现代建筑理论领域里出现了类似的现象：密斯·凡德罗就是属于笛卡儿类型，他在早期阶段已经确定了他的建筑哲学思想，并在他整个生活历程中，根据时代的需要不断地进行推敲与完善。而勒·柯布西耶则与他相反，属于第二种类型，他的建筑哲学观点是在不断发展的，他的空间概念是不断变化的，他在内部空间与外部空间之间不断地在寻求着一种新的平衡。

从 20 年代初开始，密斯·凡德罗就认识到了玻璃墙面与框架相结合的艺术表现将成为新时代建筑的标志，当时他就感到要进一步继续去发展这种可能性。他使钢与玻璃这二种工业材料得到了精确的结合，尤其是在细部节点上作了认真的推敲，并考虑了比例上的微小变

---

❶亚历山大·考尔德　Alexander Calder

❷笛卡儿　René Descartes

❸歌德　Johann Wolfgang von Goethe

化。密斯·凡德罗经常持有这样一种观点，那就是“有机的原则”，也许是借鉴赖特的思想。他说：“我们希望有一种秩序，给每一件东西都有它正确的位置，同时我们也希望每一件东西都根据它自己的性质有它应有的权利。”

正是在这种思想指导下，他经常要求做支柱的细部和节点的木模型，这种木模型有时要做到1：1的比例，如此仔细的工作方法是为了不致在工程建造之后感到有某些疏忽或视觉上的误差。

密斯为了赋予空间以生命力，为了使它能够具有比较鲜明的建筑表现，在没有把一切形式都精简到最纯净的地步之前，他决不停止。他一直是比较强烈地坚持使当代建筑组成因素之一的平墙面做成最光滑和最透明的玻璃墙形式。这种对纯形式的追求反映了他对材料与结构性能认识的结果，并已经对美国建筑界产生了极大的影响。

他在单层住宅、二层住宅，或高层公寓式住宅的方案探讨方面没有本质上的不同。形式的完善思想导致他对所有的面、外轮廓，和细部的尺寸大小都要仔细推敲。这些最简单的形式，精美的建筑艺术表现可以在1949年建造的海角公寓和1951年建造的湖滨公寓的结构框架中看到，也可以从1950年建造的范斯沃斯住宅和1958年建造的国民公寓的玻璃幕墙的体形中表现出来。密斯建筑的纯净形式也反映在他后期设计的许多公共性建筑中，1968年建造的柏林新国家美术馆，1959—1973年建造的芝加哥联邦中心建筑群都是在同样的指导思想下完成的。

美国著名的第二代现代建筑师伊罗·沙里宁❶曾是密斯思想的忠实追随者，他在1951年精心设计的底特律通用汽车技术中心建筑群就是应用密斯的手法表现了前所未有的纯净形式。1952年戈登·邦沙夫特❷作为SOM建筑事务所的主要建筑师在纽约建造的一座24层的利华大楼，则是把密斯的玻璃摩天楼思想最先在纽约付诸于实现的例子，这对密斯风格的建立起了推波助澜的作用。

有人曾作过调查，在美国建筑界，密斯的知名度现在已达到96%以上。他是美国建筑风格与新空间概念结合的杰出代表。密斯和赖特一起成了本世纪中叶美国建筑界的二棵大树。

---

❶伊罗·沙里宁　Eero Saarinen
❷戈登·邦沙夫特　Gordon Bunschaft

Ⅲ　建筑教育与密斯学派

·自学成才的密斯·

密斯在自传中曾这样写道：

“我父亲是一个石匠，所以我继承他的手艺或转向建筑事业是自然而然的事。我没有受过正规的建筑教育，但我在几位建筑大师的身边工作过，我还读过几本好书，这就是我的经历。”

在这里密斯点出了决定他事业道路的几个重要关键，即从材料—功能—思想。密斯从孩提时代起就熟悉构造形式，从中学到不少东西，这一点和阿道夫·路斯❶的经历非常相象。路斯也是一个石匠的儿子，1909年他写了一篇著名的文章《论建筑》。他认为“只有很少一部分建筑才是艺术，如陵墓和纪念碑。”其它要满足功能要求的建筑不包括在艺术领域之内。只有消除艺术是附加在功能上的错误思想，我们才会有我们时代的建筑。”

密斯早年就接触到这小部分然而却很重要的建筑方面。得归功于石匠的家庭。陵墓和纪念碑象征着建筑以外的理念和形式。这一点使他不仅掌握了构造的实际经验，而且使他感到材料的质量和所造建筑物的外表特征。神秘性是它的现实本质，象征性是它的实际存在，因为它的作用是把看不见的精神世界转化为可见的物质实体。

在亚琛求学时期，又一次机遇出现了，密斯认为那对他有着深远的影响。密斯曾在亚琛的建筑师施奈德❷事务所做过临时工，在一次大扫除时，他发现了一本《未来》周刊，当时他好奇地阅读了它，尽管他后来承认，这本周刊的内容在当时远远超出了他的理解能力，然而却唤起了他的极大兴趣。从那以后，密斯开始思考哲学和文化问题。密斯经常翻阅《未来》周刊，这一接触，把他带入了当时还陌生的世界。这个周刊在德国拥有广大的读者，最受赞扬，也最受攻击。为这个周刊写稿的有许多当时著名的艺术评论家、历史学家、哲学家、经济史学家等。

与这一周刊的接触有着非常重要的意义。1902年9月27日出版的第52期《未来》似乎预示了密斯的未来。内有一篇哲学家里尔❸写的文章，题目为《从赫拉克利特到斯宾诺莎》，还有一篇艺术评论家迈耶❹写的关于都灵艺术展览会的报告，他说在展览会上建筑师彼得·贝伦斯设计的大厅引起了震动。

直到1907年，即五年以后，密斯才在柏林认识里尔和贝伦斯，他的知识结构和艺术思想从此深受他们的影响。密斯在亚琛天主教学校所接受的宗教教育，使他具有一种特殊的抽象思维和形而上学的倾向。这一倾向更使他坚定地追随《未来》周刊的哲学思想。1927年

---

❶阿道夫·路斯　Adolph Loos

❷施奈德　Albert Schneider

❸里尔Alois Riehl

❹迈耶　Meier—Graef

密斯在他的笔记中写道，“只有通过哲学的思考才能明确我们存在的价值和意义。”

对于密斯来说，解开现实本质之迷在于哲学上的理解。哲学，在理性的层次上看，它具有一定的深度，同时也很简单，因为它的方法是分主与次，永久与暂时。密斯在他对哲学的研究中，寻找他作为一个建筑师所缺乏的学校教育的知识。他认为“还原”到本质的方法是对现实理解的唯一方法，并且可以提供“创造巨作”的可能性。

当密斯迈入建筑领域之际，他已产生了对哲学的兴趣。1907 年，他 21 岁那年，除了在柏林布鲁诺·保罗事务所工作以外，还参加了柏林应用艺术博物馆的学习，由保罗讲课。在那里密斯头一次经历了艺术的熏陶，深受保罗精致作品的影响。就在这一年，他独立为哲学教授里尔设计了住宅，由于互相交往，里尔把他渐渐带入到当初在阅读《未来》周刊时所接触到的世界。里尔成了他的第一个保护人，一位亲密的朋友，为他提供了进入社会的机会。1924 年里尔去世后，密斯为他设计了坟墓。密斯在当时的朋友中，主要有知识分子、艺术家、商人、企业家和金融家等，密斯后来从他们那里接受了很多设计委托任务。在柏林这一世界性的城市里，密斯在里尔住宅中先后遇见了拉森劳❶、古典语言学家耶格❷、艺术史学家沃尔夫林❸ 哲学家斯普兰格❹，可能还有宗教学家瓜迪尼❺。他还在贝伦斯的事务所里认识了艾达·布龙❻，后来他俩在 1913 年 4 月 10 日结婚。

里尔住宅显示了密斯从柏林建筑传统中所吸取的古典风格的影响，但那是对柔和的 19 世纪德国装饰艺术的全新解释。这种装饰艺术风格曾在 1907 年梅伯斯❼ 所写的《1800 年时期的建筑》一书中得到推崇。密斯不仅仅是表面的理解和模仿，更重要的是掌握了构图的语法。当密斯还在布鲁诺·保罗事务所工作时，他就开始注意贝伦斯的作品，事务所的负责人蒂尔希❽ 看到密斯的才能，便对他说:“你应该去跟贝伦斯。”

1907 年贝伦斯担任国际通用电气公司 AEG 的艺术顾问，他在柏林的事务所成了当时在欧洲无可匹敌的建筑结构。他的艺术与生活相统一的思想，明显地表现在他的工业建筑中。著名的透平机车间象征着一种新的美学观，它克服了 19 世纪以来风格上的多元化现象，主张实现“艺术意志”。在这里我们看到了哲学家尼采❾ 在关于艺术高于生活的论文中所主张的“伟大风格的意志”理论的回响。贝伦斯把艺术与哲学联系起来了。

里尔当时作为密斯的第一个保护人，他在推崇尼采哲学的文化圈中起着重要的作用。自本世纪以来，尼采成了文化先哲。1897 年，当时尼采集艺术家与思想家于一身，里尔首次出版了一本讨论尼采哲学的书，藉以介绍尼采的思想。在 1903 年出版的《当代哲学简介》一书中，里尔再次勾画了尼采的思想，称誉他的世界观为“现代心灵的明镜”。

通过里尔与贝伦斯的影响，密斯触及到了时代面临的问题，深切地意识到现代人的处境，从旧的信仰束缚中解脱出来仅仅是为了找到他在新的精神秩序中的自我。据密斯自己说，他大约在 1910 年左右正式开始他“自觉的职业生涯”。这一意识的觉醒是在各派观点各

---

❶拉森劳　Walther Rathenau
❷耶格　Werner Jaeger
❸沃尔夫林　Heinrich Wölfllin
❹斯普兰格　Eduard spranger
❺瓜迪尼　Romano Guardini
❻艾达·布龙　Ada Bruhn
❼梅伯斯　Paul Mebes
❽蒂尔希　Paul Thiersch
❾尼采　Friedrich Nietzsche

异的过渡时期出现的，它们把密斯带入了“迷惑”的境地。当时他接触了弗兰克·劳·赖特的作品（1910年首次在柏林出版），还有重要的荷兰建筑师贝尔拉格的思想。密斯和贝尔拉格见面是在1912年他到海牙为克吕勒设计住宅的时期。密斯接受了现代建筑概念的全部范畴：形式、空间、构造。对贝伦斯、赖特和贝尔拉格三人来说，他们对这建筑三要素的看法各有侧重。贝尔拉格的观点很实际，简洁、真实的构造是所有建筑最最本质的基点。这一点，为密斯在探求绝对价值中提供了“元素主义”❶ 的基础。1919年后，“元素主义”理论又让位于构造。由于旧世界秩序在第一次世界大战中崩溃，新的建筑艺术在反对所有现成的观念和理想的起点上开始，因为它们是客观的，所以材料和构造必定是一种新建筑产生的基础。密斯的元素主义完全脱离了所有其它的理论和形式的概念。1923年密斯第一次宣称：“我们反对所有美学上的投机，所有的教条，所有的形式主义。”

密斯把自己与以前所有的艺术划了一道界线，无论是古典主义、表现主义、构成主义，还是新塑造主义，密斯毫不妥协地拒绝任何暗示“形式”或通向形式的思想。他认为形式不再有权利存在，现在它是多余的，它应该被取代，毫不含糊地从建筑门类的目录中去掉。正象密斯所说：“我们不知道什么是形式，我们只知道建造问题。形式不是我们的目标，而是我们工作的结果。象形式这一类东西是不存在的。”

在这些话中，密斯将艺术创作的自由归属在不偏不倚的、客观的、清教徒式的准则中。他所希望的只是在于这样的结论：“我们的任务是把建筑活动从美学的投机中解放出来，保持建筑真正的东西，即建造。”或者，象他在讲稿后记中所补充的：“让建筑回到它原来的地方。”

未来和永恒，这二个可以互相转化的概念，紧紧地吸引着密斯的观点。永恒的、绝对的创作规律将完全征服新的建造者。他曾这样写道：“建筑以空间形式体现出时代的精神，这种体现是生动、多变而新颖的。要赋予建筑以形式，只能是赋予今天的形式，而不应是昨天的，也不应是明天的，只有这样的建筑才是有创造性的。应当从我们建设任务的实质出发，利用我们时代的方法来进行形式的创造。这就是我们的任务。”

密斯希望用他那无条件地对建筑的神秘崇拜和服从时代精神来实现他虔诚的意志。因此，密斯在1921～24年所作的一系列探索性方案中，解开了束缚建筑艺术的症结。大胆的玻璃摩天楼设想，混凝土的办公楼和乡村砖住宅的方案，都与当时所推崇的建筑形象大相径庭，在形式发展的历史中具有决定性的意义。密斯的创作在于和时代的合拍，是他深思熟虑的、元素概念的、造型精美的结果。它新颖的手法，诗意的魅力，同时又现实又充满乌托邦色彩，展示了一个新时代的到来。

这些现代建筑的原型把密斯推入到先锋派的行列。后来作为《创作》杂志的编辑和“十一月学社”的领导成员，密斯又成了先锋派最重要的角色之一。他在德意志制造联盟期间（1926～32年期间任付主席）在德国建筑师联盟和在“十环学社”（1925年成立）中表明他所关心的问题已经远远超出了建筑作为一门新的“艺术”的概念。

密斯在自学的道路上客观地、自然地选择了新建筑的道路。他为现代建筑师们指出了结构和材料的应用方法，使他们知道表现结构材料的美是他们的任务。密斯看到了创造形式的奥秘就深藏在这些基本任务之中，而不是在作一些历史的分析或模仿上。他认为新一代的建筑师应该从材料和功能所产生的新秩序下开始，应该将目光集中在未来，应该体现时代的意志。密斯深记尼采的名言：“首要的是自我教育。”他在1925年发表对建筑教育的看法时明确

---

❶元素主义　Elementarismus

地体现了这一思想，并且他或多或少地勾画了他自己的发展过程。他写道："具备一定素质的每个人不管他最初的教育如何，都应该要继续接受教育。教育新一代建设者的问题从根本上说是建筑艺术的本质问题。如果这一问题能清楚地回答的话，那么在教育中就不存在任何问题。哪里有目标，哪里就有方法。但是我们处在现有观念的转变时代，明天的建筑艺术与今天大大不同，因此年轻的建筑师们不应该受任何束缚，而应摆脱惯例，在自由思想和判断中受教育。其它所有的东西都要让位于今天的理性竞赛。至于怎样学，在什么地方学都是无关紧要的。"

密斯围绕着哲学的根本问题阐述了他的建筑思想。他在20年代早期的《建筑艺术与时代精神》的宣言中和在1924年的《工业建筑》的宣言中，极力推崇无名的、非艺术化的、但基于客观的建筑。它的实质在于直接通过材料和具体条件表现本身，而不是通过主观发明什么形式。

非典型例子成了典型例子，新的建造方向逐渐成为现实。奥德[1]曾在文章中指出："我们自觉地做我们的工作，直到最细微的局部，不要想到艺术，那么总有一天会看到，当这一作品完成时，它本身就是艺术。"

密斯在1924年的建筑思想到1927年出现了完全的转变。1924年他在《建筑艺术与时代精神》一文中，密斯把住宅看作是"组织生活，……适应它的功能方面"的结果。三年以后，他对早年的主张补充了批评的意见。在1927～28年的笔记中他说："住宅就是为了舒适，有人可能会问这是什么道理，有什么根据，显然只是为了具体的存在。因为人还有除使用以外的心理需要……。"

在1925～26年间，这种观点上的转变表现为从重物质的实用主义转向重精神的理想主义。在他所主张的理论和建筑方案中自相矛盾的地方已经暗示着这一新的方向。

密斯在1927年魏森霍夫住宅区的专辑前言中为他的新观点定下了调子。他说："现代居住问题基本上是建筑艺术问题，尽管它有技术与经济方面的因素。它是一个复杂的布局问题，这只能用创造性的思维去解决，而不能只靠计算与组织。"

在1924年密斯曾积极主张通过工业化从根本上来重新组织建筑，因为工业化能回答社会、经济和艺术等方面的问题。而在1927年魏森霍夫住宅区建成时，他则认为理性化和建筑工业化现在只剩下口号，不再是问题的焦点了，这说明密斯已放弃了他在1924年支持建筑工业化的观点。密斯这种从实用主义到理想主义的思想变化，也反映在他的言论中。1924年他说，"今天建筑的中心问题是材料问题"，而到了1927年他认为"建筑的中心问题基本上是知识问题。"对密斯来说，智慧的"创造潜能"远胜于计算和组织手段。

1930年在维也纳召开的德意志制造联盟的年会上，密斯重新阐明了他的观点，否定了机械的功能教条。他说：

> "新时代已经成为事实，它已经不顾我们置以"可"或"否"而出现了。……
>
> 我们别把机械化和标准化说得过分严重。
>
> 我们要承认经济和社会条件已经变化这一事实。
>
> ……
>
> 有一件事是有决定意义的，这就是看我们在环境条件面前所抱的态度。
>
> 从这点出发，那些精神方面的问题就开始出现了。应该提出的紧要问题是"怎样

---

[1] 奥德　J.J.P.Oud

做”，而不是“是什么”。……

然而恰恰是价值问题则是有决定意义的。”

作为现代建筑的杰出人物之一，密斯通过巴塞罗那展览馆和吐根哈特住宅的设计，他认识了时代的客观规律。在形式与技术的矛盾中，密斯反对任何片面的形式，既不承认客观的技术力量，也不赞成艺术家自由想象的行动。

密斯认为建筑师所要考虑并作出决定的根据主要不是物质的而是哲学的。人们建造并不仅仅为了物质的生活空间，而是要创造一种高质量的生活方式，因此他特别关注建造艺术的社会功能。当1930年密斯应聘到包豪斯学校任校长时，密斯就把这一概念结合到教学体系中，藉以建立一种新的包豪斯机构。早在1928年，他就曾在一次讲演中提出要“将艺术的、精神的价值从技术理性的、清晰的气氛中解放出来”的可能性。在1938年到美国就任阿尔莫理工学院建筑系主任时的演讲标志着他进一步逻辑地、清晰地表达他建造艺术的哲学思想。同时他还在文章中提出了理想秩序的概念，认为“我们创造的世界应该焕然一新。”

密斯式的建造艺术与建筑教育方法的思想在很大程度上是向欧洲一些哲学著作寻求答案的。他从中找到了相对的秩序，建立了更高层次的统一。对密斯来说，需要区别“生命的存在”与“生命的价值”之间的不同，建筑需要建立在人的“精神结构”上。密斯认为“目的决定了我们文明的特征，价值决定了我们文化的光明。”因此“真正的学习不仅在于目的，而在于价值。”

密斯进一步阐述他的建造艺术观点时说：

“目的和价值是对立的，然而在不同的层次上，它们又是统一的。如果不是价值，那么有什么其它的东西应该成为我们价值体系的参考标准呢？两个范畴一起标明了人类的存在，……建造艺术从本质上是植根在实用基础上的，但它越过了不同的价值层次，到达精神王国，进入理性王国，纯艺术的王国。所有的建筑教育方法必须考虑这一事实。……”

密斯认为建造必须沿着一条实际的路线前进，一步步变得“清晰”，以便从“不负责任的观点到负责任的见解”，藉以达到“清楚的精神秩序”。密斯在探求建造艺术道路的过程就是“从材料通过建造的目的到达纯艺术的王国”的过程，这无疑地也反映了密斯的自传性质，表明他从石匠的学徒通过20年代早期特别关心材料和功能的态度到达1929年以后创造理想化建筑的成长过程。

密斯认为只有对深藏在材料本质中的可能性进行充分理解以后，我们才能从根本上理解真正的形式。我们得问这些问题：“我们要知道它可能是什么，它必须是什么，它不可以是什么。我们要知道它的本质。”除了材料的性质和功能的性质以外，建造艺术还需要知道“我们所处的精神位置”，以及“阻碍和促进的力量”。只有了解这一切后，才有可能对新时代的建筑有正确的理解。密斯说：“我们试图提出真正的问题，那就是技术的价值问题和目的问题。我们想表明技术不仅使我们变得强大而且包含着一定的危机，也就是说，技术也与善恶有关，人类必须作出正确的决定。”同时他又提出：“因此我们要显示这有可能的秩序，明确的原则”。密斯最后的结论所提的实用与理想秩序的根本区别就在于它的哲学体验和建筑可能性的不同。

密斯提出“秩序的有机原则”思想是来自瓜迪尼的哲学概念，同时也可以使人回想起柏拉图和尼采。瓜迪尼认为，有机意味着生命范畴内的矛盾：物质和精神，目的和价值，技术和艺术，它们都是相互包含的存在，其中蕴藏着创造性的力量，把人与事物联结在一起，通过

“事物间的比例”产生美。密斯为了在混乱的时代中建立秩序，他作出结论说：“我们想要一种秩序，使得每样事物有它的位置。我们要根据事物的性质给予每样事物应得的东西。我们想要做的是这样完美，我们要使我们创造的世界从内部开出花来。我们不想做多余的事情，我们也不可能做更多的事情，我们工作的意义和目标用圣奥古斯丁充满哲理的话来形容最适当不过：美就是真理的光辉。”

密斯的建造艺术观点受到了经院哲学思想的束缚。1965 年他发表的《论建筑艺术教育的构思》一文，没有什么新的内容。密斯的建造艺术的框架，在 1938 年的演讲中已经基本定型。

对密斯来说，钢框架结构象征着客观秩序，通过这一秩序，古老的建筑艺术会走向新的自我表现过程，并可以被转化为文化艺术。密斯努力想建立这样的客观文化，以便使技术和精神价值融合成更高层次的统一，在自觉的基础上升华。他的建造艺术的理论既是激进的，同时也是保守的。激进，是因为它肯定地表达了我们时代的智慧与力量，说它保守，是因为它是建立在建筑的永恒真理上：“秩序、空间和比例。”

从材料到目的到思想的循序渐进的路线是密斯完成自我教育的教学大纲。它不是信赖建造艺术的可教性，而是依赖手、眼、心的培养。这正是密斯所说的“遵循规律，赢得自由”的名言所包含的意义。

·秩序、空间、比例——密斯制定 IIT 建筑教学计划的原则·

1938 年密斯到芝加哥就任阿尔莫理工学院（1940 年以后改名为伊利诺理工学院）建筑系主任后，把包豪斯的精神和芝加哥的建筑传统融为一体，通过建筑教学计划的贯彻，培养了美国建筑界的一代新人。

新的建筑教学计划开始实行于 1938 年秋季，起先为四年制，1946 年学制改为五年，并已得到全美建筑教育鉴定会的认可。

关于新教学计划的原则，密斯在 1938 年 10 月的欢迎晚会上曾发表过激动人心的讲演。密斯的教学思想富有革命性，它确立了一种工作、分析和设计方法，以寻求砖、玻璃和钢富于协调和理性的表现力。密斯把建筑空间和承重骨架同等对待是想创立一项新的教学计划，这种教学不仅能造就具有高度艺术表现技巧的建筑师，而且还可以同时培养出色的技工本领。

出于对玻璃建筑的兴趣，密斯鼓励学生探索表现精致透明特征的可能性。在这一思想指导下，要求学生从绘制线条入手，了解线条所表现的轻重、形式、间距和性质；再学习线条的交叉及多种线条间的复杂关系；进而研究各种材料，以求了解从二块砖即可成为建筑的可能性，到平面组合和空间效果的关系。他认为，学生只有掌握了建筑的基本要素，即从精心绘制简单线条的严格训练到具备熟练掌握空间技巧时，方可着手解决建筑中的实际问题。

这种从线到面，到空间以至整个建筑的设计思想是一个完整的统一体，它代表了密斯所遵循的所谓古典传统的中心思想之一。维特鲁威和阿尔伯蒂用线、面、空间等语汇阐明了美的定义，而密斯在这方面的思想体现了他吸取传统文化的精萃。密斯要求本科学生毕业时能够知道如何应用现代建筑的语汇，而在研究生的培养计划中，他希望那些有天赋的学生能够更多地应用现代建筑的语汇设计出诗一般的作品。

1937 年 12 月 10 日密斯从纽约给阿尔莫理工学院教务长希尔德寄去了一份新制定的建

筑教学计划和说明书。他在说明书中曾这样写道:

"……给自己充分时间了解美国的情况可以使我的计划更加适合这里的文化条件。

如果和技术与经济领域的迅猛发展相比，文化领域缺乏决定性力量，因而这里产生一种不确定性。要克服这种不定性只有通过充分了解精神的内在联系。

因此把另一个教学计划附加到已有的教学计划中是无用的，而只有提供必要的专业训练才能产生明确的精神方向。

所以我已开始制定一项教学计划，它自身能够体现这种明确、有条理的原则，没有偏差，通过自身系统的结构，有机地展现精神与文化的相互联系。

由于问题是有机的秩序原则，不依赖既定的先决条件，而是考虑已有的美国状况，只有这样才能避免一种文化形式嫁接于另一种特定文化的危险。

文化不能进口，但可来自本身力量的和谐发展。

美国的实质问题同时也是困难，在于目前出现了精神意义的新问题和如何用新方法来解决这些问题。而现在的机构和技术力量已确保了解决精神文化问题的可能性。

作为人和其环境协调关系的文化，以及如何在建筑中表现这种必要的关系是各门课程学习的目的。

附上的教学计划就是对这一方案的说明。第一步是教会学生了解材料和它的真实表现。第二步是教会学生掌握功能性质及如何体现它们。第三步是在学习这些技巧和功能的基础上开始实际的建筑创作训练。逐渐地，作为训练的过程，建筑学本身的问题将会充分全面地反映出来。

坚持贯彻这项教学计划，包括美术的训练在内，最终就可以造就一批受过高等教育的建筑艺术家。"

从密斯对阿尔莫理工学院教学计划的说明中，可以看到他坚持从结构、平面到美观这样三个步骤的训练，一方面是来自格罗皮乌斯在包豪斯的教学思想，另一方面则是来自巴黎艺术学院的教学方法。格罗皮乌斯的教学思想认为，建筑不可避免地来自直接解决结构和功能问题。而巴黎艺术学院的教学方法则认为，建筑师的主要责任是创造一种明确的形式，平面组合和结构都从属于它。如果要是采用石建筑传统来解决门廊的形式问题，巴黎艺术学院的体系还是很有效的。密斯采用了勒·柯布西耶在多米诺住宅❶中所表现的思想，即垂直骨架和水平楼板是独立分开的，以此解决与从功能和形式出发完全不同的问题，这样做使他选择了结构作为发展建筑的基础。密斯一生大部分时间都在致力于研究有关晶体理论❷的书籍。作为一种理想和现实，在确定结构是现代建筑的基础时，密斯把建筑结构看作类似于构成一切物质的晶体结构。密斯找到了晶体结构并学会了如何表现它。他遵循按材料特性与功能原理去进行的原则创作，认为建筑学"是内部结构在时间上的结晶，是形式的逐步发展。"关于价值问题，密斯试图用推论的方法来理解和表达。

密斯除在教育上具有自己的观点外，还曾研究了当代美国教育及价值问题的材料。密斯在30年代末还选读了几本有关这方面的书，他始终在努力体会这一问题的美国特性，他强调的关键词汇之一是"有机"。密斯在1937年9月在塔里埃森❸与赖特在一起时，使他懂得

---

❶多米诺住宅 Dom—ino House

❷晶体理论 Crystal theory

❸塔里埃森 Taliesin，在威斯康星州

了“有机”就是“恰如其分”的美国话，因此他经常用“有机”一词来总结他有关建筑教育的思想。这些就是1937年冬到1938年密斯为阿尔莫理工学院制定教学计划说明书的情况。他在这里所讲的“有机”的意思是连贯的、必然的，与秩序相关，而不意味为简单、原始的状态。

密斯关于教学计划的思想反映了他的经历和研究的兴趣。他的思想核心是相信人们只有在需要的时候才能进行学习。除了好奇心以外，还有暂时的水平问题。学生可以学到直接有用的内容。密斯进而认为，大学生在某种意义上而言，他们没有足够的经验来考虑比较大的问题。因此，密斯训练学生，要他们能够作出适用、坚固的建筑，他相信当学生开始对过去认为是理所当然的事提出疑问和进行研究时，才富有创造性。

这并不是说密斯不关心基础理论教育或非专业的课程。在制定教学计划时，他为第一学年安排了大量的非专业课程，以便使学生懂得现代社会的任务和价值的重要性。此外，他还要求学生掌握基础理论，数学和物理，这样可以进一步开阔建筑设计的构思。由于密斯没有受过正规高等院校的教育，他的物理和数学知识全是在他的工作实践中自学的，同时他还热衷于哲学与科学的学习，所有这些都为密斯的创造性思想打下了基础。

尽管一年级的教学不象以后几年有明显的特色，但是密斯在这里发展了一套认真研究对立面的教学方法，既要求掌握非常特殊具体的形象，又要求学会非常抽象一般的内容。第一学年，学生学习建筑制图，同时在美术课上学习绘画。从精细的墨线到自由的写生画，使学生开始掌握表现的可能范围和能够全面掌握技巧的精确性。尽管传统认为，想法比表现更为重要，但密斯要求学生认识到，没有技术就没有思想。这种相反的观点是受到语言隐喻的启发：即相同的词汇和语法可以使我们讲出或写出一篇新颖的散文，也允许我们创造一首诗歌。和赖特一样，密斯认为建筑象诗歌时，他也许把这看作是一次挑战。

密斯认为诗歌是通过语言技巧表现出的宝贵财富，同样在建筑方面可以通过绘画来表现技巧性与抒情性。精确的、合理的开端将成为人们超越理智创造诗歌或建筑的途径。后面几年都是要求学生学习专业技术方面的课程。二年级学生需要进行砖建筑的训练，探讨抽象视觉训练的方法。当教学计划从方法转移到用途时，各种问题依然存在。这里有住宅各个房间布置的训练问题：厨房、浴室、卧室、起居室，以及确定与其相应的三度空间的抽象研究问题，其中二个方向的比例构图扩大到三个方向，正是要学习的建筑空间的新课题。

在本科教学的最后阶段，他把技术问题和抽象思维溶合到建筑设计与创作中去，使学生不仅能解决建造房屋的各种实际问题，还能进一步考虑统一的艺术作品表现的重要性。学生终于认识到只有技术才能使他们合理对待抽象思维所提供的设想。

以上所述的是密斯为造就优秀学生而制定的教学计划目的。因此密斯认为每年造就一名出色的学生，就能逐渐改变建筑面貌。他认为，每个学生即使不能获得机会，他们也都应该正确对待建筑创作的任务。而学校的责任是训练学生能够最好地应用材料、平面和表现技巧。这就是密斯把大部分时间用于研究精确性和抽象概念的原因。许多学生很愿意掌握精确性，而且也同样知道跟随密斯可以学到抽象概念。

在教学过程中，密斯考虑本着教其所用的原则。如在视觉训练和建筑空间的教学方面，形象教学使学生增加了学习这些课程的兴趣。密斯认为教师讲授这些课程，要用类推法来说明将要考虑的问题，但不期望教师能教会学生的感觉。感觉是我们通常所说的对颜色、比例、尺度的认识，而不是一种知识。另一方面，某些技巧、技术、概念和思想是可以教会的。通过示范、学习、研究和实践，可以教会学生绘制线条，但学生却不容易知道一根线条的意义；可以教会学生建造房屋，但很难教会学生理解建筑的含义；可以教会学生如何分析一间房间，但很难教会他们如何懂得房间的意义。

考虑教学计划的另一因素是，密斯认识到，学生好强，喜欢用实例说明自己所掌握的知识。他设置有些课程的目的是使学生乐意于精致的绘图、制作模型和进行分析，其中所有的细节能够得到理解并在解决问题时体现出来。同时，既希望学生对课程的学习满怀信心，也允许学生不断对课程提出疑问。

教学计划既从培养能力强的专家的技术训练出发，也适用于一般智力的学生，然而，课程中最难的是抽象观念能够引起低水平学生的重视，也为较具天赋的学生提出有力的挑战。

虽然密斯希望技术专家发展技术来满足他新思想的需要，但他从未建立一个材料、结构、工程或建筑实验室去提高训练学生的技术水平。这些技术问题包括建筑的供暖、制冷和通风。当密斯为伊利诺理工学院校园内的建筑提供设计方案时，许多工程师对因大片玻璃吸收的幅射热提出了批评。密斯查问了生产反幅射玻璃的可能性，但最后他还是选择了在室内采用软百页窗帘，在室外以树木遮阳的办法。他希望工程师发展技术来改进这些问题。在伊利诺理工学院的头几年里，密斯担任四年级的建筑设计教学，同时为改进、引用他的一整套教学计划进行研究与准备。开始时，高年级学生还是继续过去的教学计划，这样做对学生的学习影响较小，同时这样可以使密斯赢得时间去更详细地研究他在 1937 年冬在纽约制定的教学计划中遇到的问题。逐渐地密斯和他的同事们在教学过程中总结出了估价和修订新教学计划的意见。

密斯的同事们也为他的新教学计划提出了有益的建议。彼得汉斯是一位优秀的艺术家，并且具有哲学修养。希尔伯塞麦是一位卓越的城市规划专家，他为城市设计课程提出了实践环节与抽象能力相结合的教学方法。前面二个人都曾在包豪斯任过教，是密斯在 IIT 的支柱。另一个美国人罗杰斯原毕业于普林斯顿大学，后到德国，曾随密斯学习过。他受聘到 IIT 任教后，便以自己实际工作的经验，帮助密斯建立了课程中的抽象概念。总的来说，罗杰斯负责技术部分的教学任务，彼得汉斯负责抽象建筑艺术与视觉训练的教学任务，希尔伯塞麦则负责城市规划设计的教学任务。

虽然密斯是在 1938 年秋到 IIT 任职的，但实际上密斯是在 1939 年春季班上才开始执行他的新教学计划。这一计划一直持续到 1958 年密斯退休。作为建筑系系馆的克朗楼从此也就成为在教学中遇到问题的研究实验室。

在伊利诺理工学院校园设计的过程中，密斯改变了他的建筑思想，这比他在教学计划中推行的技巧更为重要，同时巩固了密斯在美国期间占支配地位的设计方法。这就是以结构为基础来组织设计。密斯根本的信念是他的工作必须体现工业化时代的精神需要，为之提供表现新形式的秩序，为未来的工作打下基础。

长期以来，建筑被认为是功能、结构和美观的有机组合。密斯在工作中发现了各自存在的问题，但他自己也吃不准三种要素中哪一种要素更为重要。在 30 年代的许多作品中，密斯成功地解决了两种要素的有机结合问题（玻璃摩天楼方案和巴塞罗那展览馆中的形式和结构，乡村砖住宅方案和吐根哈特住宅中的形式与功能），而在一些庭院式住宅方案中，他综合了三种要素，但是似乎还缺乏足够的理性和逻辑性。他希望取得某种不仅是新的、不同的，而且是必要的、和正确的东西。他相信这会为新时代赋予其特征。

密斯的教学计划在初期阶段并没有得到普遍的承认。曾有几封学生和学生家长的来信，询问新教学计划的英明之处。由于他们的口吻含有排斥外国人的美国主义因素，因此对课程作出批评是可以理解的。尽管这样，当时密斯制定的新教学计划仍未受其影响。在密斯制定计划时，他的声誉还没有大到以他的权威可以不受任何批评。密斯及其同事对他们的指导思想是深信不疑的，因为这些思想都经过了长期的考虑。他们设想用师徒传授的方式教学，初学者可以从师傅那里得到正确的指导。密斯反对美国传统中把大学作为学生思想的试验田。他认为学生只有掌握了他设计的系统与方法的逻辑性时，才有可能进行创作。这样做的结果是可以有效地培养出知识丰富、爱好艺术和学习认真，并能解决各种复杂问题的学生。密斯认为应该为那些不能灵活应用原理的学生传授全面解决问题的方法。同时也使优秀的学生了解如何考虑解决问题的抽象原则。

在第二次大战期间，整个学校的学生与教师人数减少，课程也相应配合战时的需要。就在他主持建筑系教学的头几年中，他已考虑要延长建筑系的学制，1940年初，密斯曾写信给美国建筑高等院校协会的所有建筑系，征求他们对本科教学计划改为五年制的意见。他收到的回信几乎是一致认为五年制是必要的，同时认为前四年的教学计划需要改进。鉴于这些意见，密斯给当时的伊利诺理工学院的行政领导打了报告：

> “如果阿尔莫理工学院建筑系要改为五年制，我们认为在课程结束后的第五年应该给学生更多的时间运用基础知识去提高他们对建筑中复杂问题的解决能力，这些基本知识我们在前三年的课程中已讲授了。
>
> 我们还认为，在整个计划中应该开设和更替一些课程，以便为学生提供比现在毕业生所具备的更广泛的理性基础。”

1946年，密斯的教学计划被批准延长为五年制时，他吸收了1940年时二个主要论点。一点是在前四年内集中开设人文科学、语言、社会科学、自然科学以及一些选修课；另一点是在第五年里学生有60%的时间是用在建筑设计上。虽然从未要求本科毕业生做过论文，但是上述二个观点的贯彻已使学生有机会全面了解所学的内容，而且能融汇贯通。学生懂得如何设计建筑，而且能够根据他们的建筑设计方法和社会观来考虑他们应该设计出何种建筑。解决问题的最终表现方式可以是模型，也可以是图纸，二者都完成得相当出色，甚至类似传统师傅带徒弟的作品。

与此同时，密斯的实践范围开始扩大。首先他集中进行伊利诺理工学院新校园的主要建筑设计，还开始研究许多方案，此外，他也在校外承担了不少工程任务，因此密斯用在教学上的时间也就少了，他仅仅给研究生上课。和他的业务一样，密斯的名气与日俱增，他越来越不和本科生接触，结果也就脱离了学校的日常活动。

对研究生来说，他们有机会深入和全面地研究问题，其中许多学生相应成熟并且仰慕与密斯共同研究的收获。空间、结构、尺度和材料的表现问题得到加强。此外，许多研究生还在全面分析社会问题的基础上发展了这一系列的研究。这些研究大多是建筑群的综合处理，如大学校园及相应的问题等等。

值得提出的是在战后期间教师队伍中增加了一些新的成员，他们对教学改革曾起了一定的推进作用。其中考德威尔是类似彼得汉斯与希尔伯塞麦的主力。他进入IIT后曾在希尔伯塞麦的指导下取得城市规划的学位，其论文“风景城市：规划导论”给希尔伯塞麦留下了深刻的印象，随后他便被聘为教师。考德威尔的论文综合了园林和规划两方面的内容。他坚持技术的标准，注重材料和构造的细部。他的创造性教学成为他担任课程的特色。彼得汉斯则致力于视觉训练与历史课的教学，这样便于学生了解过去、现在和将来的建筑事业特点。

当密斯为伊利诺理工学院制定总平面规划时，他并没有对建筑作特殊的处理，只不过把建筑摆在总平面范围内。到40年代后期，密斯开始考虑用富有表现力的手法来设计。他认为建筑系馆这幢建筑不仅应当成为学生学习建筑的地方，而且要说明他的信念，就是让学生在这里懂得研究建筑是一种极有意义的活动。在克朗楼❶的落成典礼时，密斯将一把金钥匙交给伊利诺理工学院院长雷塔里亚塔，并致词道：

"然而金子不仅闪光，还有许多潜在的价值。我想那是金子的纯洁和永恒。这些性质，恰好象征我们所期望的这项作品的特征，而且将贯彻于这个建筑物中。

让这幢建筑成为理想和追求的发源地。真正的理想是建立在哲理与现实基础上的。

这幢建筑将对我们的学生非常有益，并且最终将对我们的文明社会是一种真正的贡献。

我知道这并非易事。高尚的事情从不容易。经验告诉我们，它们之所以难是因为它们难得。"

密斯在设计克朗楼时，他已快要从教学线上退休，这幢建筑可以看作是他三度空间教学计划的部分实现。该建筑内部是一个大通间，可以鼓励和希望学生观摩其它班级的教学。这样一年级学生可以看到四年级学生中用线条表现抽象思维的重要性，而四年级学生又可重新看到二年级视觉训练作业的必要性。学校的作用除了向学生灌输课程的步骤和思想外，克朗楼开敞性的客观环境也可以邀请群众来观赏作品。学校及其课程的宗旨是理性和联系现代社会问题，因此有必要向群众展示其理想以便被接受。除了这幢建筑本身的抽象性能代表学校的观点之外，它还能告诉人们应该追求什么样的建筑。建筑各部分的关系非常明确，你可以研究窗框，看到那些构件目前的装配方式；你可以研究玻璃，了解一种材料可能表现出的明确范围；你可以研究空间，注意它的效果和意义，进而研究与周围校园环境的关系；你可以研究光线，看到玻璃本身变幻成薄膜般的效果。这种薄膜既分隔内外空间，又可以获得新颖的艺术表现。整座克朗楼建筑就成了为学生表达教学计划的范例，它让学生知道了每一件美丽而新颖的事物都有其内在的道理和精确的计算。

1950年，密斯就校园设计问题曾和学生作了一次谈话，他说：

"……它既是激进的，同时又是保守的。之所以激进，是因为它接受了我们时代的进步力量，因为它不仅考虑了功能，而且注意了表现时代精神。之所以保守，是因为它建立在建筑永恒规律的基础之上，那就是：秩序、空间和比例。"

1953年，在格罗皮乌斯七十岁生日的庆祝会上，密斯在讲话中曾谈到：

"包豪斯不是一个具有明确计划的单位，它是一个理想……，之所以说它是一个理想，我认为是因为包豪斯给全世界所有进步学校所产生的巨大影响。这种影响不是靠一个组织可以达到的，也不是靠宣传，只有理想能波及四海。"

密斯认为如果一所学校既有明确的计划，又有明确的理想，那么这个学校就不同一般，而且二者是不可分的。同时密斯更意识到理想的重要性。在密斯从IIT退休以后，他还针对询问写了关于如何建设好一个建筑系的文章。

"……你必须首先明确你想要办什么样的学校。这个决定的本身将决定你学校的质量。你的师资队伍应尽可能很好地执行规定的任务，然而一个各行其事、迷失方向的师资队伍，即使是有才华教师组成的最佳阵容，也只能是混乱的。当前许多建筑学院正苦于缺乏方向，而不是缺乏热情和天才。如果学校和教师认为个性是必不可少的而且是很自然的话，那么在建筑上，表现个性是对问题的整个误解。而目前许多建筑学院往往有

---

❶克朗楼　S.R.Crown Hall，建筑系馆

意或无意地使学生认为做一个好的设计就是一个与众不同的设计，否则就被认为是水平不高。

我认为在建筑中，你必须直接面对结构问题。因此你必须了解建造过程。当你推敲结构，使结构成为时代的象征时，结构就开始升华为建筑艺术。每个建筑都有其等级，它并不是一座教堂。这些道理都必须了解和讲授。它的训练有自己的范围。我长期思考这一奇妙的问题，只有通过工作与思考的方式才能得到解答。如果我们的学校能够抓住问题的本质，在学生中发展一种明确的工作方法，学生的五年学习才是有价值的。

当你记住在大多数情况下，五年时间对建筑师来说是形成性格的时期时，五年时间就会觉得是一个相当短的时期。至少要完成二件事：掌握专业手段和发展明确的方向。而当学校本身方向不明确时，要去实行是不可能的。

实际上，你们具备两种可能性；(1) 确定一项教学计划并找一位能够很好贯彻这一计划的人；或者 (2) 找一位具有清晰思想的人，放手让他制定学校的教学计划。我未看到第一种情况能在一所著名的学校真正实现，而第二种情况则已经实现了好几次。”

1958 年密斯从 IIT 退休，丹福思❶ 任建筑系主任。1975 年正式成立建筑、规划和设计学院❷，由弗里德❸ 任院长。要使一种思想保持不变是困难的，密斯制定教学计划的指导思想已逐渐含混。导致这种结果有多方面的原因，其中包括有机构的变动和个人的因素。随着密斯的离任，有的教师也相继离去。

当奠基者们被他们的学生所取代时，出现了如何保持原有探索的激情和尊重前辈思想的问题。学校方面是希望尊重这种教学方式和保持原有的思想活力。但困难的是新教师虽然掌握了他们学过的东西，但却不知道如何去教。

众所周知，密斯学识渊博，了解哲学、宗教和科学。在给学生的一次演讲中，他以充分的道理叙述了坚持自己信念的理由：

“……逐渐地，一种思想转变成另一种思想。在这一过程中，你怀疑上千件事，但是凭经验和逻辑，你可以分析判断，直到你获得一种真正的信念，以致世界上没有任何人或事能够改变它。这就是它应有的方式。我不知是否告诉过你们关于我在德国有 3000 本书的时候。我用巨款买下了它们，并花了大量的时间去阅读。我随身带了其中的 300 本到美国，现在我可以送回去 270 本，而不会对我有什么损失。但是如果没有读过这 3000 本书，我就不会留下这 30 本书。”

密斯把自己的私人图书馆送给了芝加哥伊利诺大学，其原因之一是不让他的接班人准备接收伊利诺理工学院本来可能获得由密斯带到美国的 300 册书和密斯在美国收集的另外 300 册书。在 3000 册书中，对人的一生真正有用的可能就 30 本，3000 册书的选择必须由特定的人来决定。密斯认为他的接班人应该作出自己的探索。虽然密斯在 IIT 的成绩是突出的，但是后继者们却未能肩负起密斯权威的重担。

1949 年，在佩夫斯勒❹ 为《建筑评论》杂志编辑一期“建筑教育”专刊时，曾约请密斯写了一篇文章，其中有一段谈到他的办学观点：

“建筑教学计划是一种训练和教育的方法。它本身不是目的，而是依赖并服务于一

❶丹福思　George Danforth

❷建筑、规划和设计学院　College of Architecture，Planning and Design

❸弗里德　James Freed

❹佩夫斯勒　Nikolaus Pevsner

种哲学。缺乏哲理不是美德而是弱点。没有哲理的教学计划是不全面、不广泛的，甚至也不是中立的，而是模糊不清的。

在伊利诺理工学院中，我们关心结构的概念，把结构作为一种建筑构思。我们并不是在设计建筑物，而是在建造它们和发展它们。因此我们要关心的是正确使用材料和结构，以及它们的恰当表现。

因为建筑物是实际的工程，而不是纸上谈兵，所以我们认为工作的方法应该是建筑教育的本质问题。”

这段话说明了密斯深信哲理性思想的必要。不论在材料、尺度、比例或表现方面，密斯坚持使学生懂得建筑中不同构件的相互关系以及建筑在群体中的位置。

最近几年，伊利诺理工学院建筑系的领导正在变化的环境中努力理解和执行密斯过去制定的教学计划，并在解决有关的方法问题。当密斯执教时，他的总原则与实际解决问题的方法是完全一致的，他认为材料、技术、表现和构思都是建筑的关键问题。IIT 的教学计划在建筑教育、思想和实践中具有革命性的影响。现在它应该在吸取以往教学经验的基础上进一步发展，而为新一代的学生、建筑师和社会作出更大的贡献。

· IIT 建筑教学计划纲要 ·

1. 教学计划特点

理论与实践必须要符合客观规律的要求，并要作合理的安排，这是密斯一贯的教学思想。早在 30 年代初期，他就是本着这种思想在包豪斯中教学的，到了伊利诺理工学院以后，他仍然坚持这一观点，并根据美国的社会现实，走出了他独特的道路。有人说密斯比美国人还懂美国，这的确一语道破了密斯注重观察社会现实，善于掌握建筑发展规律的特点。

密斯在建筑设计教学中非常重视对学生进行空间与结构可能性的训练，他总是把庭院住宅设计作为一个适当的课题，因为它最接近生活，涉及的内容广泛，可以藉此来训练学生对新空间概念的认识，了解结构原理与各种墙体的布置方式，并可练习如何布置家具，如何把绘画、雕刻与建筑结合等等。

在伊利诺理工学院，密斯比较重视实际，他给建筑系的学生安排了许多专业知识课和技能课，使学生的基本知识与基本功比较扎实，以便日后能够应付各种社会上的实际任务。他在五年的建筑设计教学安排中突出地体现了这一思想。

第一年主要强调建筑制图，同时也培养学生形象方面的想象力。

第二年练习简单的砖、木、石结构的建筑设计，并进一步研究它的体量和比例。

第三年教学生按照功能分析，表现简单的住宅设计，后面有一个题目是进行钢和钢筋混凝土结构的建筑设计。

第四年参考已建成的优秀建筑实例，研究一些更复杂的设计问题，同时也学习一些城市规划。

第五年也就是最后一年，学生可以集中时间选择研究建筑学或城市规划。

在五年中，学生也要学习数学、结构力学，建筑历史与美术课程。他认为学生应该懂得过去时代的建造方法和各种类型建筑的基本原理，这样才能使学生不致停留在模仿阶段；而能够通过历史文化的不同背景更清楚地认识现在。安排上述课程，主要为了使学生掌握下列问题:

1. 结构作为建筑艺术因素，它的可能性与限度。

2. 空间成为建筑艺术问题。

3. 比例作为建筑艺术表现的手段。

4. 各种材料的表现价值。

5. 绘画、雕刻和建筑的关系。

1946年建筑系暂时迁入了校友会堂，1956年克朗楼建成后，建筑与设计学院又迁到新馆，这样可以使学生在做设计时有理论联系实际的直接形象。密斯很少发表著作，主要着重帮助学生解决设计中的实际问题，他认为只有最好的东西才能使人满意。密斯曾说："如果我要画一条直线，我就要画得尽可能的直；如果我钉钉子，我不会敲到手指。"这些话对学生是有一定影响的。从1938年密斯为建筑系制定的教学计划中可以看到他的教学思想是从建筑材料的研究和建造目的的分析着手，然后来进一步研究建筑设计与建筑艺术问题。

密斯指导学生做设计方案，不仅有明确的目的和思想，而且在设计方法上也有所创新，他让学生对建筑材料的选择可以用照片剪贴的方法来表现，结构部分要分清皮与骨，要研究它的结构可能性，并要结合模型来研究空间与比例之间的关系。学生的设计题目从住宅到公共建筑和城市，从小房间到宽阔的大厅都有。这些教学环节也可以通过透视图与周围环境的照片剪辑来完成。

2. 建筑设计教学大纲

密斯在伊利诺理工学院任职期间，曾为建筑系制定了教学计划原则与具体要求。他提出建筑学的五个基础是：结构、空间、比例、材料、和建筑艺术。学生毕业后可以根据个人的兴趣再从事某一方面的深入研究而继续攻读硕士学位。

密斯制定的建筑设计教学原则与要求如下页表:

<table>
<tr><th colspan="5">Ⅰ. 方　　法</th></tr>
<tr><th></th><th>材　　料</th><th>构　　造</th><th colspan="2">形　　式</th></tr>
<tr><td>木</td><td>何处和怎样获得
怎样做法
物理性能
结构性能
美学性质</td><td>木构造的不同做法</td><td rowspan="2">各种材料的结合方式</td><td rowspan="2">建立在各种结构类型基础上的基本建筑形式创作</td></tr>
<tr><td>石</td><td>何处和怎样获得
怎样做法
物理性能
结构性能
美学性质</td><td>石构造的不同做法</td></tr>
<tr><td>砖</td><td>何处和怎样获得
怎样做法
物理性能
结构性能
美学性质</td><td>砖构造的不同做法</td><td>同
上</td><td></td></tr>
<tr><td>钢</td><td>何处和怎样获得
怎样做法
物理性能
结构性能
美学性质</td><td>钢构造的不同做法</td><td>同
上</td><td></td></tr>
<tr><td>混凝土</td><td>何处和怎样获得
怎样做法
物理性能
结构性能
美学性质</td><td>混凝土构造的不同做法</td><td>同
上</td><td></td></tr>
<tr><td>填充材料
贴面材料
外墙材料
其它材料</td><td>何处和怎样获得
怎样做法
物理性能
结构性能
美学性质</td><td>这些材料在不同构造类型中的应用</td><td>同
上</td><td></td></tr>
</table>

<table>
<tr><th colspan="4">Ⅱ. 目　的</th></tr>
<tr><td>居住建筑</td><td>独户住宅
多户住宅
公寓式住宅
旅馆
俱乐部
休养所
宿舍
机关</td><td rowspan="4">各种建筑功能的分析</td><td rowspan="4">室内装修
材料
构造
目的
处理</td></tr>
<tr><td>商业建筑</td><td>商店
办公室
展览空间
银行
餐厅
仓库</td></tr>
<tr><td>工业建筑</td><td>轻工业
重工业
联合工厂</td></tr>
<tr><td>公共建筑</td><td>学校
图书馆
教室
会堂
剧院
博物馆
医院
交通建筑
政府大厦</td></tr>
<tr><td colspan="4">建筑的组合与社区一致
根据社会的要求：居住
工作
行政办公
娱乐
文化
根据技术的要求：地形
建筑发展的类型
环境卫生
交通</td></tr>
<tr><td colspan="4">现有城市的改造</td></tr>
<tr><td colspan="4">区域规划</td></tr>
</table>

Ⅲ. 规 划 与 创 作
1. 根据时代要求: 材料的组织形式 功能的组织形式 精神的组织形式 时代的支持力与组合力的分析
2. 安排的可能性: 机械论——过份强调材料与功能 唯心论——过份强调理想 有机论——认为决定的因素是基本的意义和各个部分与整体间的关系，适当的目的与功能
3. 建筑形式的要素: 墙与门窗 表面与深度 空间与实体 材料与色彩 光与影 轻与重
4. 建筑的结构形式: 根据施工方法与不同的组织形式决定 建筑结构
5. 实现有机建筑的任务
6. 建筑、绘画与雕刻作为创作的统一体

3. 视觉训练

视觉训练这门课主要是伊利诺理工学院建筑系用以训练学生眼睛对设计的感觉，并培养学生对比例、形式、色彩、质地、空间方面的审美鉴赏力。作业的范围包括有抽象的图形，也有具体的建筑与工艺品的形式，这些内容都是与视觉训练的要求相结合的。作业的安排自成体系，它不以技术条件为依据。从实质上看，视觉训练是建筑师与工业设计师的专业基础之一，其它的课程都无法取代它的作用，只有通过反复的训练，才可以使学生具有较高的水平。

这门课程接近于工艺美术训练，但强调的是体形，围绕建筑艺术有关的基础进行训练。由于训练的重点是视觉，因此不以徒手画为标准，严格的线条练习可以培养学生对建筑特征与形式的认识，从而以后能创造符合实际的作品。

在视觉训练中，除了注意形体与线条，也进行色彩图案的组合训练，并在建筑平面、立面、内部作业中体现出来。空间与比例的训练可以通过平面剪贴和模型制作来达到要求。所有这些单项的训练最后都是希望能集中到整体建筑上，使学生具有符合实际的工作方法。

1965年伊利诺理工学院建筑系准备将彼得汉斯（Peterhans）过去担任这门课的作业编成图集出版，以便说明视觉训练的重要性。当时曾请已退休的密斯为该书写序，下面就是密斯于1965年2月5日在芝加哥为该书所写序言的摘录：

"1930年我在德绍接管包豪斯学校，当时彼得汉斯是摄影系主任，我从学生那里了解到他的教学情况与他对学生的训练方式。他不仅是第一流的摄影师，而且个性很强，有广博的知识，特别是在数学、历史和哲学方面尤为突出。

我到芝加哥担任伊利诺理工学院建筑系主任后，邀请了彼得汉斯和城市规划专家希尔伯塞麦来当教师，以便和我合作，目的是为了培养和教育年轻一代的建筑师要开一些新课。面对着从一年级到毕业班各种不同的水平，我们只能从一年级入手来进行适当的训练。由于按步就班的教学，一年级学生获得了很大的进步，渐渐符合我们的预期目标。

我相信新生通过正确的练习，一年以后可以成为一个合格的绘图员。后来我要彼得汉斯开一门课，以便能和高班学生的课程取得联系。他做得很成功，并在这门课中，以简洁、清晰、准确的练习作为训练的基础，让学生知道要学习什么样的基本功。然而后来我发现虽然学生们开始懂得我说的比例的重要性，但是他们在作业中却丝毫未能表现出他们的体会。于是我又和彼得汉斯讨论再开一门新课，主要训练眼睛，让学生形成比例的感觉。这门课是在一年级上完基础课之后才开，可以放在二年级前面上，后来彼得汉斯把这门课称之为"视觉训练"。视觉训练课的结果根本改变了学生的思维方式，消除了作业中的盲目性和糊涂观点，学生们学会了舍去毫无目的的线条，真正理解了所表现的比例。虽然特别有才华的学生偶而能作出一些图面被博物馆收藏，但是这门课的目的决不是为了创作艺术品，而是为了训练眼睛。"

·密斯学派·

"学派"一词源于拉丁文，意为老师的追随者，在这里是指由个人特征所产生的一种思潮。

众所周知，第一批摩天楼于19世纪八、九十年代在芝加哥诞生，结构是采用钢框架。密斯到芝加哥后不久就说："现代建筑最重要的思想就是在芝加哥发展起来的框架建筑的思想。"许多杰出的建筑师如詹尼、伯翰、鲁特和沙利文等人曾开创了一个建筑发展的新局面，后来被称之为"芝加哥学派"。半个世纪以后，密斯在芝加哥继承了这一传统，并力求去进一步改进它与发展它，于是这样便在芝加哥出现了第二个建筑学派——“密斯学派”。密斯与沙利文的观点“形式服从功能”相反，他认为形式不会变而功能在变。密斯说：“我们不能让功能限制设计，而是要创造一个大房间适合任何一种功能的需要。”而且密斯还给空间与结构在现代建筑中以恰当的地位，他说：“我给建筑带来了明确性、合理性和现代处理手法，并且打开了空间。我发展了结构，而且在许多建筑中表现它。”

简言之，密斯学派可以理解为建筑作品是按照结构来表现的一种形式，在这种形式范围内可以有各种变化的可能。随着技术成就的不断发展，使后继者们敢于更改创新，但又不偏离基本原则，密斯学派的生命力就在于一旦确定了一个原则，就要坚持下去，直到许多年以后才改变。我们可以看到这种空间与结构的基本法则在密斯作品的每个细部中都能表现出来。

密斯喜欢说“发展”方案，而不说“设计”方案。他说：“我们不能制造设计，我们先要考虑有可能做的，然后我们才去努力发展它和接受它。我们是根据评论的准则来发展的。”

密斯的空间概念总是建立在规则的构造基础上，它的模数尺寸可以是重复的或者是按照一种有规律的方式进行变化。重要的问题是构造必须要形成为一个合乎逻辑的整体。密斯说：“当清晰的构造升华为精确的表现时，那就是我称之为的建筑艺术。”他的这种哲学观点与维奥勒特·勒·都克（Viollet—Le—Duc，1814—79）的理论有关，密斯很崇拜他。在维奥勒特·勒·都克看来，建筑就是用时代的技术手段与方法使建造目的得到实现。他认为真实就是意味着要满足所有目的的要求。不象许多其他同辈建筑师那样认为建筑艺术形式是自由的表现，而他认为建筑艺术形式是一种有规律的构造的结果。

框架的直角和形象作为一种有秩序的方法和作为一种建筑设计的基础，已在密斯建筑的特殊构件中表现出来。这种皮与骨的明确概念曾引起荷兰画家陶爱斯保的兴趣，他在给密斯的信中称密斯为解剖学建筑师。密斯看到在建筑中的承重构件与填充构件之间的关系很象人体一样，它的生理是变化的，但是骨架不变。建筑的外皮采用玻璃幕墙，可以使清晰的结构成为建筑艺术的基础，这是密斯的一大创造，也是密斯学派的主要原则。密斯的这种原则有利于解决现代结构问题，也有利于工业化建造，同时也可以给后继者们有变更发展的余地。今天，整个美国都出现了一片新的建筑面貌，高大的办公楼通体采用玻璃作外墙，窗棂的优美几何图案成了玻璃外墙的重要装饰，随之而来的还有各种各样的有色隔热玻璃和经过化学处理而成的五颜六色的铝合金框架与外墙。这种新的建筑风格不仅流行于美国，而且已遍及世界，它就是现在建筑界称之为的“密斯风格”，在密斯风格正是“密斯学派”的具体表现。

密斯学派的特点和密斯的个性有密切的关系。他那种严谨而有秩序的性格可能是受过去环境的影响。由于他年轻时的家庭条件和德国的社会状况促使密斯注重实际的作风，因此他一直崇尚理性的哲学思想，在他的住宅中，随手可以拿到圣·奥古斯丁、老子、伯坦迪克❶、哈特曼❷等人的著作，也可以看到物理学家施诺丁格尔❸的书，墙上还挂有蒙德里安和保罗·克莱❹的画，以及库尔特·斯韦特尔斯❺的剪贴图案。这些人都是密斯尊敬的对象。因为这些人既是想象力丰富并有创造性的思想家，又是求实的理性主义者，密斯从这些

❶伯坦迪克　Buytendijk
❷哈特曼　Hartmann
❸施诺丁格尔　Schroedinger
❹保罗·克莱　Paul Klee
❺库尔特·斯韦特尔斯　Kurt Schwitters

人的观点中吸取了营养，奠定了他自己的思想基础。

年青时代的学徒生活对密斯后来注意建筑材料的应用与细部的处理很有帮助，因此他的作品总是能和他的设想一致。他说:“我想在做的过程中才可以检验我的想法。”又说:“我要想我所做的事，感觉应该要由实践来衡量。”这些话都说明了他希望自己的想法能够与客观现实一致，注重让实践来检验理论。密斯对任何事都很严格，一丝不苟，讲究秩序。他说:“秩序就是事物之间的关系，”而且他还经常用圣·奥古斯丁的话教导学生。

从实际出发，注重建筑功能的合理性与结构的明确性是密斯教导学生的准则。密斯说:“我认为我的作品对其他人的影响就在于作品的合理性。每个人都能够这样做而不致模仿，因为作品本身完全是客观的。我想如果我自己找到了某种客观的东西，我就会充分应用它，这与它从何而来毫无关系。”

密斯从1918—1968年的50年创作实践中，根据他的设计思想与结构原理实现了五种类型的作品:

1. 棱柱形与多边形平面的玻璃摩天楼方案（如1921—1922年的方案）;

2. 用钢柱子的开敞式房屋（如1929年建的巴塞罗那展览馆与1930年建的吐根哈特住宅）;

3. 钢框架的全玻璃外墙住宅（如1945—50年建的范斯沃斯住宅）;

4. 钢框架和玻璃幕墙的公寓和办公楼（如1948—51年建的芝加哥湖滨公寓和1954—58年建的纽约西格拉姆大厦）;

5. 横跨屋顶的钢框架建筑（如1950—56年建的克朗楼，1962—68年建的柏林新国家美术馆）。

密斯许多年探索清晰的结构和功能合理的平面是在德国特定的环境中诞生的，而后来在美国找到了有利的土壤，并在那种先进的技术条件下开花结果。密斯从不为求新求奇而创造新东西，他的作品都是经济合理地利用材料，符合功能要求，并做到结构简洁，细部精练，因此这些建筑都表现了时代的美。密斯的影响已远远超出了芝加哥而遍及世界。

·伊利诺理工学院学生作品·

A 伊利诺理工学院视觉训练课作业·1965

Visual Training Course

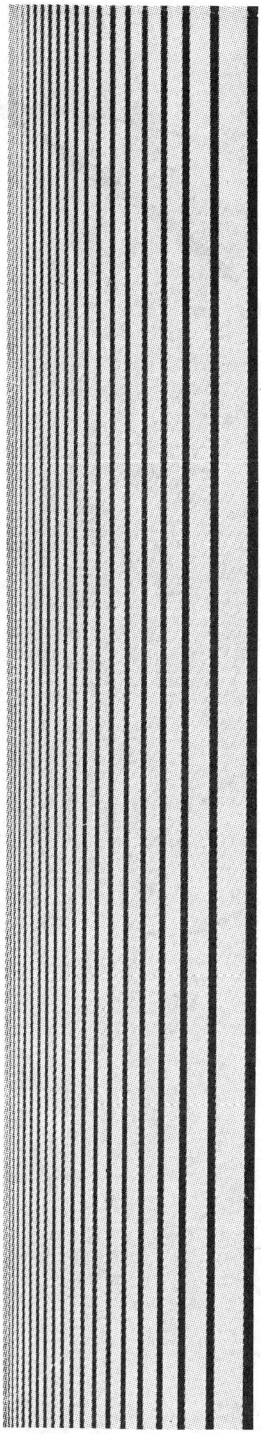

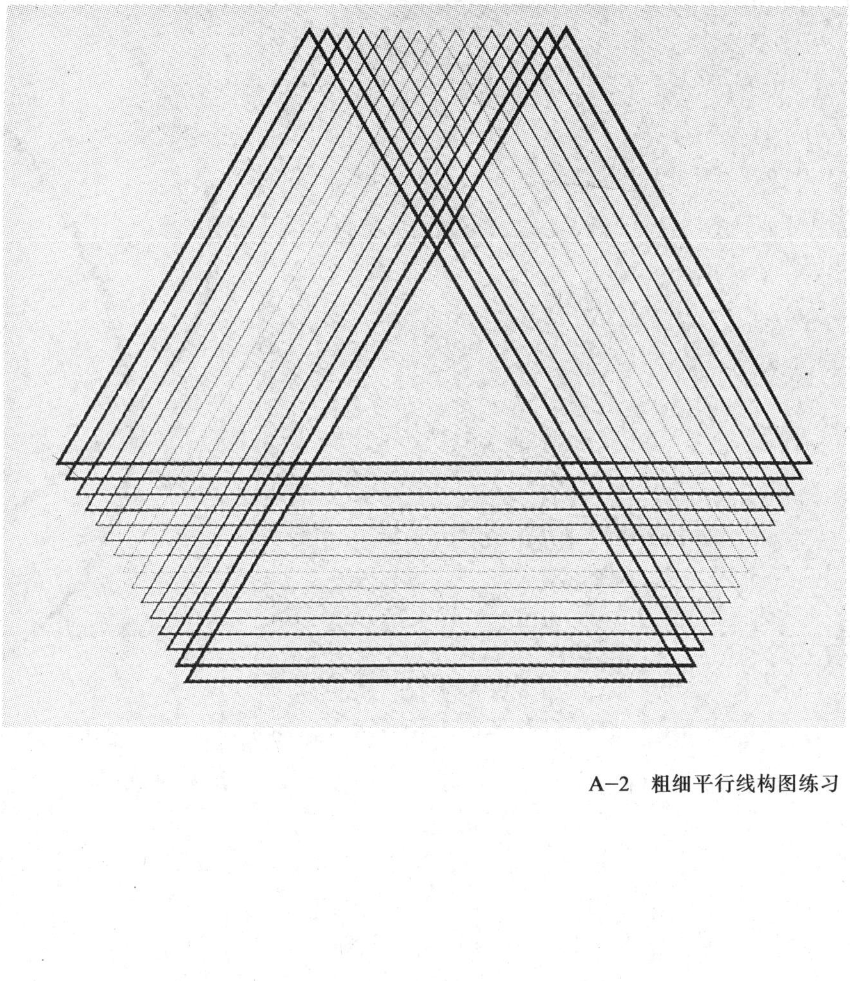

A-2 粗细平行线构图练习

A-1 平行线韵律练习

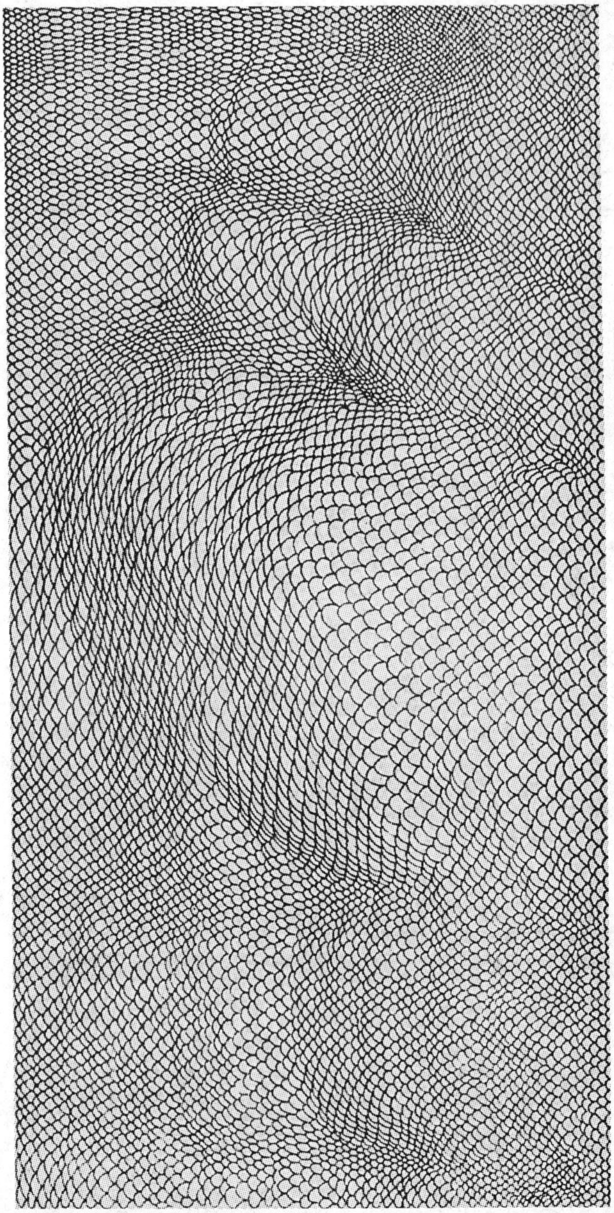

A-3　质感与节奏的变化

A-4　曲线练习

A-5　直线构图练习

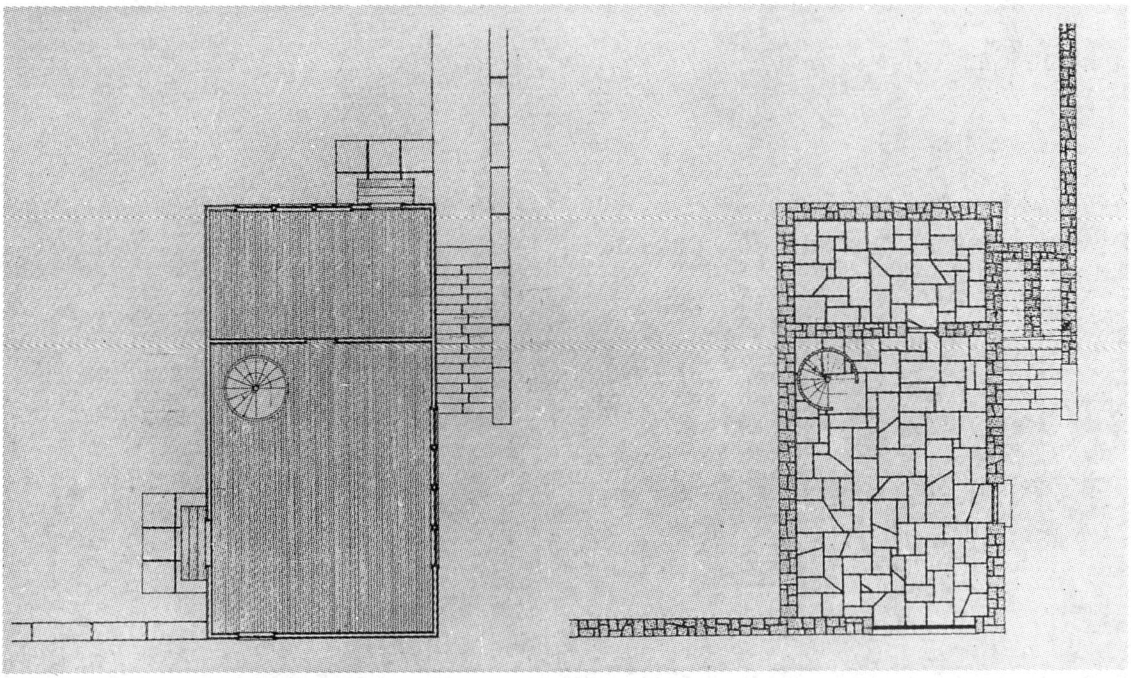

A-6　平面表示材料与构造

A-7　表现构造细部

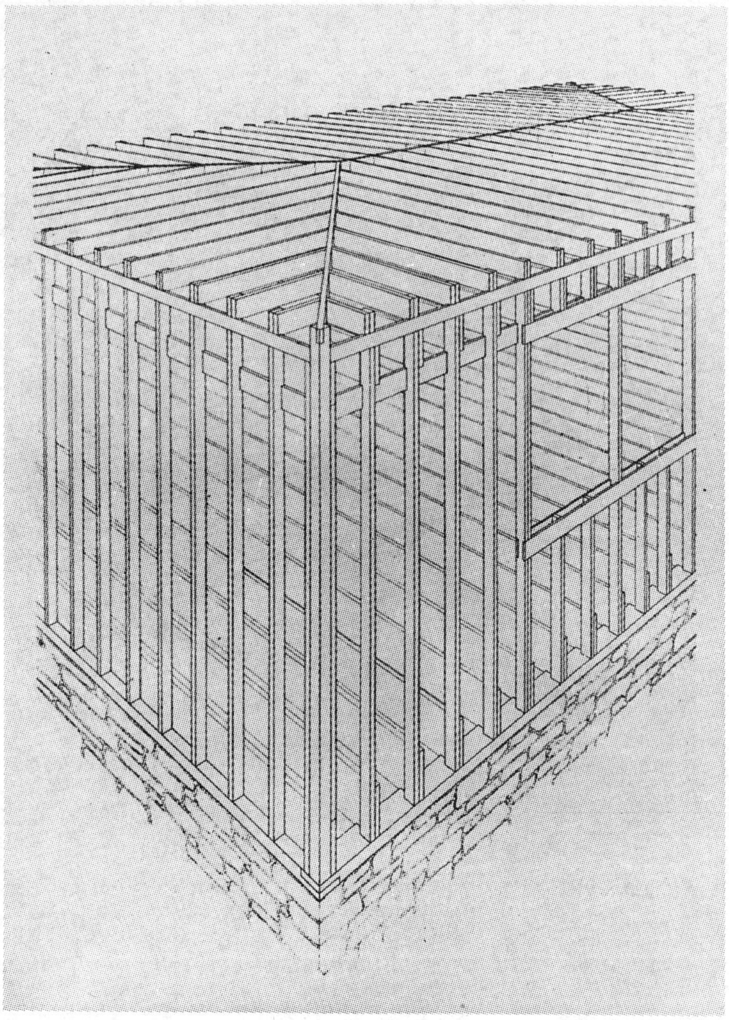

A-8　用透视图表示木构造与石构造

A–9　用剪贴法表现外面院墙及内部隔墙和钢柱

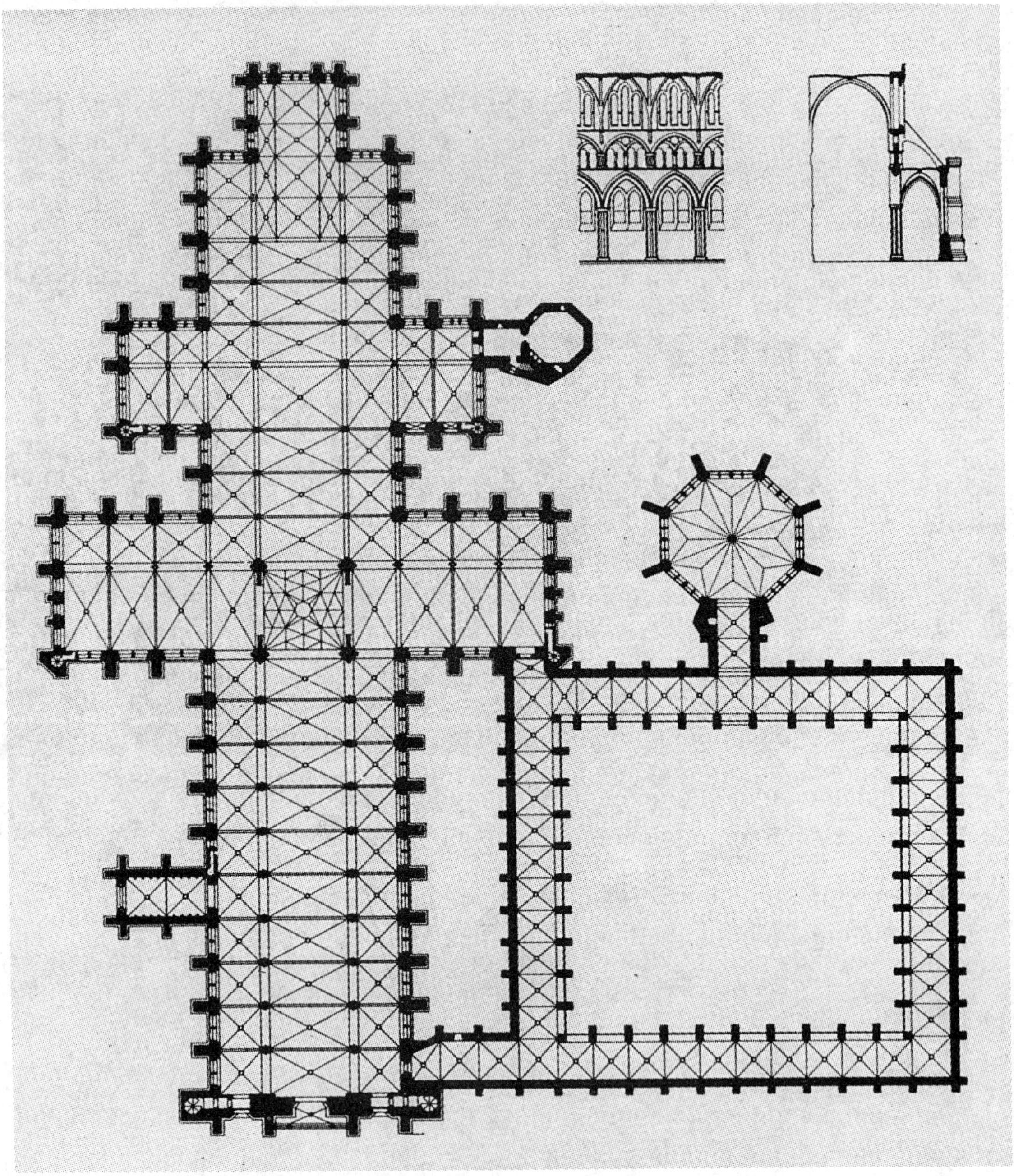

B–1 英国 索尔兹伯里 圣玛丽教堂·1220–75
Cathedral Church of St.Mary, Salisbury, England, 1220–75.
(Drawing by Peter Blinn)

B–2 印度 阿格拉 泰姬·马哈尔陵·1632–43
Tâj Mahal, Agra, India, by Makramat Khan, 1632–43.
(Drawing by Timothy J. Anderson)

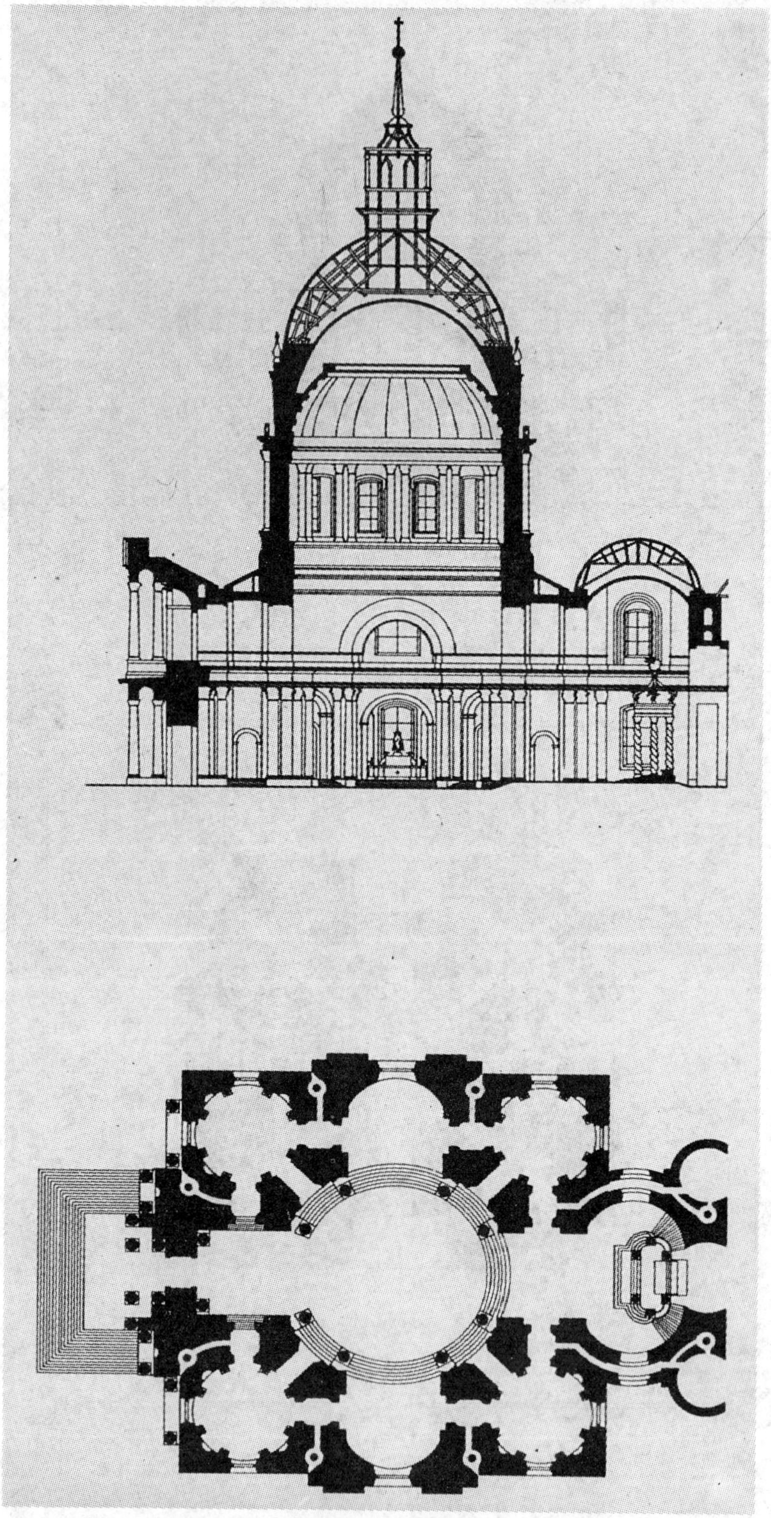

B–3 巴黎 残废军人新教堂・1675–1706
St. Louis des Invalides, Paris, by Jules H. Mansart, 1675–1706
(Drawing by Sarah K. Lavicka)

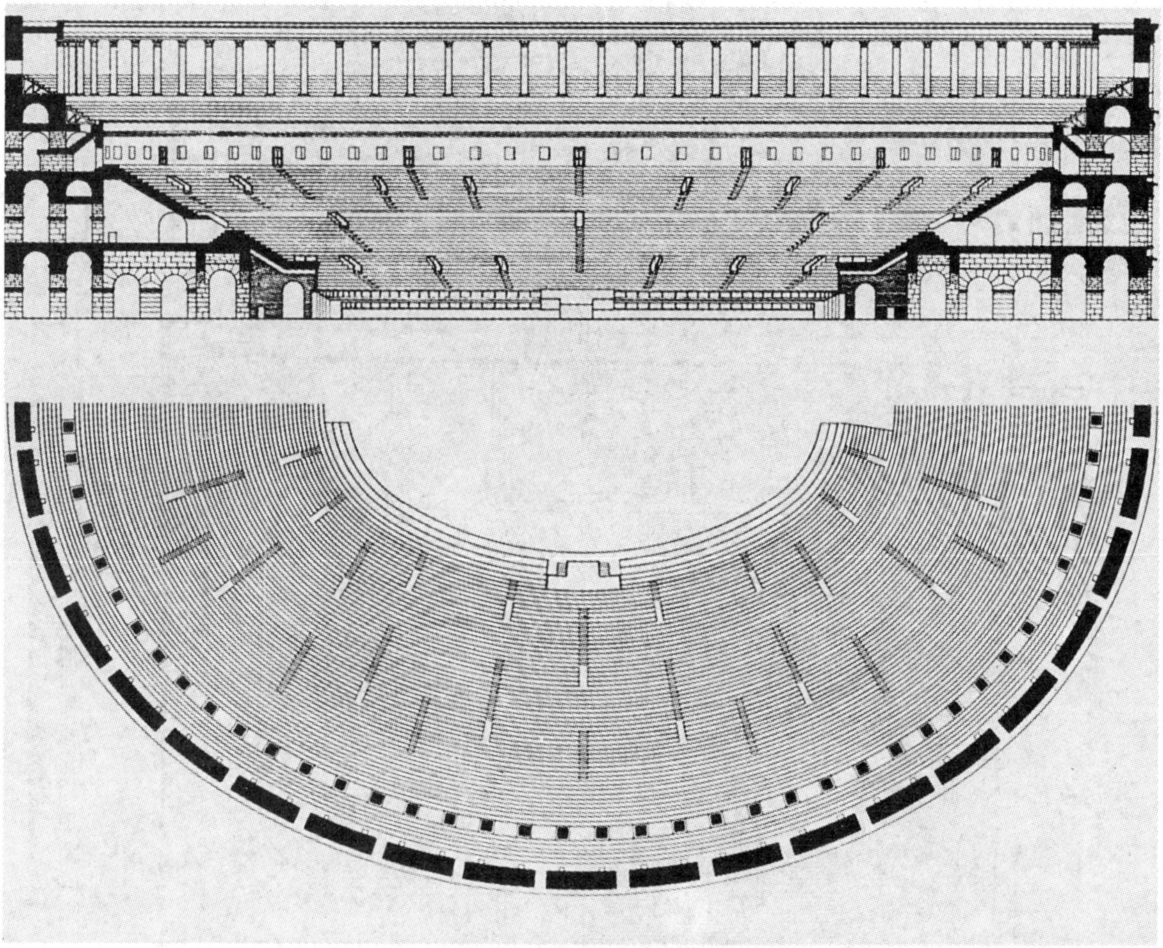

B–4 罗马 大斗兽场・72–82
The Colosseum, Rome, by Vespasian, 70–82 A.D
(Drawing by Peter J.Eckroth)

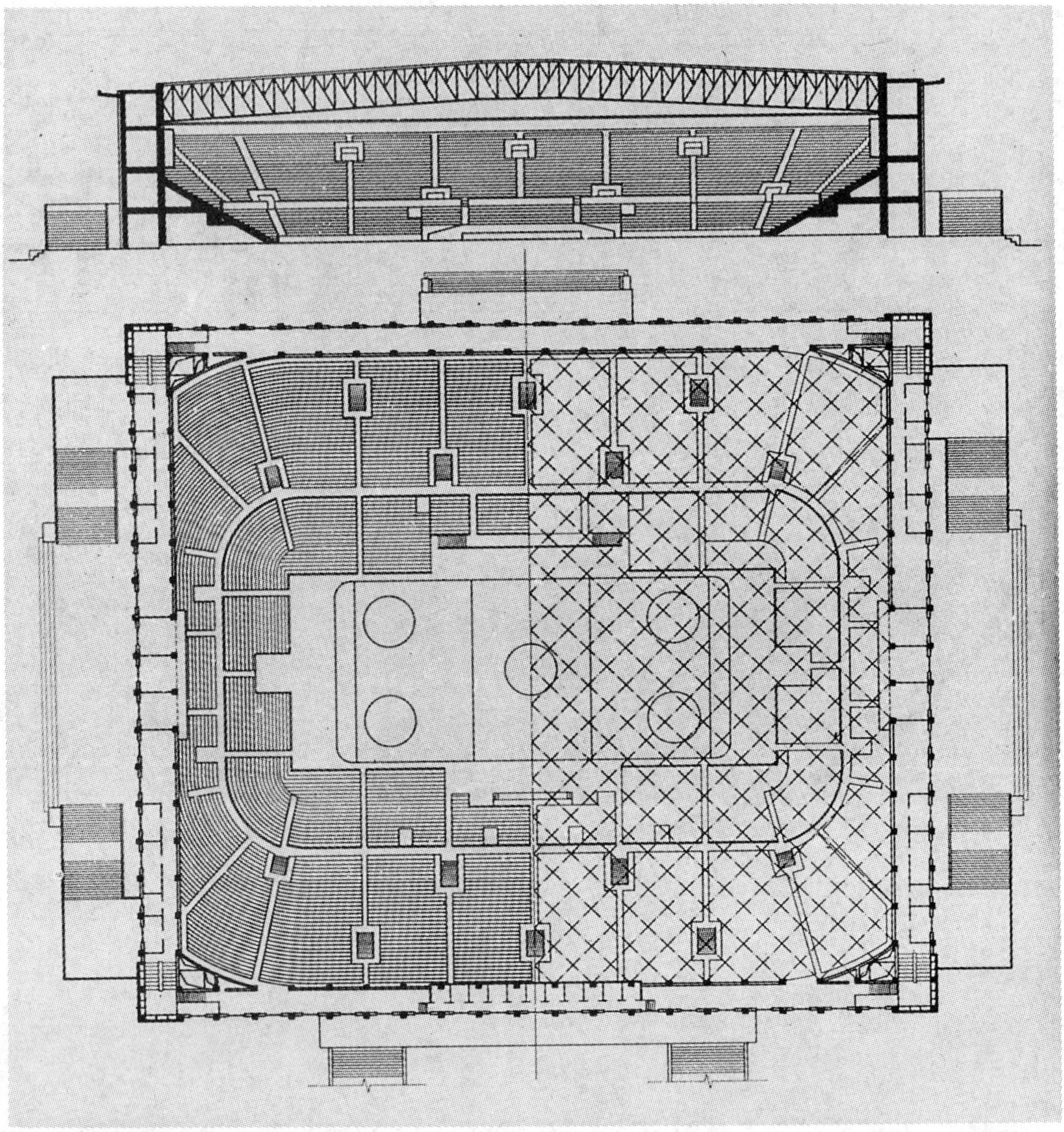

B—5 北京 首都体育馆·1966
The Capital Indoor Stadium, Beijing, 1966.
(Drawing by Steven Chiu Min Au)

C–1　芝加哥　乌尔特拉高层钢筋混凝土办公楼方案(模型)·1968
三座方塔为116层, 高1427英尺.
An Ultra High–Rise Concrete Office Building, by Robin Hodgkinson

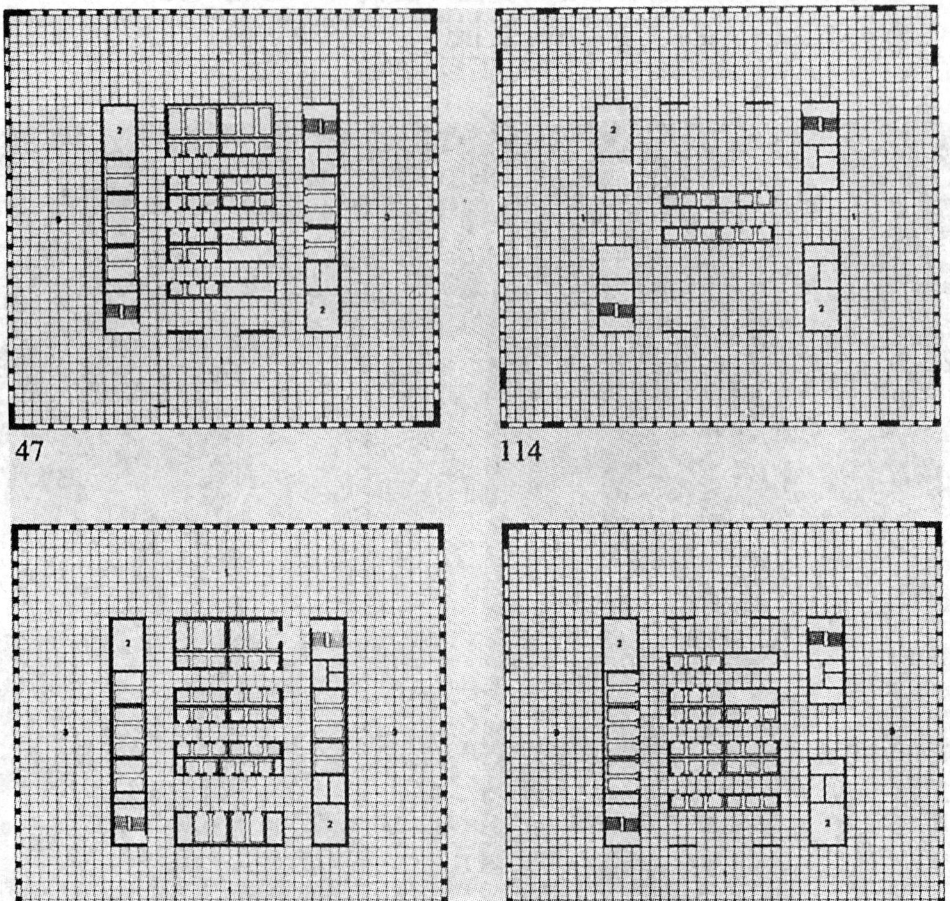

C-2　乌尔特拉高层办公楼平面

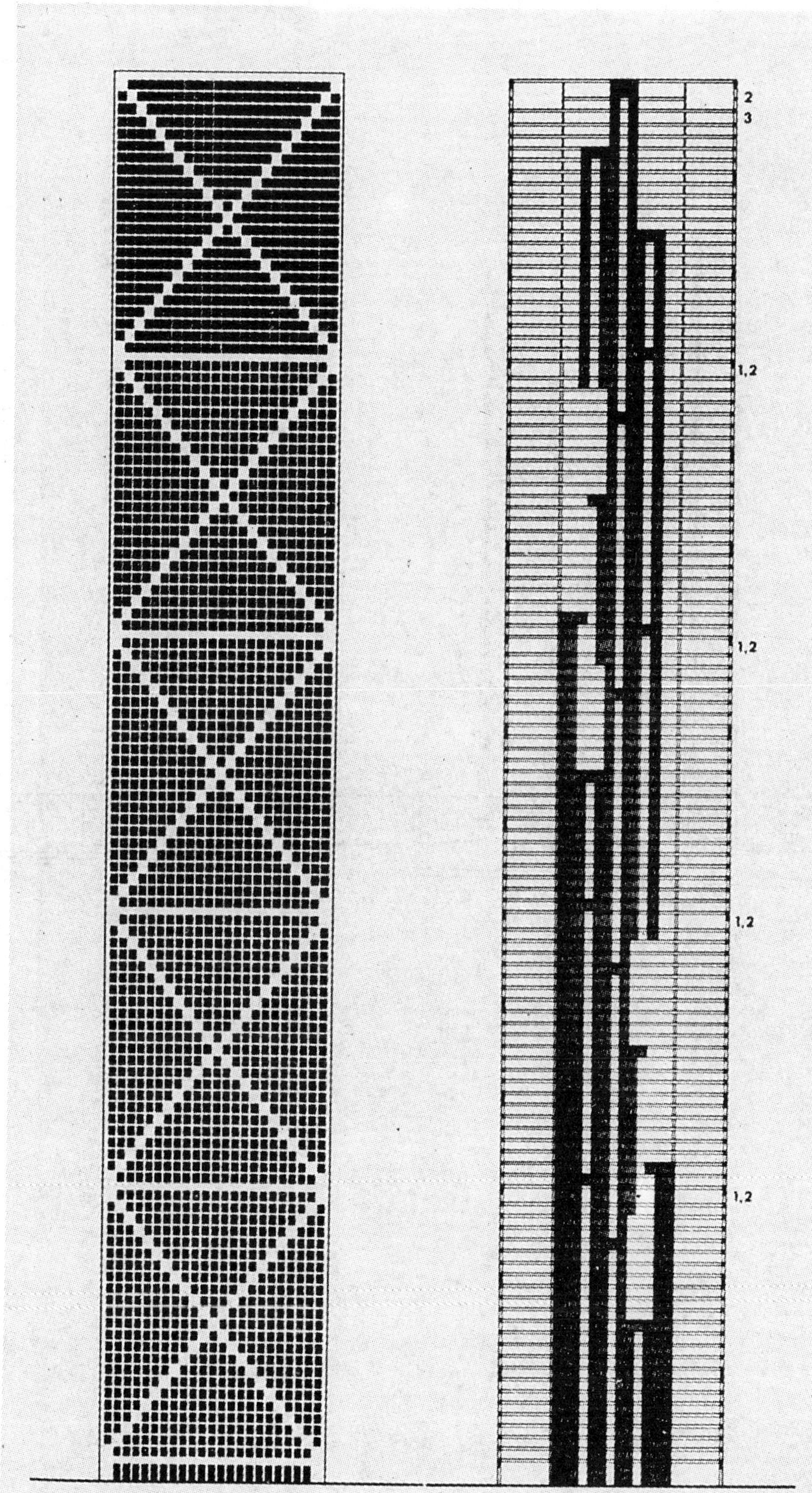

C–3　乌尔特拉高层办公楼立面与剖面

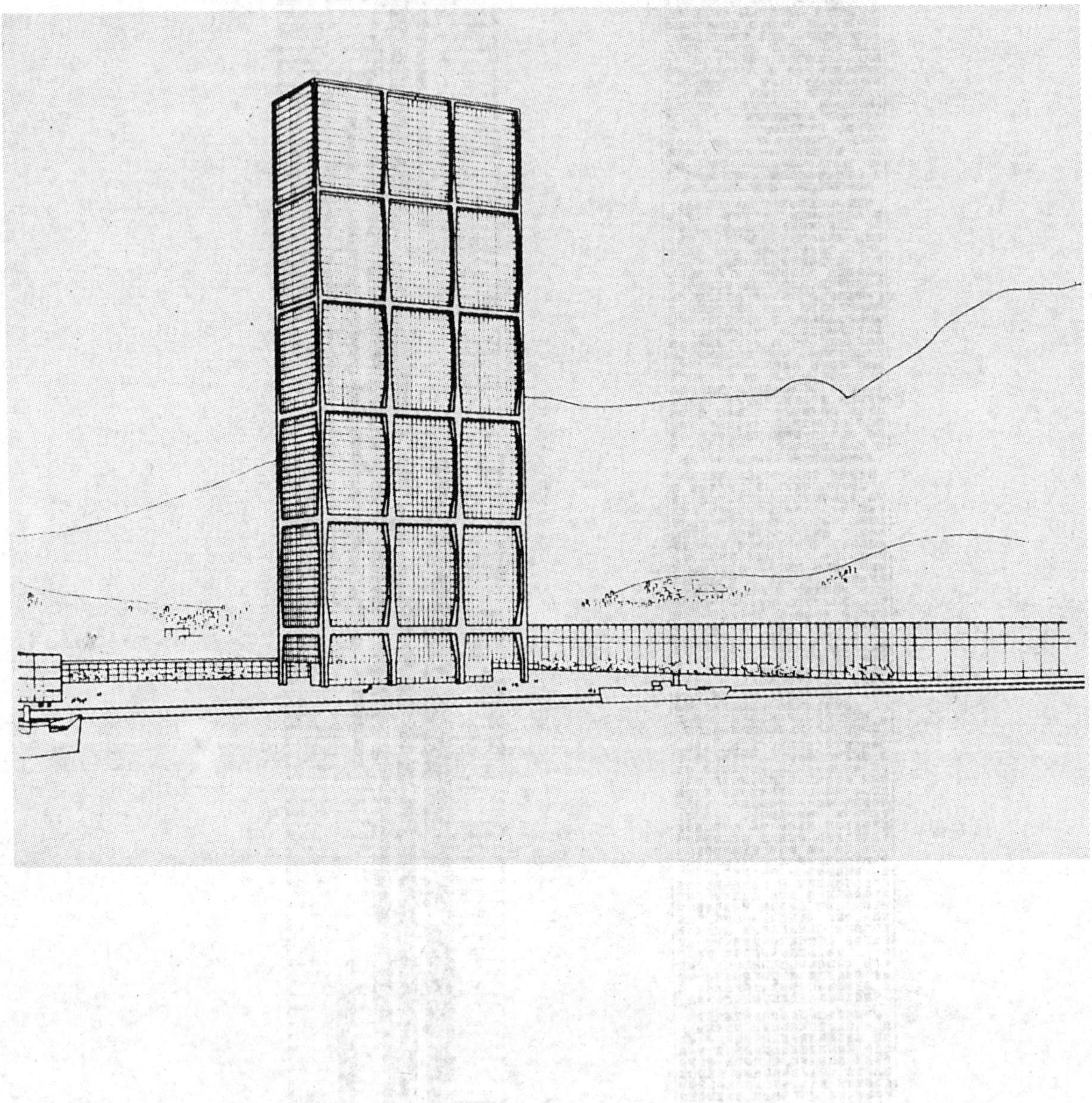

C–4　86层高楼设计方案，骨架为钢筋混凝土结构·1953
An 86–floor High–rise Building, Submitted by Myron Goldsmith

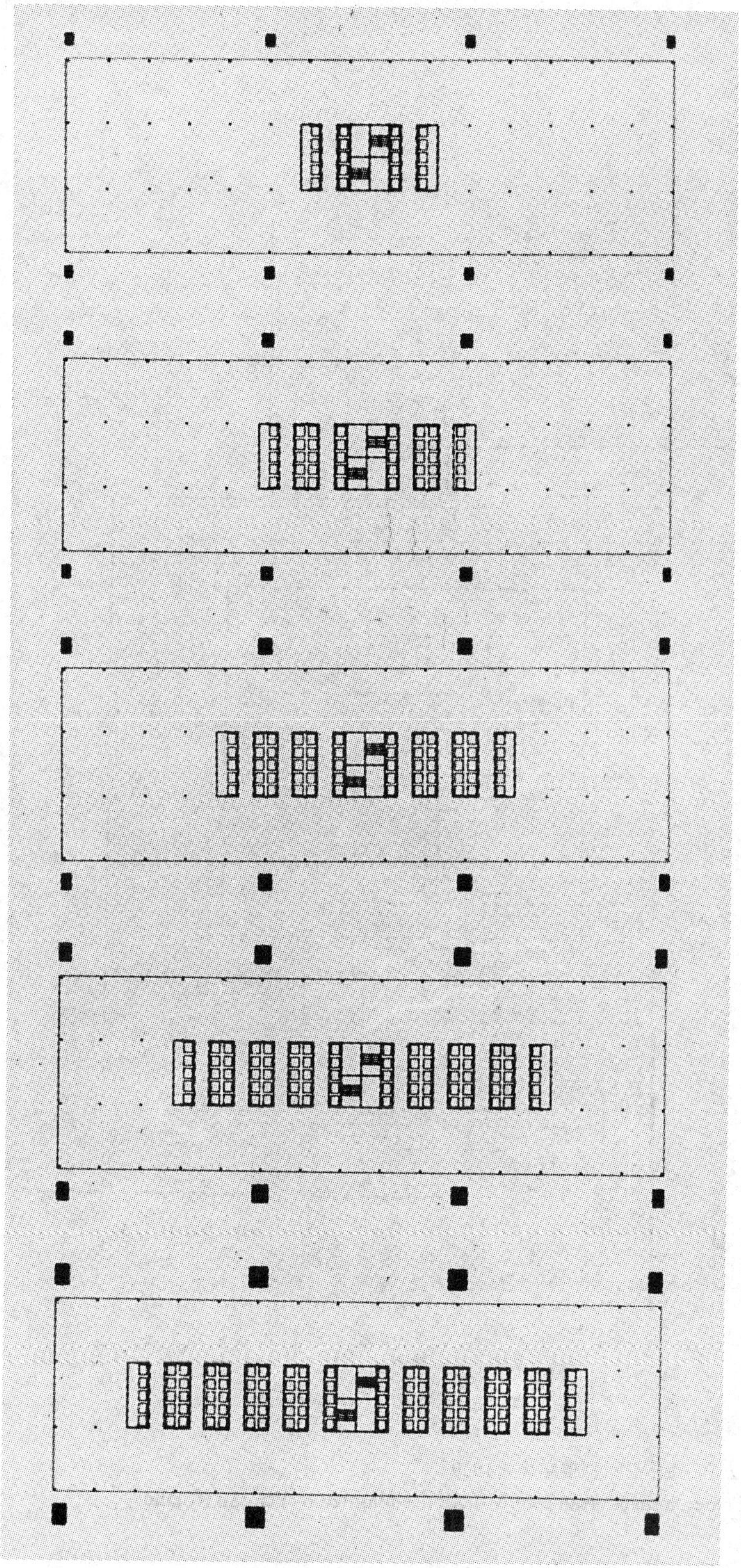

C-5　86层高楼方案平面

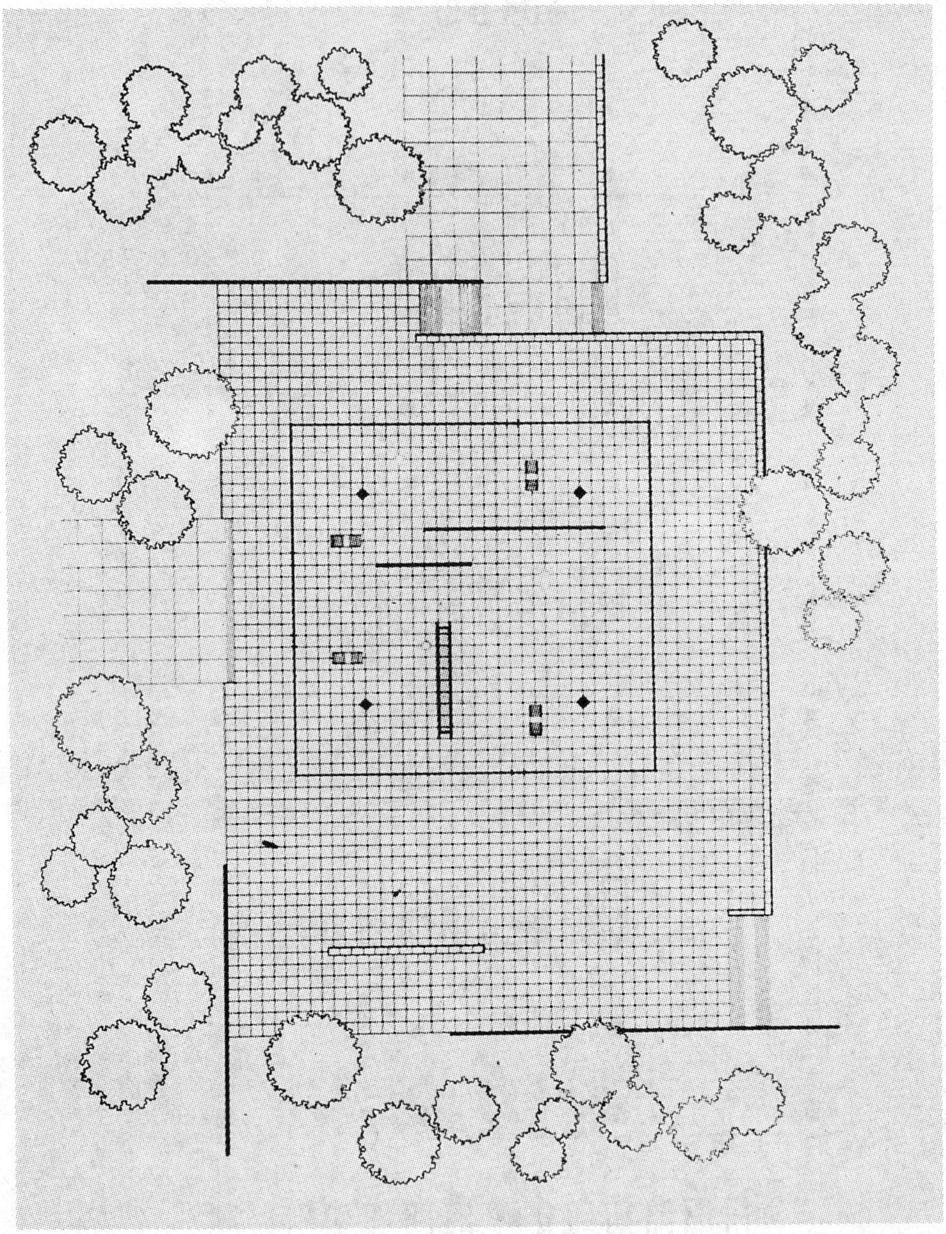

C–6 艺术中心方案平面，空间骨架结构·1959
An Arts Center, a space–frame construction, submitted by Conrad Roland

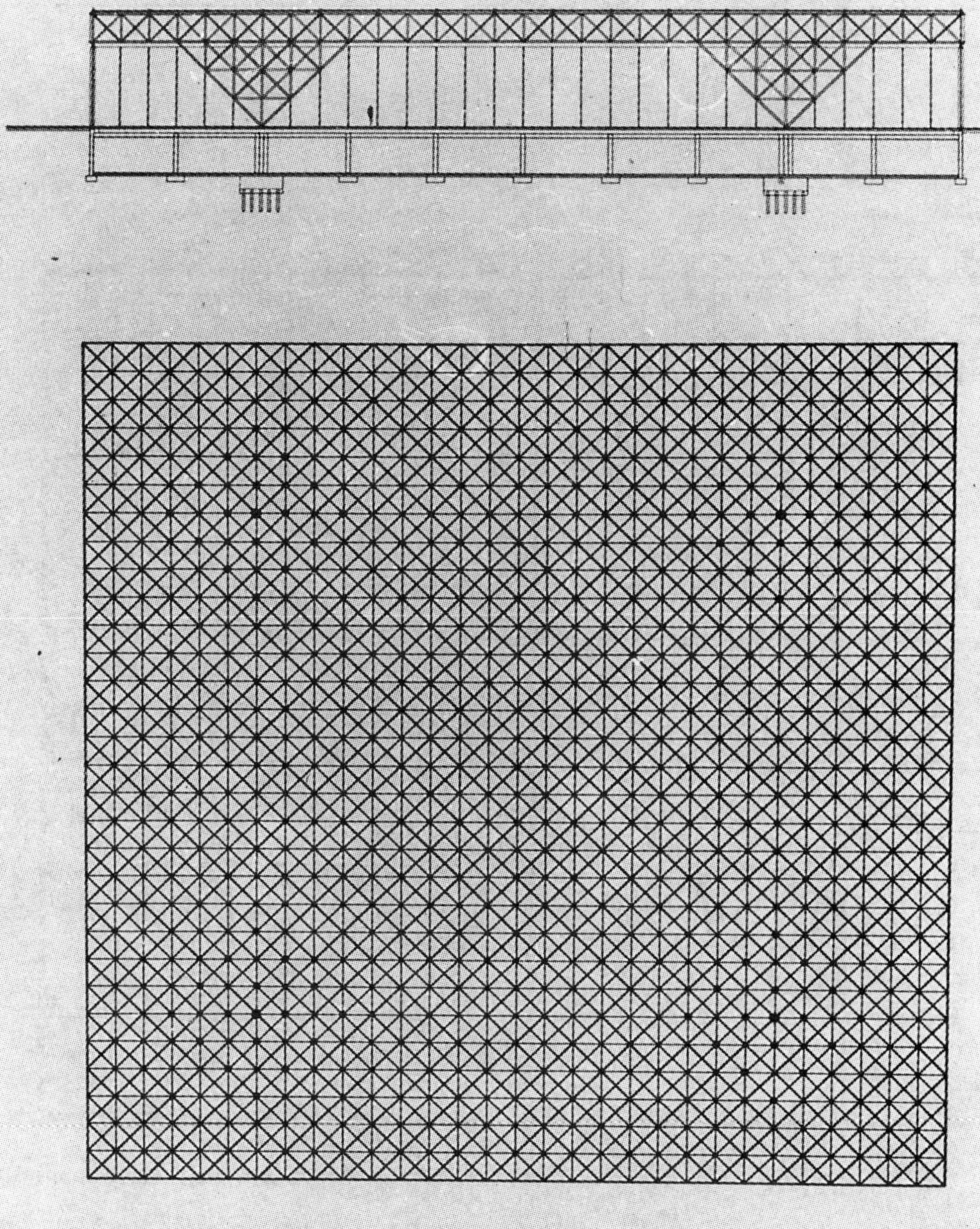

C−7　艺术中心方案剖面与屋顶结构平面

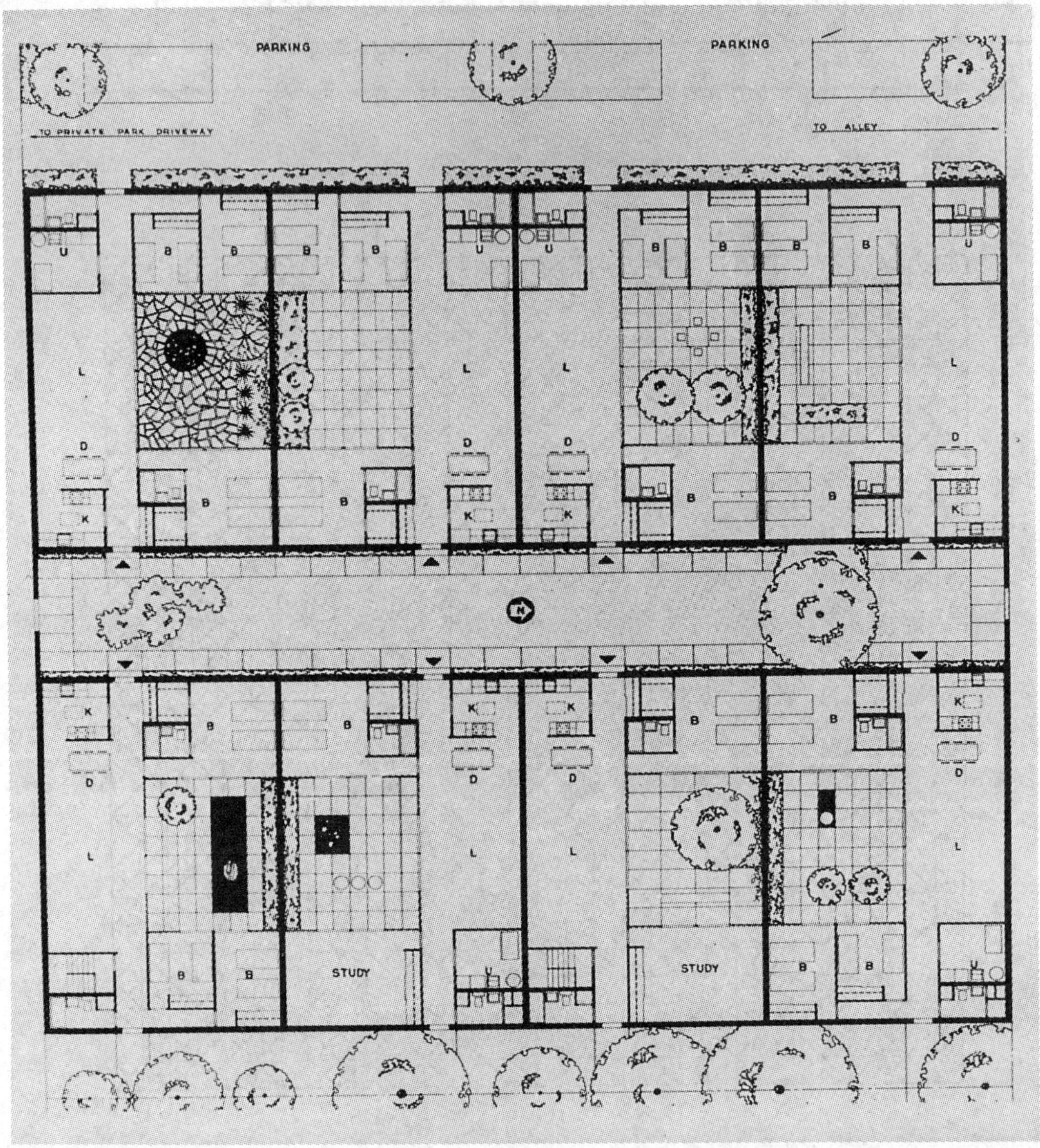

D–1　芝加哥　海德公园　内院式住宅平面·1961
Atrium Houses, Hyde Park, Chicago, by Y.C.Wong

D–2　内院式住宅庭院

D–3 芝加哥 湖塔公寓外观·1965–68

Lake Point Tower, Chicago, by George Schipporeit and John C. Heinrich

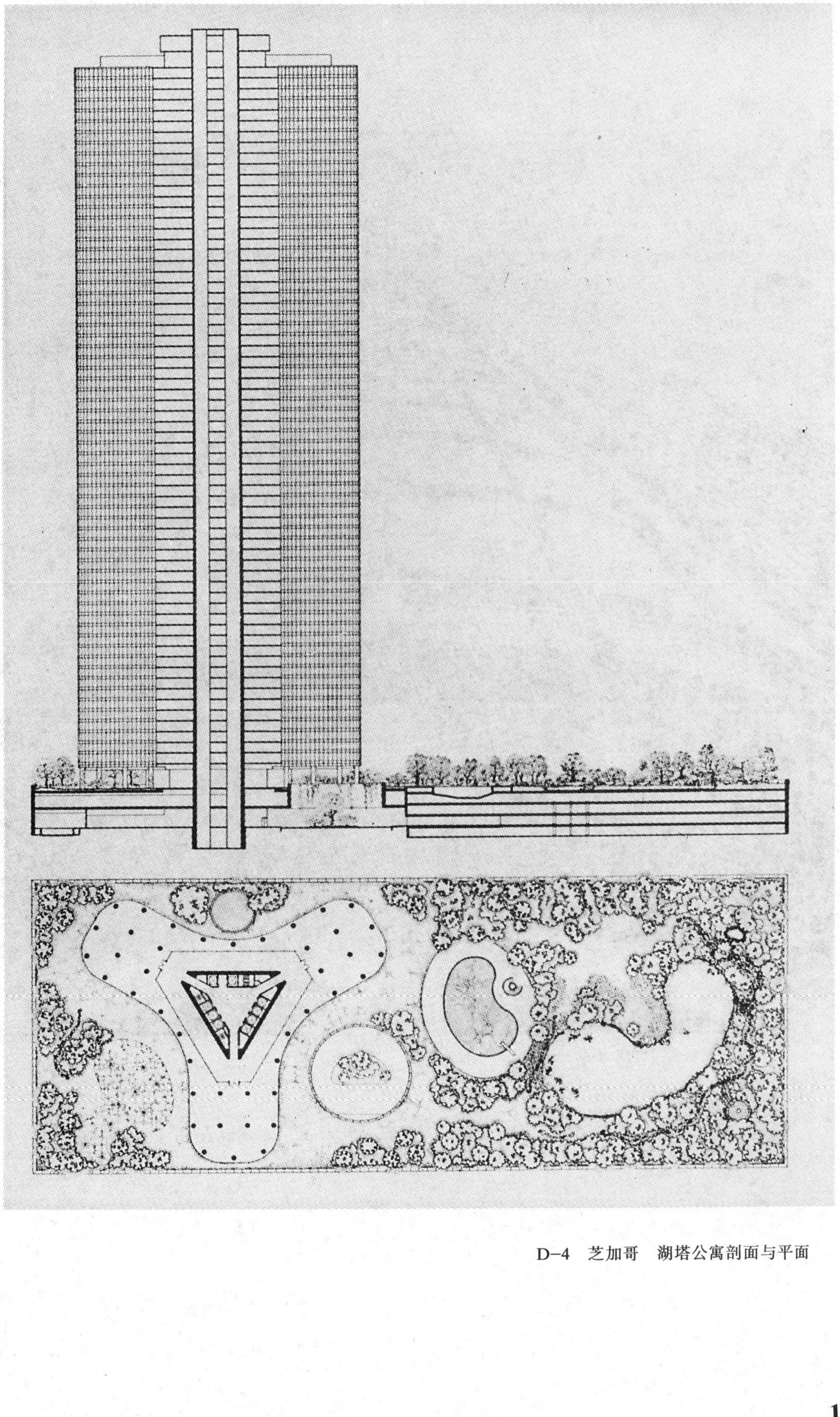

D–4　芝加哥　湖塔公寓剖面与平面

D–5　芝加哥　湖塔公寓外皮细部

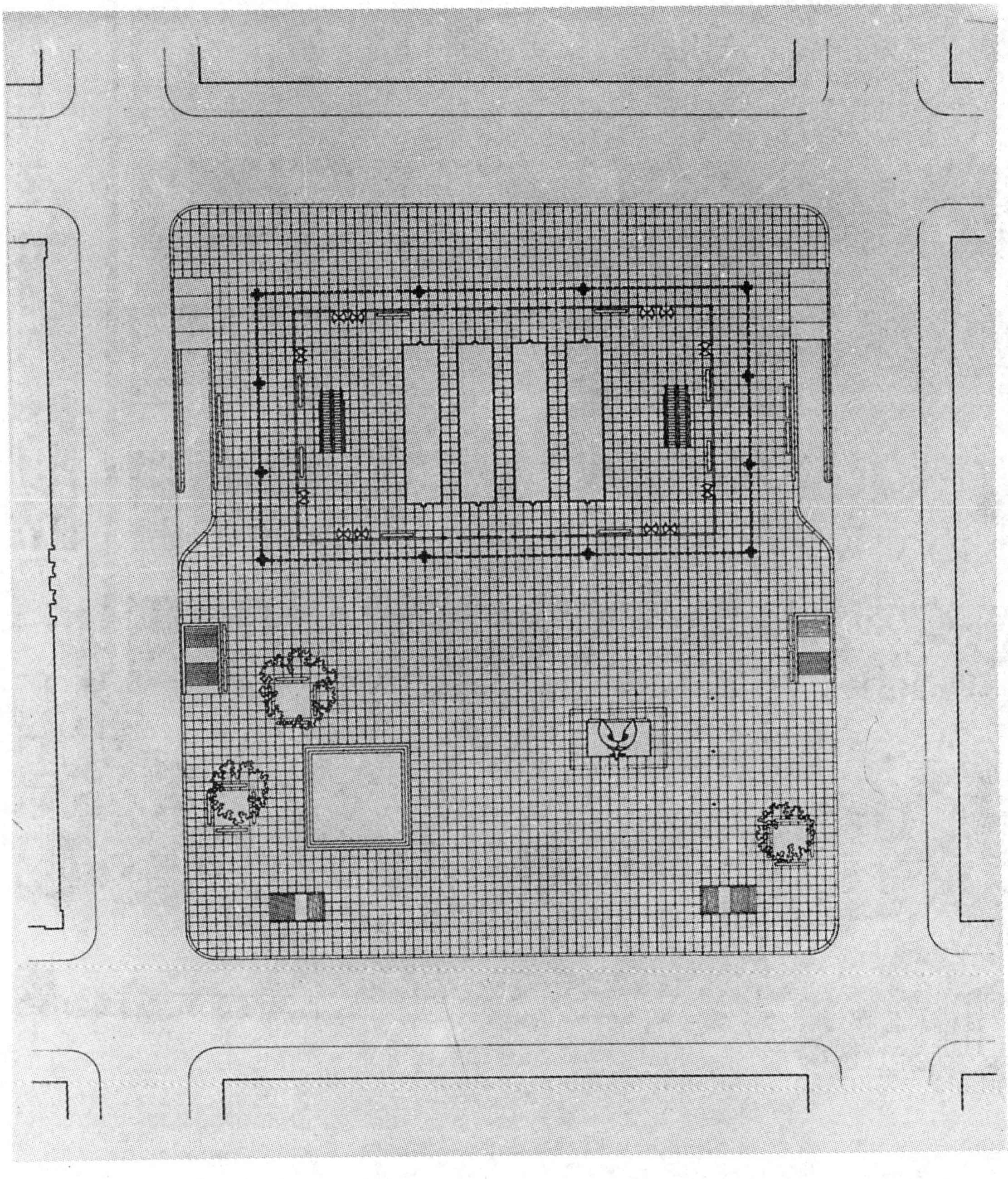

D−6　芝加哥　市中心广场平面・1963−66
Chicago Civic Center. Architect−in−charge Jacques C.Brownson

D−7　芝加哥　市中心广场与毕加索的雕刻——少女像

D−8 印第安纳 艾克哈特 多层办公楼·1972−74
Multistory Office Building at Elkhart; Indiana. by Myron Goldsmith

D–9　艾克哈特　多层办公楼内部圆形楼梯

2

作品

1 柏林　里尔住宅·1907

Riehi House, Berlin–Nenbabelsberg

1–1　里尔住宅外观

1–2　里尔住宅平面

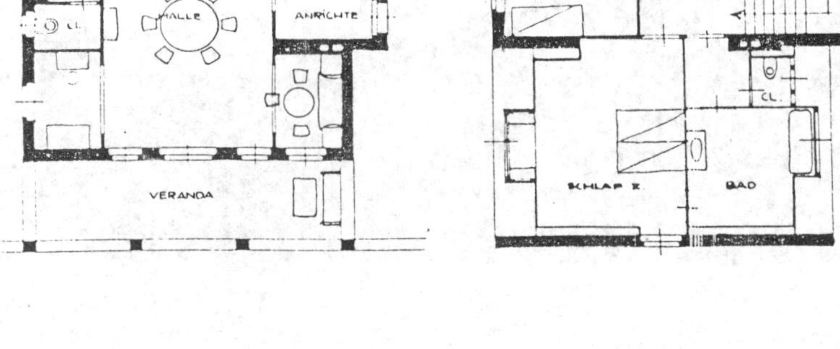

里尔住宅是密斯独立开业后的处女作，1907年建于柏林郊区的新巴贝尔斯贝格镇。密斯接受这项任务是通过一个偶然的机会由他的朋友约瑟夫·波普（Joseph Popp）推荐的，那时他年方21岁，刚在布鲁诺·保罗事务所当过二年学徒，就非常自信地承担了这项设计任务。

里尔住宅位于一片开阔的地带，南面是玫瑰园，东面是一片坡地，远处可以看到绿荫覆盖的湖

住宅平面主要有二层，基本呈长方形，北面突出一个楼梯间。底层东面是空廊，下面顺着斜坡地势设有地下室，并有门窗直接对外。入口在底层的南面，通过门厅可以进入主要大厅，它是用作正规接待与宴会的场所。大厅的北面是二个小间，一间用作餐厅，另一间是女主人的工作室。西端的北面为里尔教授的书房，南端是起居活动室。楼上设有四间卧室和一间大卫生间。

里尔住宅是仿照18世纪德国小别墅的传统式样而建的，这种式样在波茨坦与新巴贝尔斯贝格一带非常流行。住宅采用高高的坡屋顶盖在一个长方形的体量上，中间部分突出到屋顶之上，强调了入口的位置。在坡屋顶的两边各有一个眉式的老虎窗，弯曲的体形和屋面结合得很妥贴。住宅的外部是在砖墙面上加以粉刷，并饰以檐部和壁柱的线脚，形成明快典雅的风格。在住宅内部则应用了19世纪末期英国流行的式样，大厅四周全采用方格形的墙板装饰，包括房门也都做成格子图案，力求与墙板风格一致。

1–3　里尔住宅侧面

1–4　里尔住宅餐厅

2 柏林 佩尔斯住宅 · 1910—1911

Perls House, Berlin

2–1 佩尔斯住宅外观

胡哥 · 佩尔斯（Hugo Perls）住宅建于 1910—11 年，是密斯早期在柏林的作品之一。住宅平面呈规则的长方形，底层正中入口有一门廊，楼梯间位于北面，房屋周围有庭院。整座建筑高二层，四坡顶，造型属新古典建筑风格，受辛克尔设计手法的影响。同时住宅客厅内还有抽象的人体壁画，说明密斯当时已开始探讨新艺术的思想。

2–2 佩尔斯住宅平面

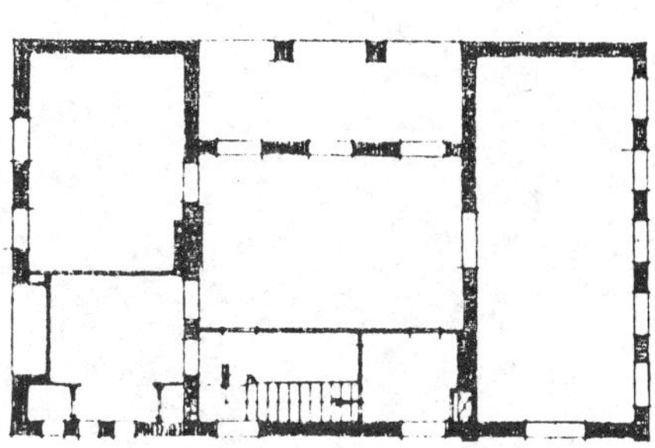

2–3 佩尔斯住宅内部

3 柏林　维尔勒住宅·1912—1913

Werner House, Berlin

3-1　维尔勒住宅透视图·1912

3-2　维尔勒住宅外观·1913

维尔勒住宅建于1912—13年，根据业主的需要，整座建筑采用18世纪传统小住宅的风格，高二层，正立面中央突出，屋顶呈孟萨式两折形，上开老虎窗采光，造型优美典雅，内部餐厅布置与家具陈设均富有浓厚的传统地方特色。

3–3　维尔勒住宅餐厅与家具

4 柏林　乌毕希住宅·1914—1917

Urbig House, Berlin

4-1　乌毕希住宅外观

乌毕希住宅建于1914—17年，房屋平面呈长方形，周围有庭院环绕。建筑造型采用18世纪别墅和新古典式样的混合风格，出檐深远的坡屋顶上开着整齐排列的老虎窗，室内的装修陈设都是传统特点的，而立面上的严谨处理和宽阔的门窗则反映了古典的手法。

4-2　乌毕希住宅内部客厅

5 德国　古本　沃尔夫住宅·1925—1927

Wolf House, Guben, Germany

5–1　住宅外观

5–2　住宅前院

沃尔夫住宅是密斯在20年代后期建造三幢立面用清水砖墙的住宅中比较有代表性的例子。他吸取了荷兰传统建筑发挥砖墙工艺美感的经验，把这种手法应用到现代住宅设计中去，在当时曾产生了一定的影响。建筑前的庭院平台也都用砖材铺面，与住宅外观谐调一致。住宅本身设计自由，平屋顶，宽门窗，既属现代建筑风格，造型又有个性特色。

6 柏林　李卜克内西和卢森堡纪念碑·1926

Karl Liebknecht and Rosa Luxembarg Monument, Berlin

6–1　纪念碑外观

这座纪念碑是密斯在 20 年代后期建造的重要纪念建筑。为了体现纪念这两位伟大的共产主义战士，碑身用沉着的紫红色缸砖饰面，造型为抽象的体量构图，加上前面有宽阔的花坛衬托，形成庄重而严肃的效果。该纪念碑现已毁。

7 斯图加特　魏森霍夫区住宅展览会·1925—1927

Weissenhofsiedlung, Stuttgart, Germany

7–1　住宅展览会鸟瞰

7–2 魏森霍夫住宅区平面

1–4. Mies van der Rohe
5–9. J J.P.Oud
10. Victor Bourgeois
11–12. Adolf G. Schneck
13–15. Le Corbusier and Pierre Jeanneret
16–17. Walter Gropius
18. Ludwig Hilberseimer
19. Bruno Taut
20. Hans Poelzig
21–22. Richard Doecker
23–24. Max Taut
25. Adolf Rading
26–27. Josef Frank
28–30. Mart Stam
31–32. Peter Behrens
33. Hans Schroun

7-3　公寓住宅区北立面

7-4　公寓住宅南立面

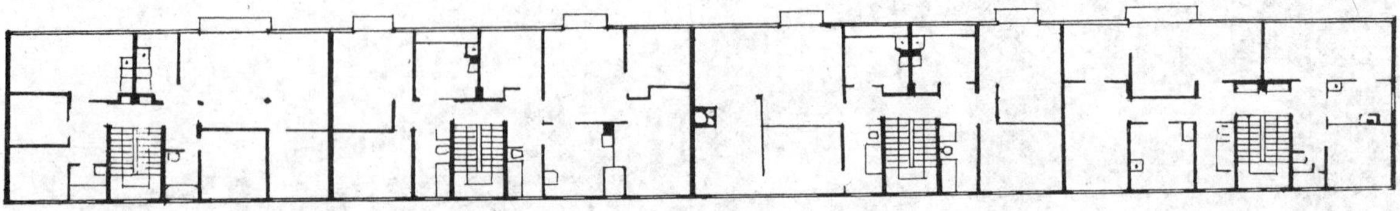

7–5　公寓住宅标准层平面

1925–27 年密斯・凡德罗受德意志制造联盟的委托，在斯图加特市魏森霍夫区负责主持住宅展览会的任务。这是准备开辟的一个新住宅区，地段略呈三角形，由密斯统一规划，然后邀请了欧洲许多进步的建筑师前来参加单体设计。

20 年代中期正是德国社会相对稳定的时期，经济、文化都得到很大发展，这次住宅展览会的举行也是标志着建筑正在走向新的潮流。当时应邀前来参加设计的有从荷兰来的奥德和斯坦（J.J.P.Oud and Mart Stam），他们二人都是按照自己国家的习惯各自建造了一幢联排式住宅。从法国来的是勒・柯布西耶，他建造了二座惯用的鸡腿式住宅。其他从比利时、德国、奥地利来的建筑师有保尔吉奥斯、格罗皮乌斯、陶特、夏朗、雷丁、希尔伯塞麦、陶埃克尔、弗兰克等人（Victor Bourgeoies，Walter Gropius，Bruno Taut，Scharoun，Rad-ing，Hilberseimer，Doecker，J.Frank，and others），他们分别设计了单幢的小住宅。贝伦斯这位有威望的建筑师则在住宅区的东端建造了一座曲尺形的公寓。密斯本人设计的是一幢由四个单元组成的四层公寓式住宅，钢框架结构。由于应用了活动隔墙，使平面设计可以自由灵活，因此在二个基本单元的基础上，每个创造了 12 套不同户型的平面。尽管内部复杂，而外观设计则是非常简洁而统一的。密斯的这座公寓式住宅由于其体量突出，在全区内起着主导作用。正因为建筑采用钢框架结构，建筑内部的隔墙也可以按照住户的喜爱来布置，密斯在这里为平面的灵活性处理作出了示范。

魏森霍夫区住宅展览会说明了二件重大的变化：一件是从手工操作的方法已进入到工业化的建造方法；另一件则是所有建筑都具有一种统一的风格，平屋顶，白墙面，外观简洁，形成了“国际式”的特点。

这种国际式的规则是建立在对新技术与新结构赞扬的基础上的。它的美学特征是：1. 框架结构布置代替承重墙的轴线布置；2. 外墙处理成为轻快的表皮，而不是承重的实体；3. 用结构的细部与材料的自然色彩代替附加的装饰。

8 柏林　丝绸展览会·1927

Silk Exhibit for Expostition de la Mode, Berlin

8–1　丝绸展览会内部布置

柏林丝绸展览会是 1927 年由密斯和利利·赖克（Lilly Reich）共同设计的，他们力求在布置时精练简洁，用最少的隔断墙和曲线架子展示大片丝绸清秀柔软的质感，甚至连内墙饰面也都用丝织品，突出了展览的主题。同时展厅内还布置有一些供休息用的钢管椅，它们和丝绸展品形成了刚柔的强烈对比。

9 斯图加特　玻璃工业展览会·1927

Glass Industry Exhibit, Stuttgart, Germany

9–1　玻璃工业展览会内部布置

斯图加特的玻璃工业展览会也是 1927 年由密斯和利利·赖克共同设计的。展厅中间用钢管栏杆围成一个长方形的展区，里面布置着一排排高大的弧形玻璃，四周的墙面也都是玻璃材料饰面，处处闪闪发亮，犹如水晶世界，达到了既洁净又丰富的效果。

10 德国 克雷弗尔德 兰格住宅·1927—1930

Herman Lange House, Krefeld, Germany

10-1 从花园看兰格住宅

10-2 兰格住宅沿街外观

克雷弗尔德的兰格住宅建于 1927—30 年，房屋外观采用清水砖墙，不加粉刷，平屋顶，造型自由，属现代建筑风格。住宅后有花园，平台地面亦用砖材铺砌，与建筑特点一致，是 20 年代后期密斯在住宅设计中常用的手法，它能产生纯朴典雅的效果。

11 德国 克雷弗尔德 埃斯特斯住宅·1927—1930

Josef Esters House, Krefeld, Germany

11–1 埃斯特斯住宅沿街外观

11–2 从花园看埃斯特斯住宅

克雷弗尔德的埃斯特斯住宅建于1927—30年，住宅造型用平屋顶，连排大窗和简单的体形组合，属20年代现代建筑风格，立面则用清水砖墙砌筑，不加粉刷，以表现精致的砖工技艺。住宅后有花园，平台、踏步、矮墙亦用砖材铺砌。

12 巴塞罗那国际博览会　德国馆·1928—1929

German Parilion, Internation Exposition, Barcelona, Spain

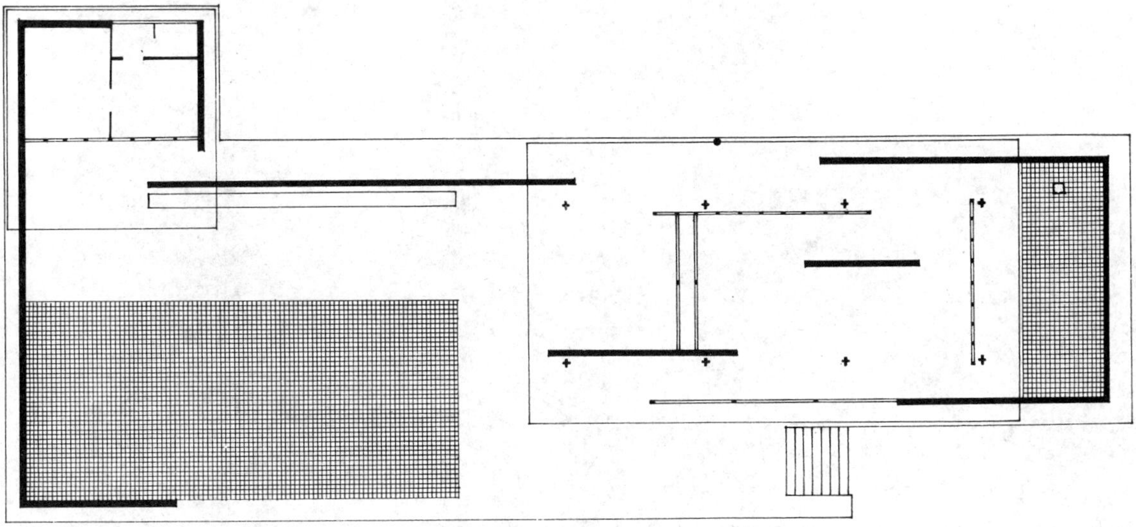

12-1　巴塞罗那展览馆平面

巴塞罗那展览馆是密斯·凡德罗流动空间概念的代表作之一，1928—29年建于西班牙巴塞罗那城，建成后只有三个月就随着博览会的闭幕而被拆除。展览馆虽然存在的时间不久，但是它却在建筑界留下了深刻的影响。

德国馆是建在一个约4英尺高的石砌平台上，全长约130英尺，最宽边为60英尺。它是由一个主厅和二开间附属用房所组成，二部分的平面相对独立，二者之间由一条纵向的大理石墙面联系成整体。在入口前面的平台上有一个大水池，大厅后院有一个小水池。虽然整个建筑面积很小，但平面却布置得自由活泼，别有一番风趣。

主厅承重结构为八根十字形断面的钢柱，外镀克罗米。平面为三开间开敞式布局，每升间宽为16英尺，进深18英尺，上面盖着一块向四面悬挑的钢筋混凝土屋顶板，板上没有主梁与次梁的常规形象。所有纵横交错的大理石墙与玻璃隔断都不起承重作用，它们只是作为空间划分的手段，有的可以独立一片布置，有的可以从室内伸到屋顶以外，形成了似分似隔，似封闭似开敞的流动空间印象。主厅后面的水院是流动空间处理的高潮，院墙一角有雕刻家乔治·柯尔贝（George Kolbe）所作的少女雕像，它成了内外空间结合的焦点。

整座建筑外观平稳简洁，所有的墙体都是从地面直通到顶，没有任何线脚过渡，显得干净利落，结构明确，一反过去繁琐装饰的旧习，给人以清新明快的感觉。所有钢柱和隔墙都是泾渭分明，各司其职，互不混淆，有些钢柱距离隔墙只有几英寸，却故意互不连接，更强调了它的明确结构概念。

建筑的美学效果除了在空间与体形上得到反映外，还着重依靠建筑材料本身的质地和颜色所造成的强烈对比来体现。全部地面用灰色的大理石，外墙面用绿色的大理石，主厅内部一片独立的隔墙还特别选用了色彩斑斓的条纹玛瑙石作材料。玻璃隔墙有灰色和绿色二种，它那明净含蓄的色调配以挺拔光亮的钢柱和丰富多彩的大理石墙面，确实显得高雅华贵，具有新时代的特色。

12–2　巴塞罗那展览馆外侧

12–3　展览馆入口近景

12–4　展览馆内部

室内布置有密斯专门设计的靠椅和平椅，舒展的体形与开敞的建筑很相称，由于造型优美后来得到流行，因而被称之为“巴塞罗那椅”。德国馆内部除了按设计布置有一些特别的座椅外，别无其它装饰陈列，其实，整座建筑的造型与空间处理就是给人印象最深刻的展品。

12–5　展览馆内对景

12-6　展览馆水院与雕像

12-7　展览馆内部空间

13-1　金属藤椅·1927

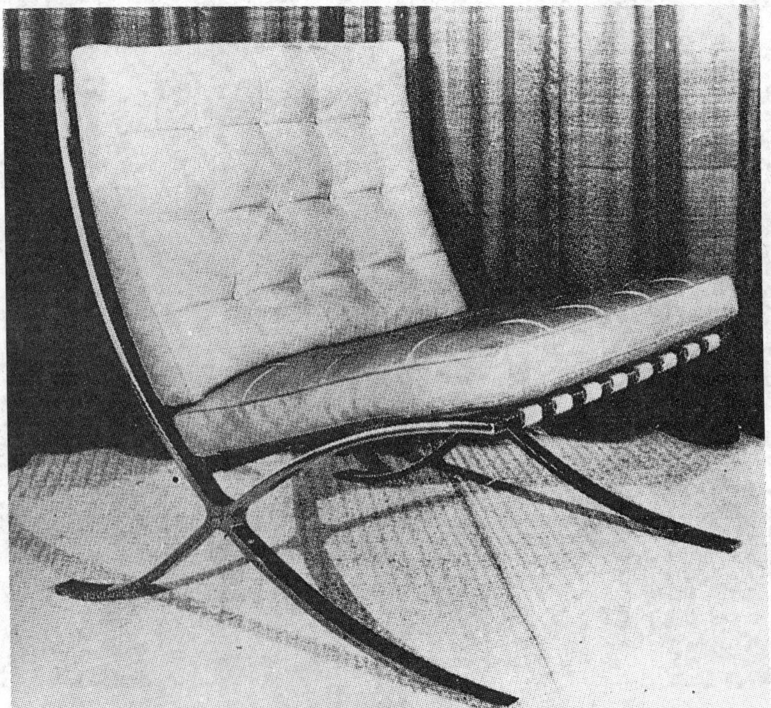

13-2　巴塞罗那椅·1929

13—3 吐根哈特椅·1930

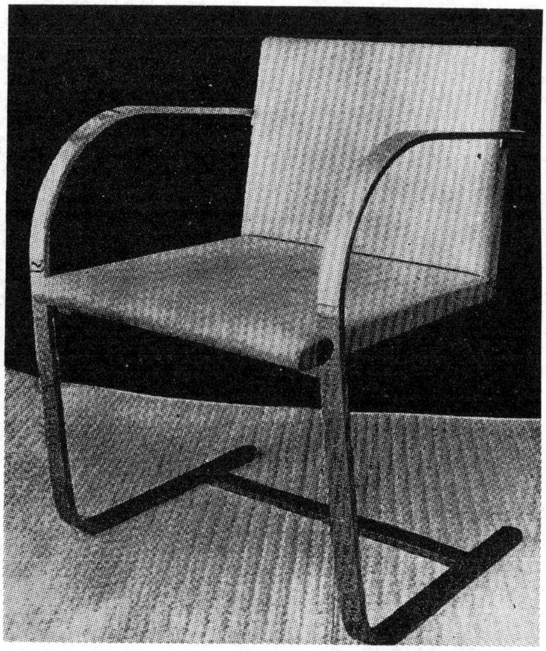

13—4 布尔诺椅·1930

13—5 贝壳式塑料椅·1946

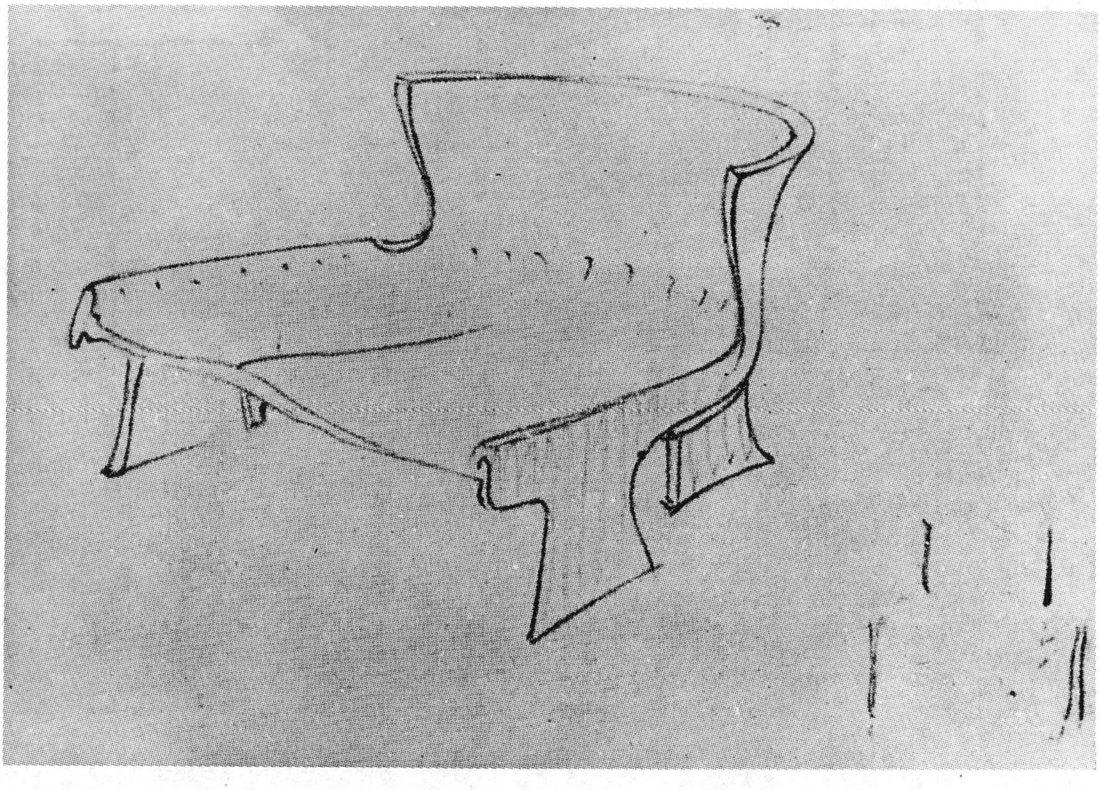

14 捷克　布尔诺　吐根哈特住宅·1928—1930

Tugenldhat House, Brno, Czechoslovakia

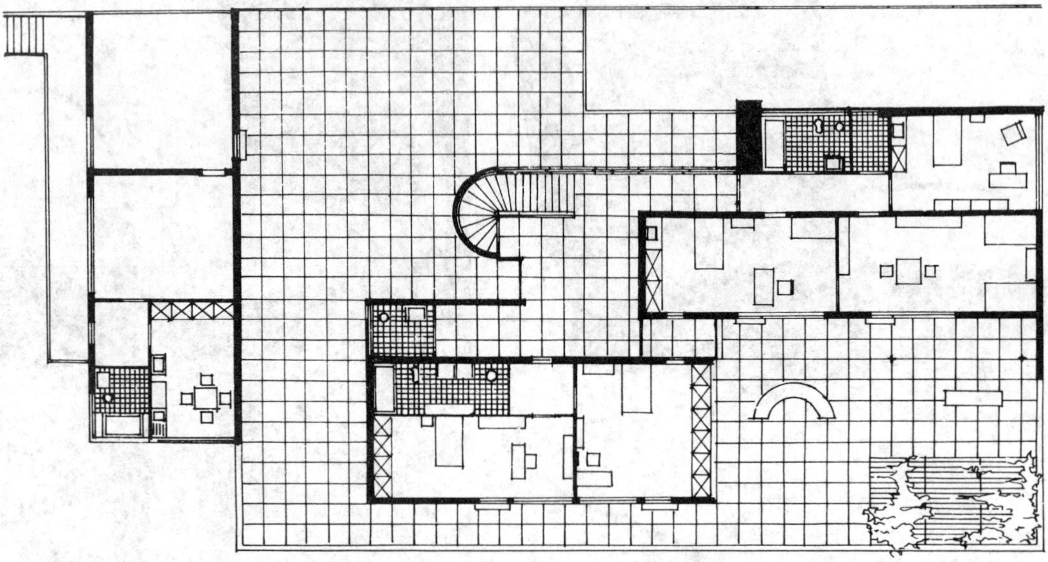

14-1　楼层平面

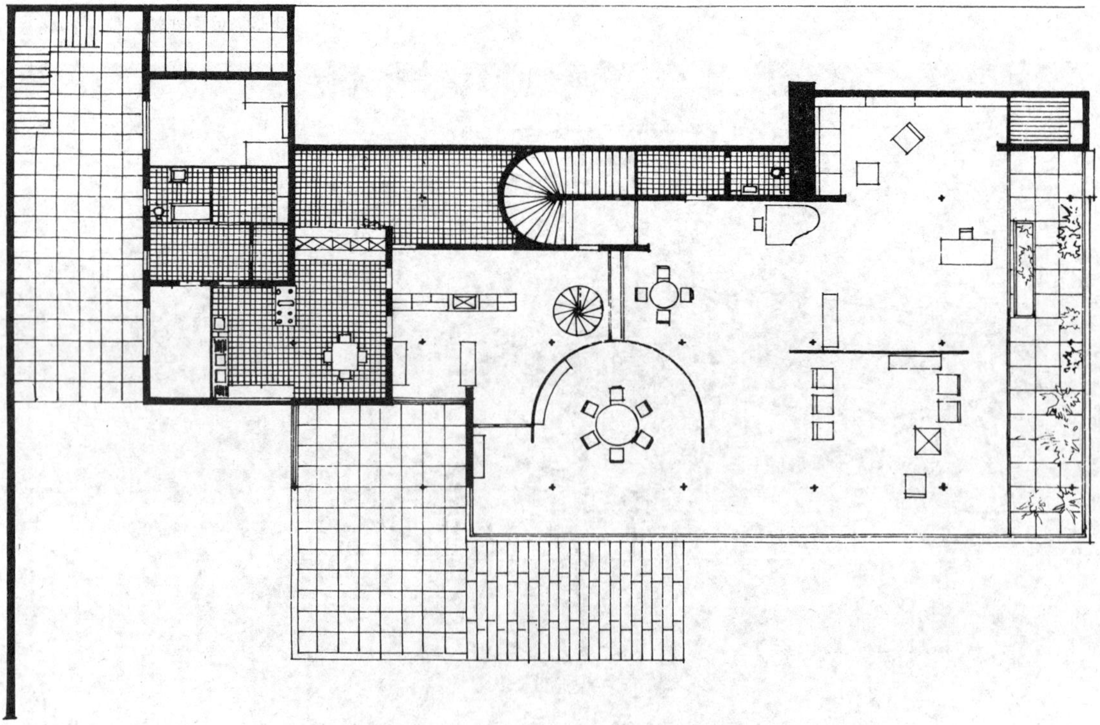

14-2　底层平面

14–3　吐根哈特住宅面向花园的外观

14-4 吐根哈特住宅沿街外观

14-5 住宅底层窗景

这是1928—30年在捷克斯洛伐克布尔诺城为一个银行家所建造的私人别墅，密斯继续把他的新建筑概念成功地应用在这里，使它成了继勒·柯布西耶的萨伏伊别墅（1928—30年）之后在欧洲最著名的现代住宅。

该住宅座落在一个绿草如茵的坡地上，建筑主体共有二层，另有一半地下室，住宅的前面是一个大花园。所有私密性的卧室与露天活动平台均设在楼上，便于观赏周围景色。有趣的是大门也从二层出入，这是因地形高差所造成的结果。起居活动部分设在楼下，有平台与踏步通向花园。楼上与楼下因功能不同而设计手法亦异，楼上都是一个个封闭的房间，以保持其私密性，楼下则以开敞的流动空间为特色。

整个建筑全长约132英尺，总宽度约78英尺。横向有七开间，其中六开间是由十字形断面的钢柱承重，每开间间距为18英尺，主体建筑进深有二开间，每开间间距为21英尺，面向花园一边再向外伸出6英尺，底层外墙不起承重作用，因此使起居部分向外的87英尺长的落地窗可以全部拉通。

吐根哈特住宅名声之大主要在于它的底层室内设计，特别在50×80英尺的起居部分，密斯将它设计成一个开敞的大空间。在客厅与书房的分界处用一块独立的墙体分隔，这块墙体是由精美的条纹玛瑙石石板拼成的。另外在餐室部分则用乌檀木作成弧形墙体来隔开。因此整个起居部分就被划分为四个互相联系的空间：书房、客厅、餐室和门厅。内部流动的空间同时也被玻璃外墙引向花园，进一步加强了内外联系。

14-6　客厅内景之一

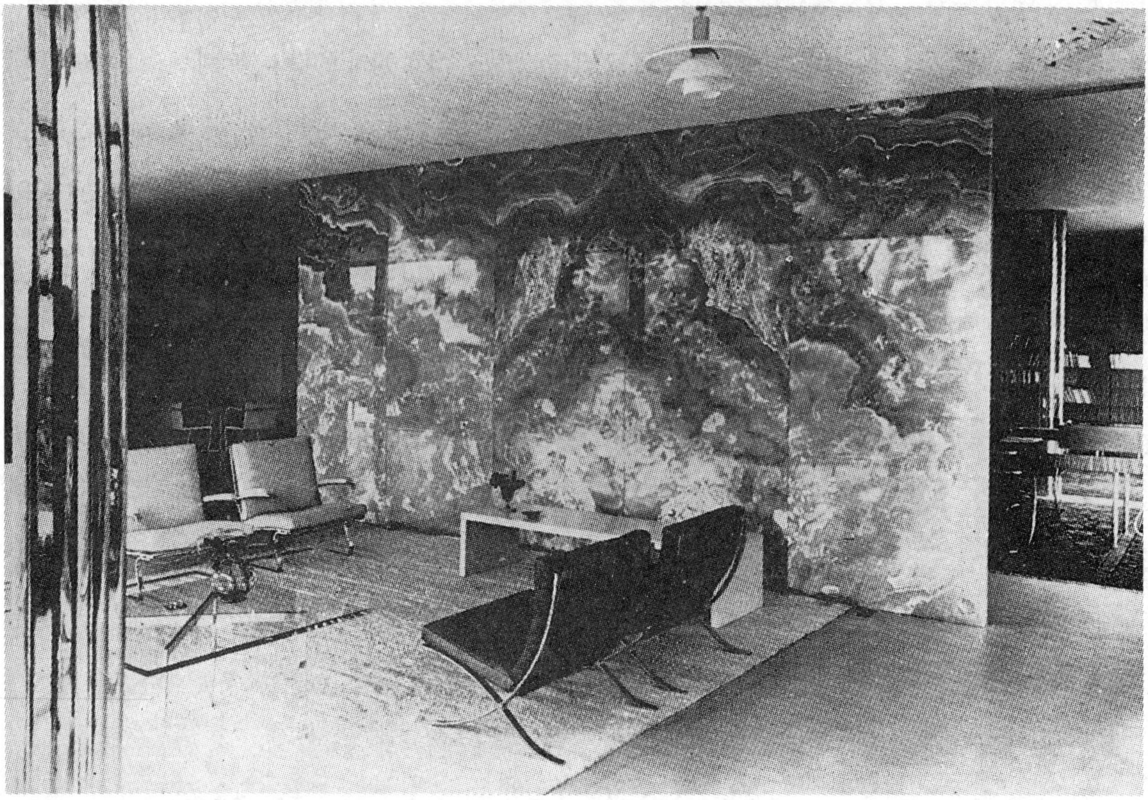

14–7　客厅内景之二

14–8　客厅内景之三

14–9　书房内景

14–10　餐厅部分的空间处理

15 柏林 建筑展览会 独户住宅·1931

Berlin Building Exposition House

15-1 展览住宅外观

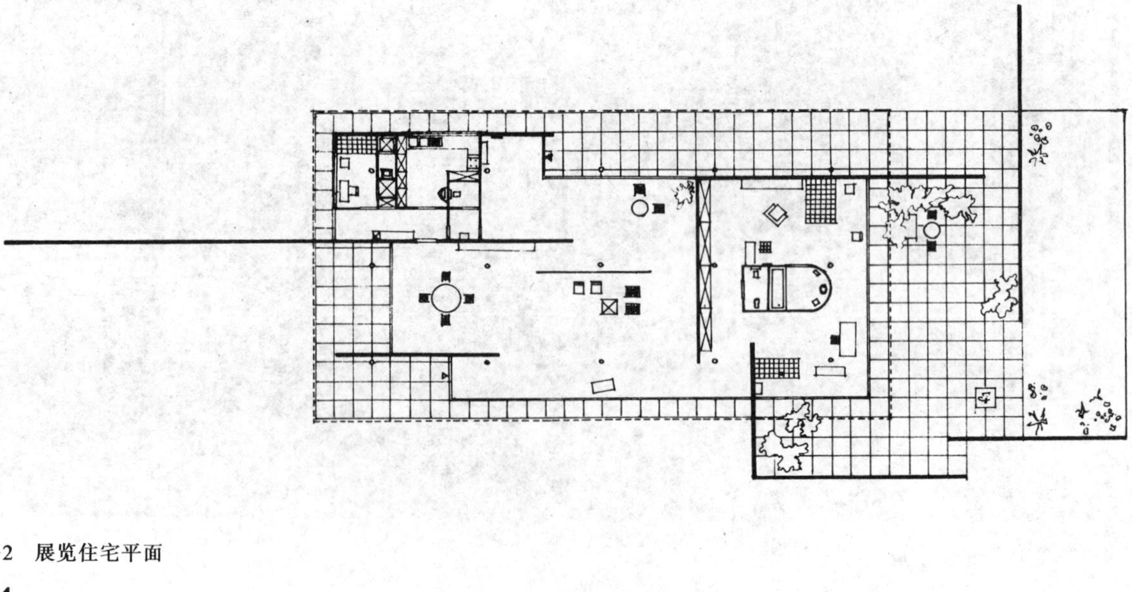

15-2 展览住宅平面

15–3　展览住宅入口

柏林建筑展览会中的独户住宅是密斯于1931年设计建造的示范性作品。住宅采用了开敞式的布局，只有卫生间和厨房等服务空间做成封闭的盒子形状。平面上用不封闭的隔墙把内部划分为卧室、起居与服务用房等三部分，使它们的空间似分似合，并能和外部的平台连成一气，形成开阔舒适的环境。这一设计构思是在吐根哈特住宅基础上的进一步探索。

15–4　展览住宅内部

16 美国　伊利诺理工学院·1939—1958

Illinois Institute of Techology, Chicago, U.S.A.

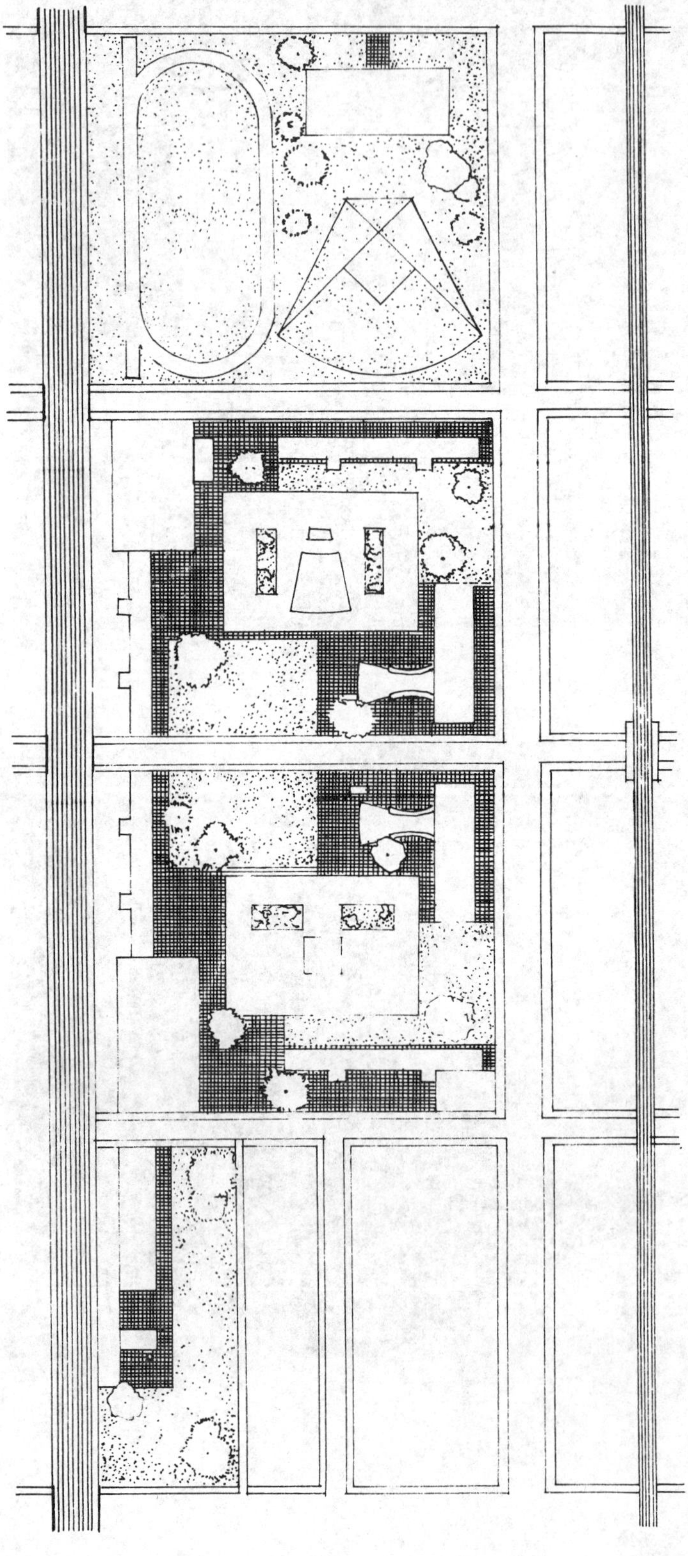

16-1　IIT 新校园初步规划·1939

1.阿尔莫研究基金会与实验室
2.锅炉房
3.拱顶
4.A.R.F.工程研究所
5.煤气实验室
6.煤气技术研究所
7.建筑与设计学院
8.学生会与礼堂
9.矿物与金属研究所
10.电工与物理馆
11.刘易斯研究所
12.机械工程馆
13.化工与冶金馆
14.化学馆
15.校友纪念馆
16.图书馆与行政办公楼
17.土木与力学馆
18.美国铁路协会
19.美国铁路协会实验室
20.健身房
21.体育馆与游泳池
22.运动场

1938 年密斯到芝加哥任阿尔莫理工学院（1940 年改名为伊利诺理工学院）建筑系主任后不久，就接受了新校园规划与设计的任务。他曾先后三次作了总体规划，最后于 1941 年才得到定案。

伊利诺理工学院新校园位于芝加哥市区东南端一块整齐的长方形地段上，面积 110 英亩，西界是丹瑞安高速公路（Dan Ryan Expressway），东边与州街（State Street）相邻，北边为第 30 街，南端为第 35 街。老校园在新校园的东面。

最终的新校园布局是按照 24 英尺模数的方格网来规划的，并且每座建筑也都采用同样模数作为开间与进深的标准，高度以 12 英尺为模数。这种基本的韵律进一步在外墙上同样用 24’×12’的砖或玻璃的格子表现出来。每一个框格都是用暴露的钢结构来组成。密斯说：“我们必须选用一些在我们建成后不会过时的，永恒不变的东西，其答案显然是结构的建筑。它并不昂贵，然能持续长久。它来自严格的逻辑，而不是一时的冲动。”

密斯在新校园设计中采用的共同语言极其简单，那就是浅黄色砖墙和暴露的黑色钢梁柱。建筑的转角，密斯更是进行了认真研究，一丝不苟，做到精美的程度，这种处理的实质在于其规则性、艺术性，而不是功能性。

密斯在 IIT 校园中比较出名的作品有 1942—43 年建的矿物与金属研究馆（Minerals and Metals Research Building），1945—46 年建的校友纪念馆（Alumni Memorial Building），1952 年建的小教堂与 1953 年建的食堂与商店服务楼（Commons Building）等，这些都是应用钢框架与模数制砖墙的例子。

1950—56 年为建筑与规划学院建造的克朗楼（Crown Hall），是密斯在校园内的代表作。建筑基地为一长方形，面积 120’×220’，上层是一个没有柱子的大通间，供 400 多名学生使用，里面包括有绘图房、图书室、展览空间和办公室等，这些不同的部分都是用一人多高的活动木隔板来划分的，表现了通用空间的新概念。下面是半地下室，按照传统，用隔墙划分为一个个封闭的房间，其中包括有车间、教室、办公室、机电设备间、贮藏室和盥洗室等，在它们的外墙一面都开有高窗。上层大空间与活动隔墙的目的是为了学生可以把设计方案挂在隔板上，以便教师和学生，学生和学生间互相讨论，而且在这座时髦的大空间内作这样的处理方式也增加了教学的生气。建筑的主要入口设在南面，正对州街，入口前有悬空的平台板与踏步可供上下。北面设有次要入口。

此外，在老校园里面，密斯还为伊利诺理工学院建造了一些用钢筋混凝土结构的教师与学生宿舍，它们采用了和新校园内钢框架结构的建筑完全不同的手法，以适应不同功能的需要，例如 1953 年建的卡曼公寓大楼（Carman Hall）和 1955 年建的贝利大楼（Bailey Hall）等即是。

16–2　IIT 新校园最后规划平面图 · 1940

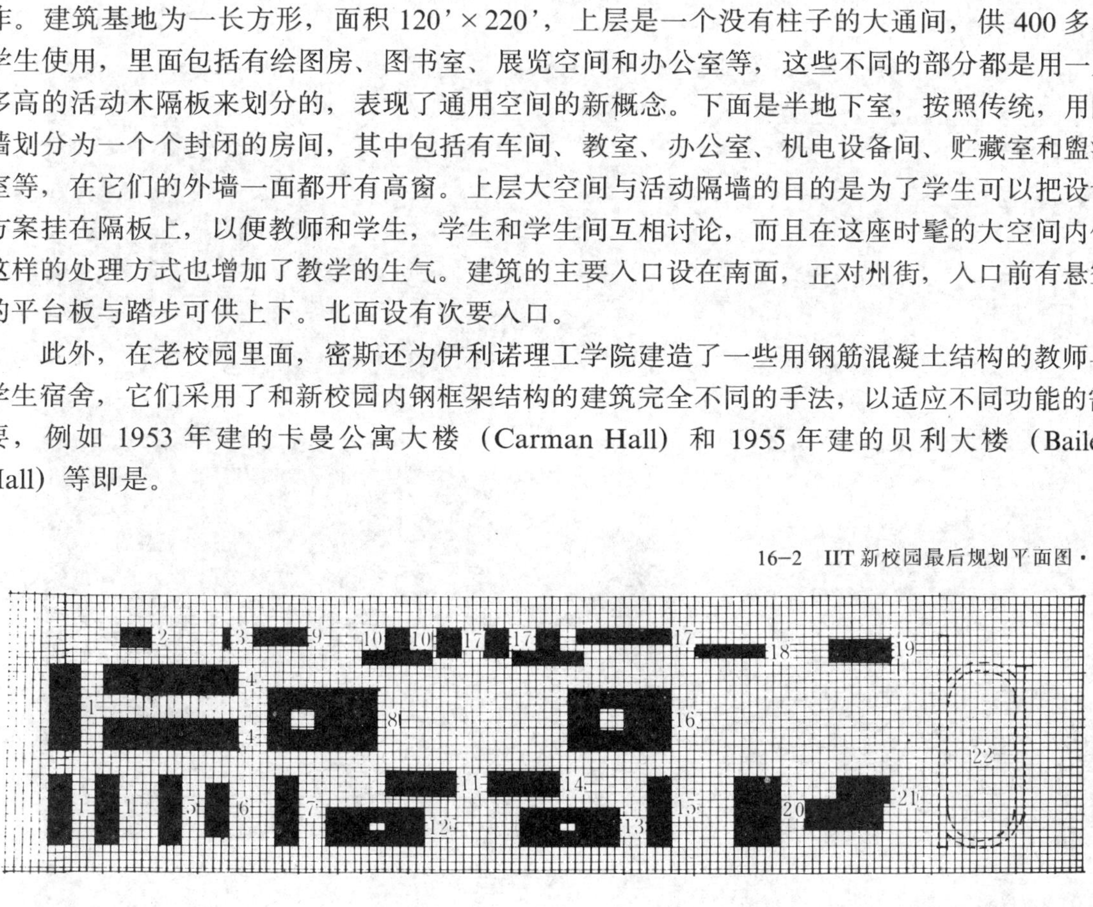

16–3　IIT 新校园建筑群

16–4　IIT 新校园建筑群

16–5　矿物与金属研究楼・1943

16–6　IIT 校友纪念馆・1945

16–7　校友纪念馆走廊

16–8　校友纪念馆外墙转角

16–9　化学楼・1945

16−10　冶金化工楼 · 1945

16−11　IIT 中心试验室内景 · 1950

16-12　IIT 小教堂外观・1952

16-13　IIT 小教堂内景・1952

16–14 IIT 卡曼大楼·1953

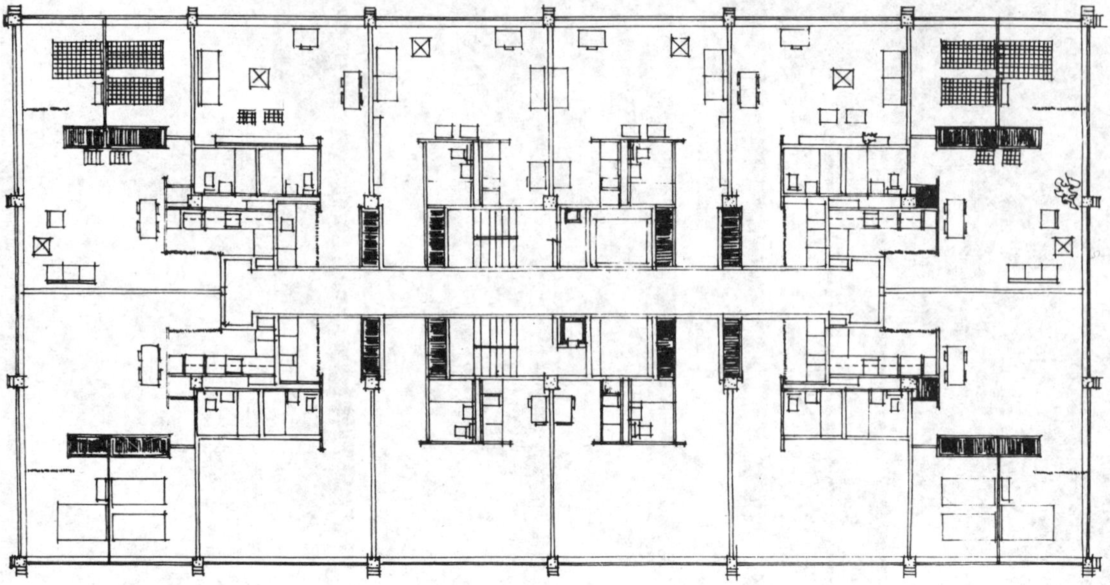

16–15 卡曼大楼标准层平面·1953

16–16 卡曼大楼与贝利大楼·1953–55、

16–17　IIT 锅炉房 · 1950

16–18　IIT 卡曼大楼门厅 · 1953

上　16–19　IIT 学生食堂正立面 · 1953

下　16–20　IIT 学生食堂内部

16–21　IIT 学生食堂背面

16–22　学生食堂平面(附设商店)

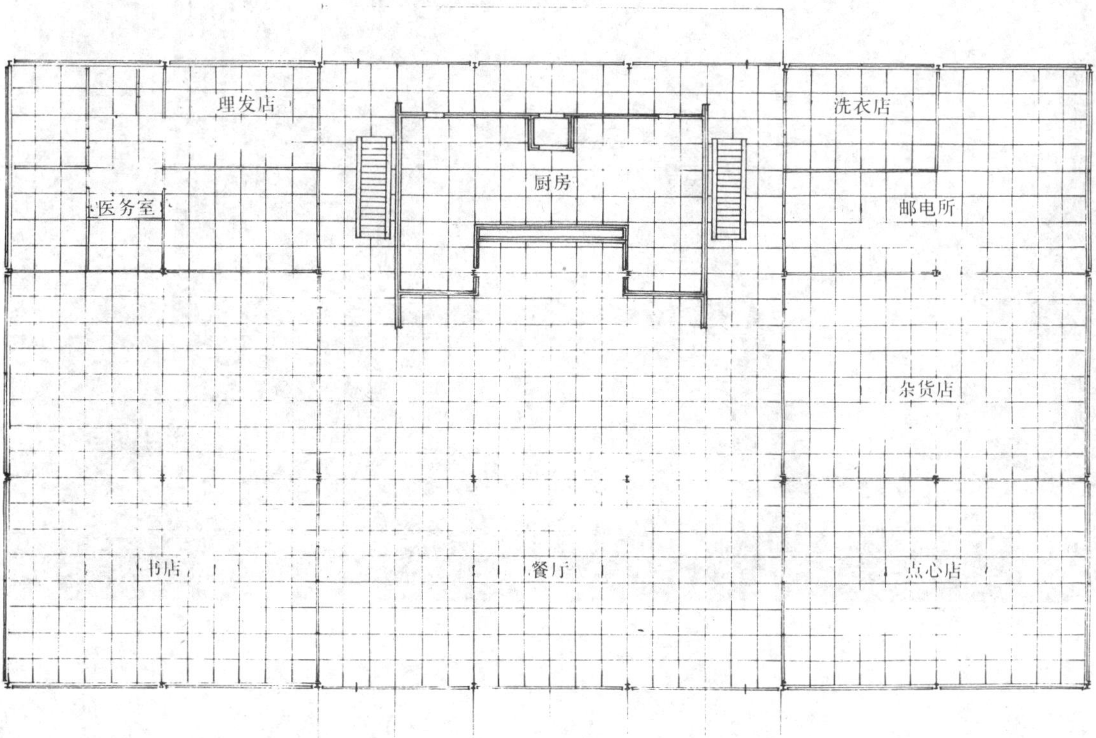

16—23
克朗楼·建筑与规划学院、1950—56

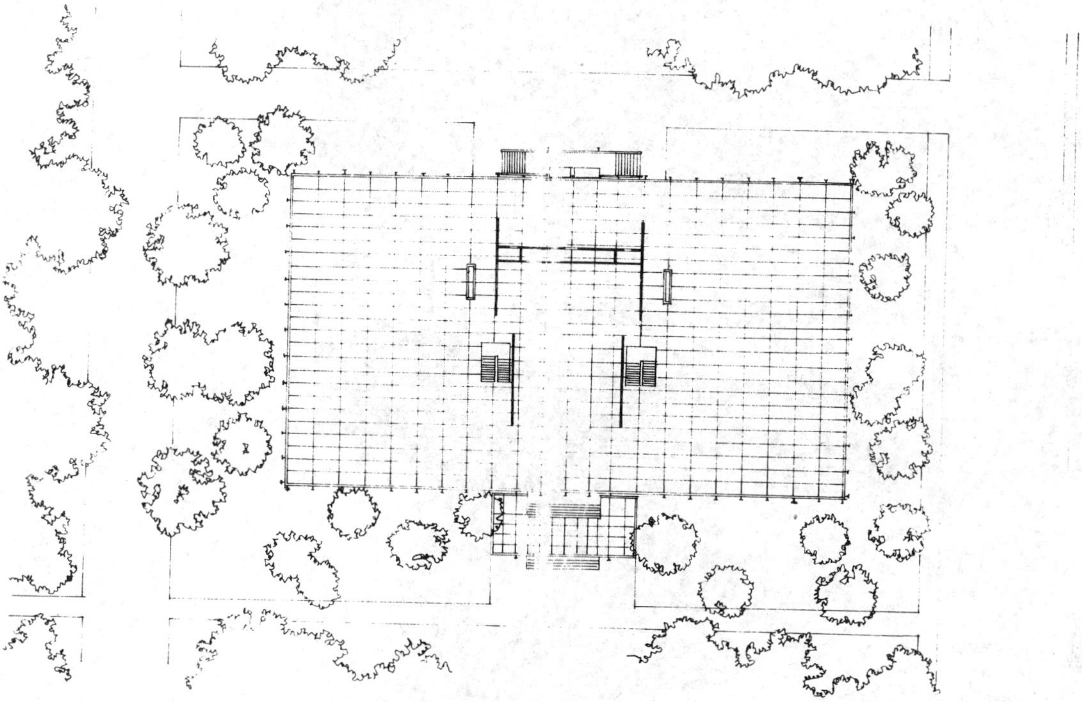

16–24 克朗楼平面·1950–56

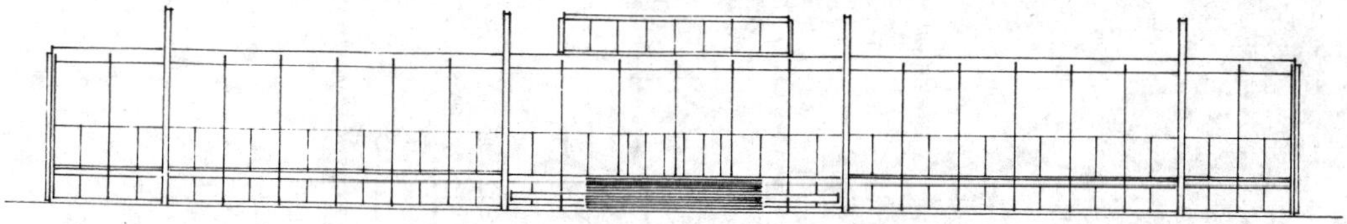

16–25 克朗楼正立面

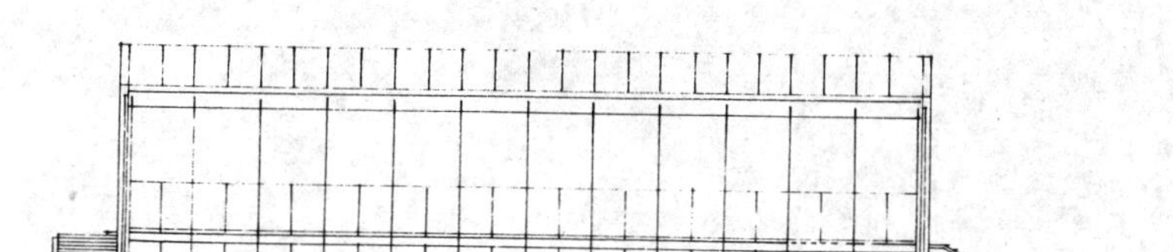

16–26 克朗楼侧立面

16–27　克朗楼内部之一

16–28　克朗楼内部之二

17 芝加哥　海角公寓·1946—1949

Promontory Apartments, Chicago

17–1　海角公寓外观

海角公寓位于芝加哥湖滨南路5530号，面对环境幽美的密执安湖。这座公寓大楼建于1946—49年，高22层，是密斯在美国建造的第一座高层建筑作品。

公寓大楼原方案拟设计成为钢框架的玻璃幕墙正立面，以实现其在30年前所作的玻璃摩天楼的设想，后来由于钢材短缺的关系，只能将结构改为钢筋混凝土框架，虽然造型不如原方案那样轻快，但突出立面的壁柱随着层数的升高分四段逐渐收缩，也造成了有节奏的韵律。同时因为强调了立面上框架的垂直线条，并结合了水平窗的构图，颇有芝加哥学派传统的风味。大楼的底层正面的外墙向后退缩，形成一个门廊，产生明显的阴影，在立面上能获得架空的形象。立面的窗下墙是用浅色砖墙板嵌在混凝土的壁柱之间，窗框是铝合金的，混凝土梁柱都不加粉刷，以表现材料质感。

大楼的平面为双T形，标准层分为二个单元，每个单元都有二部电梯和二座楼梯。同时，每个单元又可分为三户，每层总共有六户，分为四种不同的户型，其中三种户型有起居室、餐厅与二间卧室及辅助用房等，一种大户型则有三间卧室。所有各户都设有前门与后门，前门为主要出入口，后门直通厨房，可避免服务部分的干扰，这种设计能考虑居民的生活方便，因此颇得社会好评。而且密斯还在这里根据地段条件将建筑平面布置成这种特殊形状，确是非常经济紧凑的处理。如果把密斯的这座公寓与勒·柯布西耶于1947—52年所作的马赛公寓大楼相比，同是钢筋混凝土结构，而在造型上与平面构思上都是完全不同的。

17-2　海角公寓近景

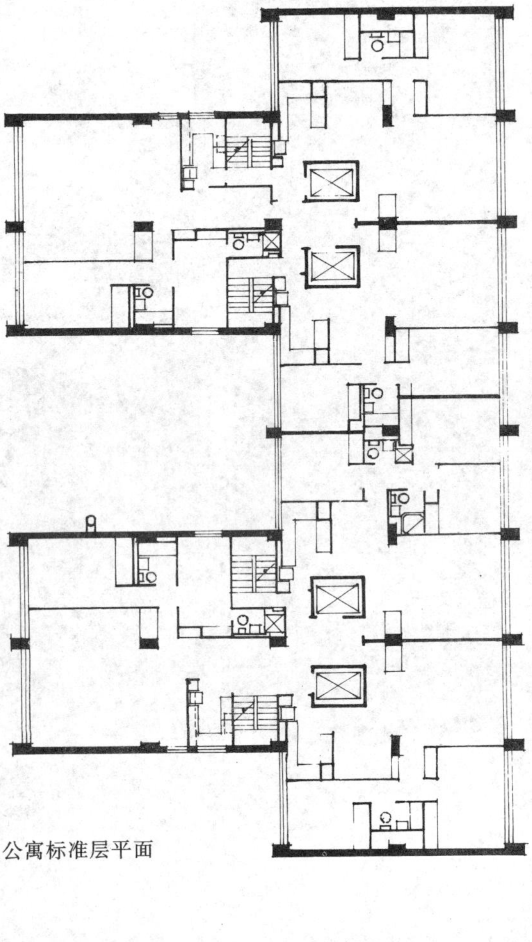

17-3　海角公寓标准层平面

18 伊利诺　普兰诺　范斯沃斯住宅·1945—1950

Fransworth House, Plano, Illinois

18-1　范斯沃斯住宅外观

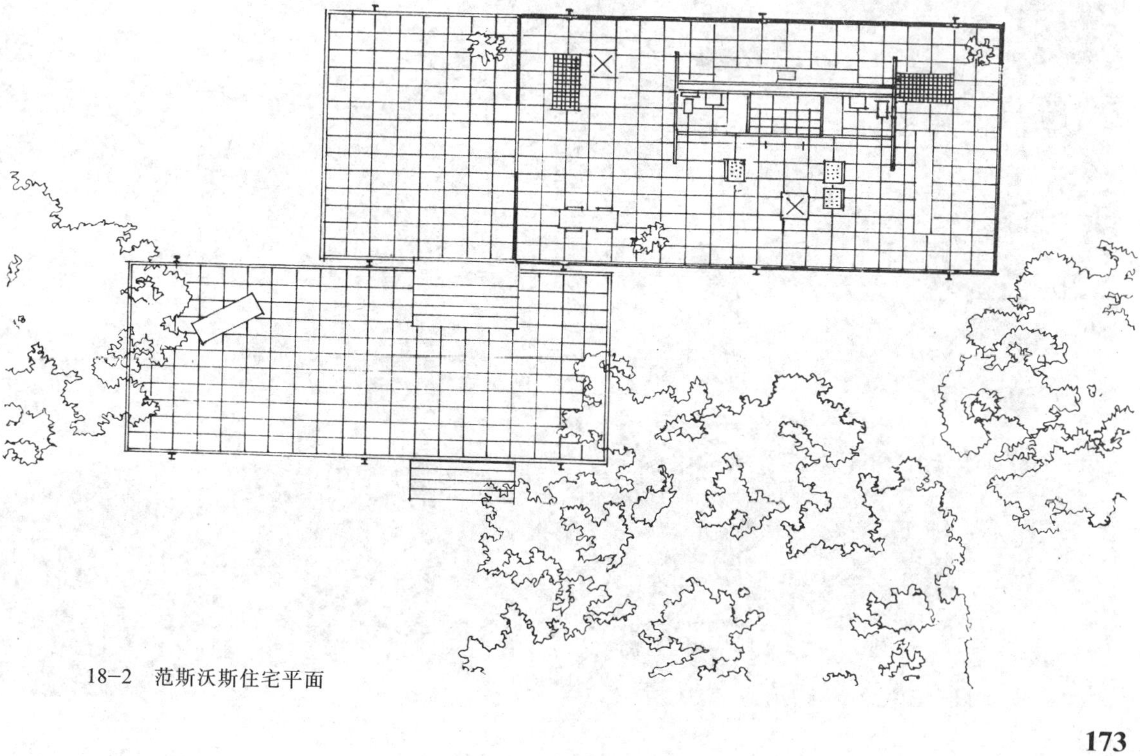

18-2　范斯沃斯住宅平面

范斯沃斯住宅建于1945—50年，座落于距芝加哥47英里的普南诺南郊，在福克斯河的岸边。这是密斯移居美国后建成的唯一住宅。

住宅的主人是一位单身女医生，名叫伊迪丝·范斯沃斯（Dr.Edith Farnsworth），原先她购置这片土地，方围约有9.5英亩（3.8公顷），是一片平坦的牧野，夹杂着一堆堆茂密的树丛，包括最接近屋侧的两大片糖槭林。

这所房子的长轴沿着东西向布置，起居室在南面，餐厅与厨房在北面。它的设计原则与伊利诺理工学院的一些建筑相似，钢结构的框架，开敞的一统空间不受柱子阻挡，内部功能可以通过隔墙及家具组合来划分。

整幢住宅是一个架空的四边透明的玻璃盒子，象水晶一般的纯净。它由八根22英尺（6.7米）高的工形钢柱作支撑骨架，并通过焊接贴在屋面和地板的横梁外。整个住宅外部的钢结构部分都漆成白色，它与周围的树木草坪相映成趣，颇有画龙点睛之意。

住宅平面是一个简单的长方形，面积为28’×77’（8.5米×23.5米），工形钢柱间距22英尺，正面有三开间，两端各悬挑5英尺6英寸（1.7米），这个尺寸也就是梁与梁的间距。西边一间用作开敞的门廊。房子的地板高出室外地面5英尺，室内净高为9英尺6英寸。在门廊前有一过渡的平台，长55英尺（16.6米），宽22英尺（6.7米），高2英尺（0.6米），平台和两段阶梯都是用意大利灰华石贴面，这样处理不仅和住宅造型协调，而且增加了

18-3　范斯沃斯住宅近景

18–4　范斯沃斯住宅门窗

18–5　范斯沃斯住宅横剖面

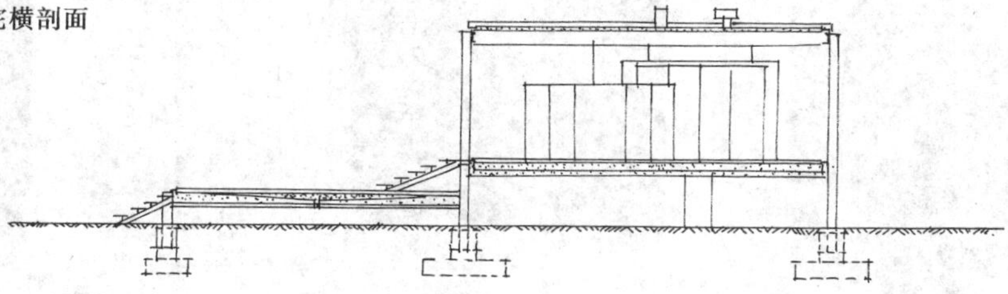

18–6　范斯沃斯住宅纵剖面

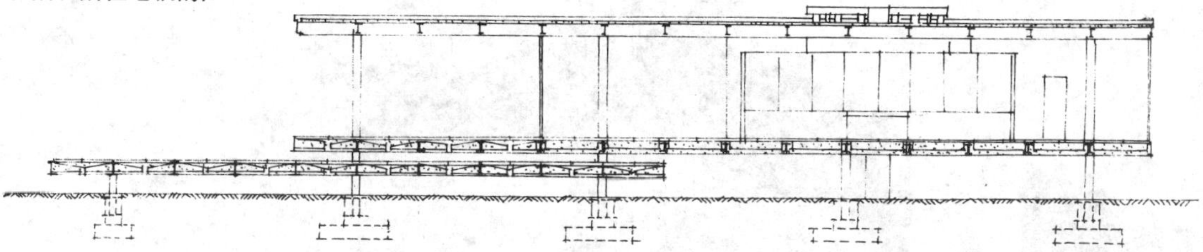

入口的趣味。房子和平台的檐板均为 1 英尺 3 英寸（0.38 米）宽。整幢房子四周镶嵌 1／4 英寸（6 毫米）厚单块的平板玻璃，长度是 10 英尺 6 英寸（3.2 米）。在房子的中间是一个服务核心，两边各有一间卫生间，中间夹着一个大管道井，在管道井的南面是壁炉，这个核心空间共长 24 英尺 6 英寸（7.5 米），宽 12 英尺（3.7 米），两端是独立的隔墙，外面贴着一层木皮作为饰面。住宅东端的空间是作为卧室部分，在它的南端有一个 6 英尺（1.8 米）

18—7　范斯沃斯住宅入口

高、12英尺（3.7米）长、2英尺2英寸（0.66米）宽的橱柜，象征着卧室的隔墙，也作为空间划分之用。在原设计方案草图上还可以看到在入口侧面布置有一张临时床铺，以供客人使用，但建成后的室内布置已经有所改变。

19 伊利诺　埃尔姆霍斯特　预制联排住宅·1951—1952

Prefabricated McCormick Row House, Elmburst, Illinos

19-1　预制联排住宅外观

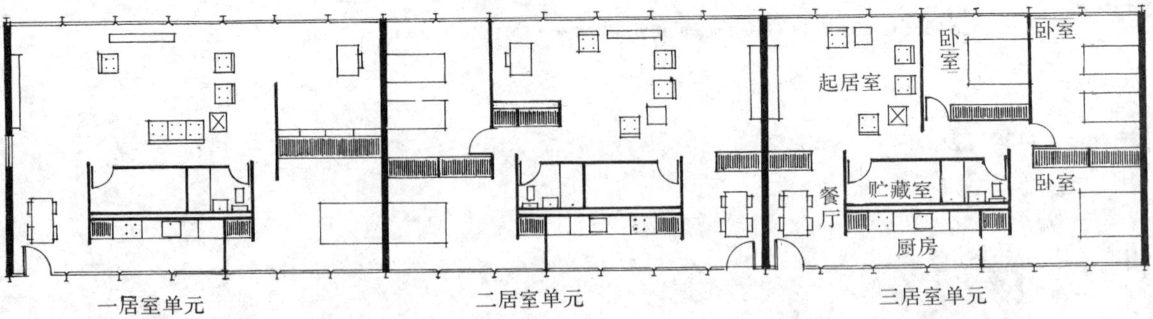

19–2　三单元住宅平面

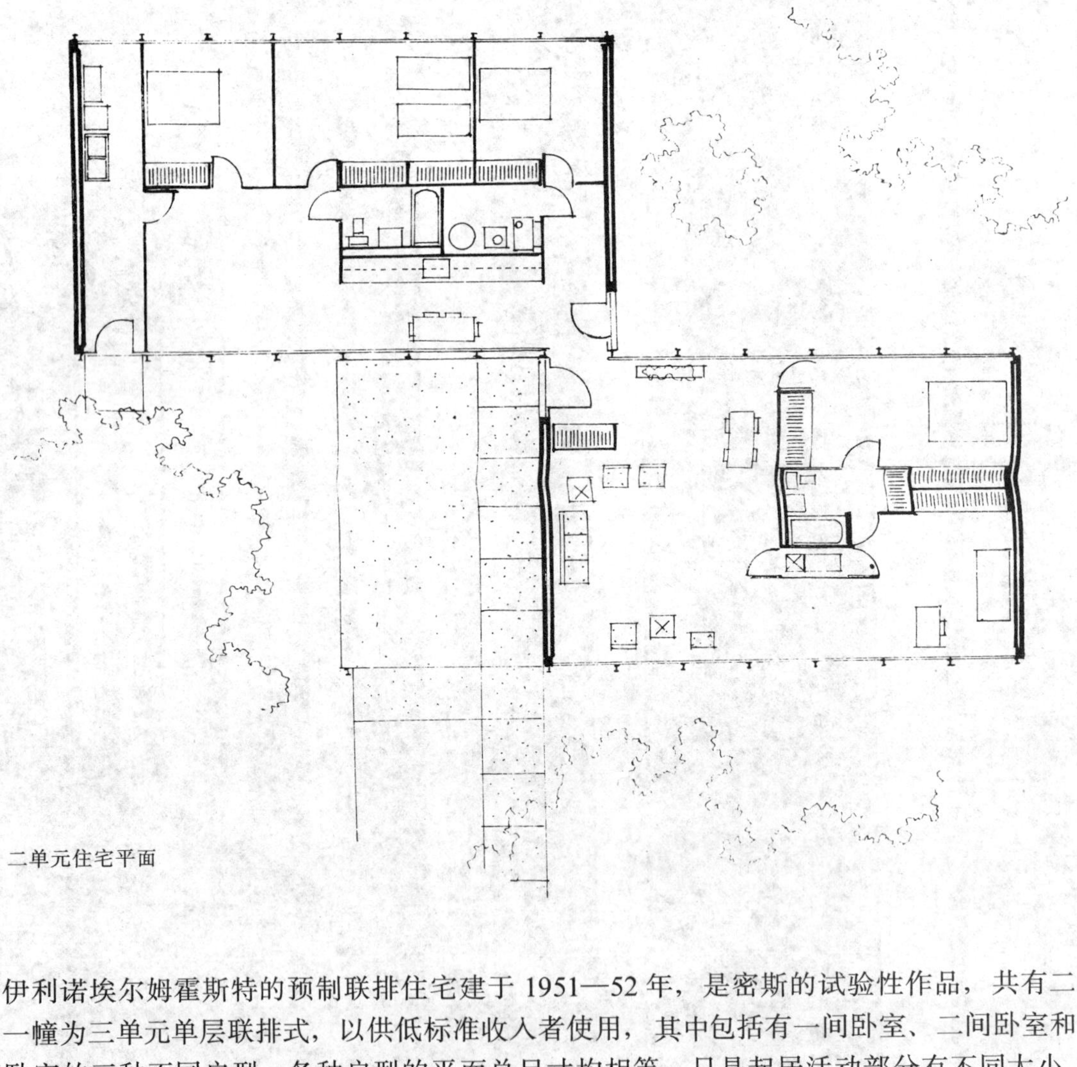

19–3　二单元住宅平面

伊利诺埃尔姆霍斯特的预制联排住宅建于1951—52年，是密斯的试验性作品，共有二幢。一幢为三单元单层联排式，以供低标准收入者使用，其中包括有一间卧室、二间卧室和三间卧室的三种不同户型，各种户型的平面总尺寸均相等，只是起居活动部分有不同大小，厨房与卫生间、储藏室都放在中央，形成一个内核。另一座为二单元错列组合成一户的预制装配式住宅，它包括有五间卧室，以及大小各异的起居室、餐厅、厨房、卫生间等，住宅前后布置有庭院，能适应中产阶级的需要。

20 芝加哥　湖滨路 860–880 号公寓・1948—1951

860–880 Lake Shore Drive Apartments, Chicago

20–1　湖滨公寓外观

20–2　湖滨公寓门厅

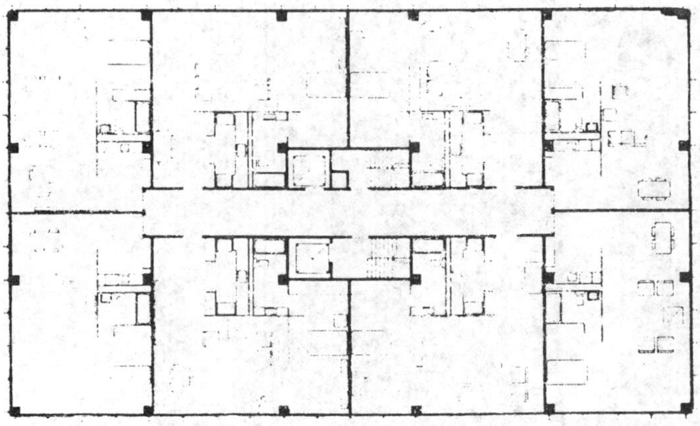

20–3　湖滨公寓标准层平面

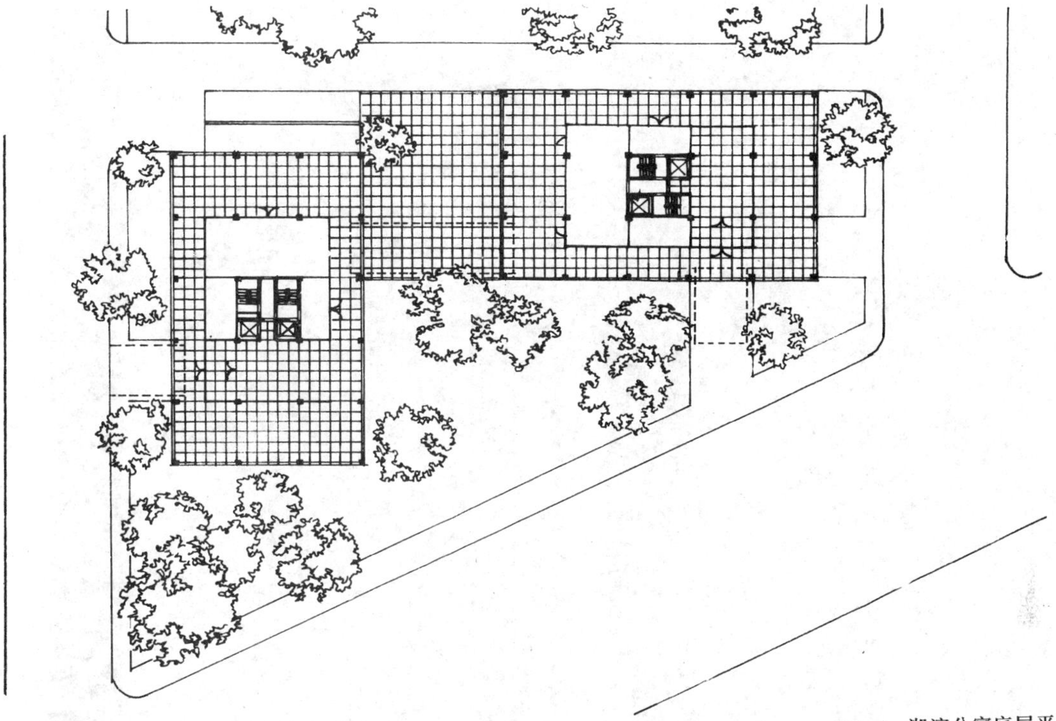

20–4 湖滨公寓底层平面

芝加哥湖滨路 860—880 号公寓是一对 26 层的大楼，建于 1948—51 年，它是密斯到美国后在高层建筑上应用钢结构框架的先例。这一对建筑的完成，曾在社会上轰动一时。至此，密斯终于实现了自 1919 年以来一直萦绕在他脑海中的钢和玻璃摩天楼的梦想。正如菲利普·约翰逊指出的那样，大楼的建成，创造了“一种标准的高层建筑，在我们时代产生了如同当时沙利文的摩天楼所产生的影响。”

由于建筑的基地位于密执安湖畔，靠近市中心区，密斯有意将建筑前留有一块绿地，使二幢大楼成直角形布置，在大楼底层之间有敞廊相连。这样既美化了环境，避免了干道上车辆的直接干扰，又和梯形的基地相吻合。

两座建筑的平面大小都是 63’×105’，钢柱纵横间距均为 21 英尺，构成规则的柱网。由于大楼采用了钢框架结构，内部布置十分自由，房间可以划分为任何大小和形状。

建筑物的外观是一个钢框架组成的玻璃盒子，造型简洁大方。为了使大楼造型不感到过分沉重与单调，密斯将建筑物底层设计成二层高的开敞回廊，下面是整齐的灰华石铺地。立面上钢构架外露，工字形的垂直支柱焊接在钢框架上作为加固窗棂。实际上，密斯是借用了标准钢构件中的工艺美，使钢构件自身成为一种装饰主题，它在外观上的组合手法与芝加哥学派的传统不无渊源关系。密斯曾说：“精确的大楼就是要有精确的形式。”“这是最有力的形式，它能产生强烈的阴影。建筑物挺拔牢固的外形是传递力量的最好形式。”

20-5　自栗子街看湖滨公寓

20–6　湖滨公寓窗棂

20—7　湖滨公寓底层门廊

20–8　公寓底层入口

20–9　公寓通廊与绿化

21 芝加哥　国民广场公寓・1953—1956

Commonwealth Promenade Apartments, Chicago

21–1　国民广场公寓外观

芝加哥的国民广场公寓建筑群原计划是由四座高层建筑组成，总平面布置为凹形，基本对称，中间构成一个林荫广场。每座公寓楼均用钢结构与玻璃幕墙，方整的体型下部由开敞的柱廊围绕，四座公寓的底部之间均有长廊连通，既在功能上联系方便，又可使建筑群体的外观有整体感。1953—56年已建成南面一对，后来由于各种原因，北面一对未能完成。

22 芝加哥 湖景路2400号公寓·1960—1963

2400 Lakeview, Apartments Building, Chicago

22-1 湖景路公寓楼外观

芝加哥湖景路2400号公寓楼靠近市中心区的北边地段，建于1960—63年，是继纽约西格拉姆大厦之后完成的又一座高层钢结构玻璃幕墙建筑，它的处理手法和过去大致相似，只是平面进深较大，一组电梯间形成为中央核心，主要结构支柱直通到地，底层布置有开敞的回廊，与周围自然环境能结合得较为恰当。

23 底特律 拉斐亚特公园住宅区·1956—1963

Lafayette Park Housing Develoρent, Detroit

23-1 拉斐亚特公园住宅区鸟瞰（模型）

23-3 拉斐亚特公园住宅区规划（模型）

底特律的拉斐亚特公园住宅区是密斯按照现代主义的城市规划理想来进行住宅区规划建设的重要实例，它代表了50年代西方规划思想的基本倾向。住宅区规划在1955—56年由密斯和希尔伯塞麦合作完成，基本上是勒·柯布西耶20年代设想的城市规划理论在美国的实践和发展。

这个住宅区共有三种住宅类型，其中包括单层的联排式住宅，二层住宅和高层公寓式建筑。单层住宅每户都有自己家的庭院，四周并有砖砌的围墙，住宅设计本身的规则性与经济性特点，实际上是密斯本人在30年代所作庭院式住宅方案的变相翻版。二层住宅亦为联排式，但平面布局有一字形和口字形二种，结构均为钢框架形式，立面用铝合金窗棂与大片玻璃组成。高层公寓式住宅则有板式与塔式二种。所有这些类型的住宅高低相间，纵横交错，加以周围绿化环境，创造了一种大片连续的动态空间系统，使绿化、美化与舒适的环境构成了一个统一的整体。

1958年已建成一批低层住宅，在1960—63年建造了三幢高层公寓式住宅。这三座高层公寓式住宅均为21层，周围占地78英亩。虽然规划建设到1963年被迫中断，但从已建成的规模来看，它那秩序井然的布局，居住区功能的完善，与单体建筑造型的精美，仍不失为现代主义建筑群的优秀作品，也是一般美国中产阶级生活方式的典型反映。

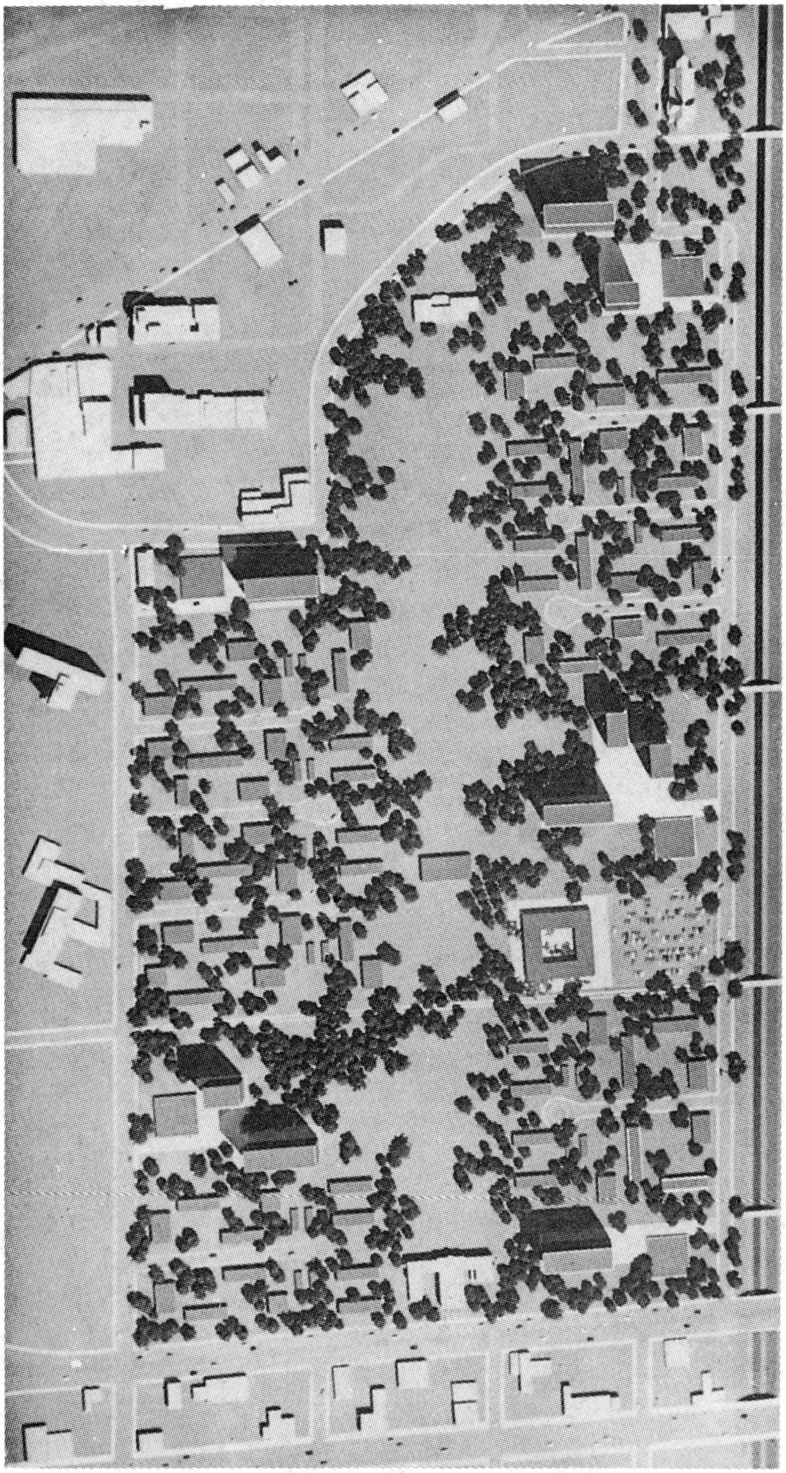

23–2　拉斐亚特公园住宅区高层公寓（模型）

23-4　拉斐亚特住宅区已建成高层与低层公寓·1963

24 纽约　西格拉姆大厦·1954—1958

Seagram Building, New York

24-1　西格拉姆大厦外观

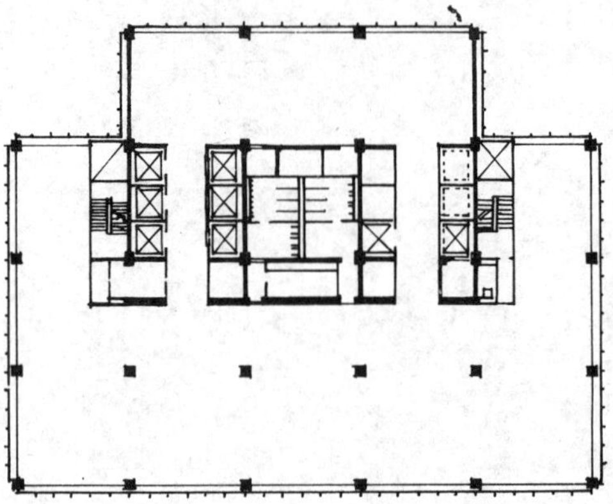

(1) 标准层平面

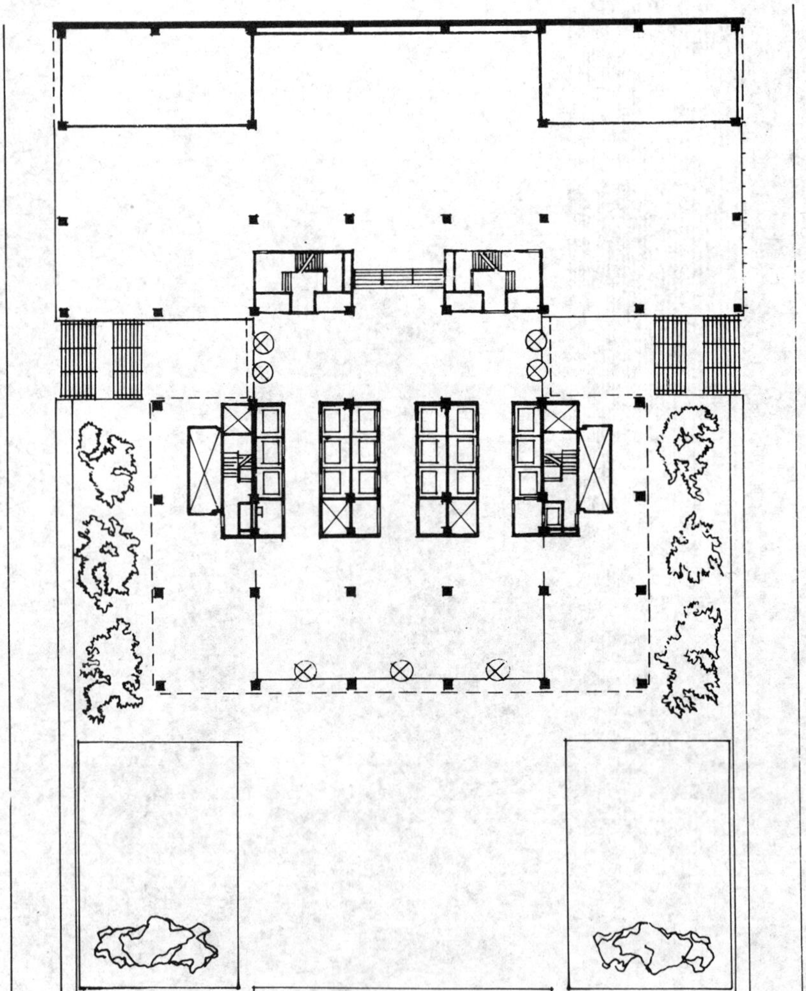

(2) 底层平面

24–2 西格拉姆大厦平面

24-3　西格拉姆大厦入口广场

西格拉姆大厦是一家大酿酒公司的行政办公大楼，建于1954—58年，位置在纽约曼哈顿区花园大道375号，南面是52街，北面为53街，接近繁华的市中心区。主楼共38层，高520英尺，正面朝西，整座建筑是放在一个粉红色花冈石砌成的大平台上，前面留有一个小广场，宽约195英尺，深约90英尺，小广场西端各有一个大水池，侧面还有一些花木配置。这样的总体布置不仅仅衬托了大厦的庄严雄伟，而且也成为街道行人良好的活动场所。广场两边采用了大块的意大利绿色大理石作为长条的矮墙，既作为栏杆围护，又可供人们休息小坐，是非常适用的处理。

西格拉姆大厦无疑是纽约最精致的摩天楼之一，也是密斯设计的高层建筑代表作。

整座建筑处理得相当精致，总造价达4300万美元。大楼标准层正面为五开间，宽约

140 英尺，进深为四开间，约为 112 英尺。主楼的背面还连接有一个 11 层的附属办公用房。建筑采用的模数为 4 英尺 7 英寸半，在建造中只允许 1／16 英寸的误差。所有柱距都是 27 英尺 9 英寸，形成一个规则的柱网。每开间有 6 个窗子。大厦底层高 24 英尺，上部标准层高 9 英尺。整座建筑框架与窗棂采用铜皮作外包材料，它那稳重的古铜色结构构件与茶色玻璃窗相配合，表现了高雅的格调，与周围那些蓝色玻璃摩天楼的轻巧形象相比，有明显的不同。

为了使大楼的造型不致有沉重的感觉，密斯采用了和芝加哥湖滨公寓同样的手法，把底层三面留出二层高的空廊，造成强烈的阴影，使人们看起来好象整座大楼是架空在一些独立的鸡腿柱上，在大楼底层除了门厅之外，只有 18 部电梯和几座楼梯，主要办公用房全在楼上。通过主楼可直接进入后面造价为 400 万美元的四季餐厅，里面有一幅毕加索的壁画正对餐厅入口。室内家具到处闪闪发亮，它们都是用不锈钢材镶嵌红木制成的。为了对比效果，室内墙面用大型的直线抽象艺术作品和曲线的表现主义绘画作装饰。

24-4

西格拉姆大厦侧面

25 美国　休士顿美术博物馆·卡利南厅·1954—1959

Cullinan Hall, Houseton Museum of fine Arts, Houston, Texas

卡利南厅是休士顿美术博物馆的扩建部分，设计开始于 1954 年，到 1959 年才建成。原来博物馆的主体建筑是一个长方形的巴黎学院派艺术馆，端头各有一翼与主体相连。密斯便在二翼之间插入了一个卡利南厅，它既照顾与原有建筑的关系，又相对独立，外观是一个有柔和曲面的玻璃墙，似乎有点恢复过去柏林帝国银行方案的构思。在结构上，他用板型大梁横跨这个一统大空间，就象他曾在克朗楼中所作的那样。然后他把这些大梁、外墙的柱子和窗棂都漆成白色，以便与主体建筑的古典特征相呼应。展览厅内部是灵活的空间，所有的绘画展品都布置在悬空的板块上，而这些板块则用铅丝从天花上悬挂下来。雕刻品安放在绘画展品之间，增加了空间的活泼气氛。这种室内布置方法不仅继续发展了密斯流动空间的概念，而且也使划分室内空间的构件显得轻盈欲飘，给参观者以美的享受。

25-1　卡利南厅外观

25-2　卡利南厅内部

26 美国　纽瓦克　柱廊公寓大厦·1958—1960

Colonnades Apartments Newark, N. J., U.S.A.

柱廊公寓大厦位于新泽西州纽瓦克市的柱廊公园内，1958—60 年建。建筑体形为板式，玻璃幕墙外观，钢结构主要支柱放在幕墙之内，底层有一圈开敞的柱廊围绕，是密斯惯用的设计手法。在它的前面还有一座用同样手法建成的点式公寓。

26-1　柱廊公寓大厦外观

27 墨西哥 巴卡尔第办公楼·1957—1961

Bacardi Office Building near Mexico City

27–1 墨西哥巴卡尔第办公楼底层入口

墨西哥巴卡尔第办公楼是为巴卡尔第朗姆酒厂建造的，1961 年完工，它位于从墨西哥城通向提奥贴华堪（Teotihucan）的公路一侧，周围环境开阔。提奥贴华堪是古代阿兹特克人（Aztecs）的圣城。

办公楼是二层的，底层后退，除了中间有一块玻璃方厅外，其它部分全部敞开，二层是主要办公用房，当中留有一个二层高的院子似的空间贯通上下。建筑结构采用钢框架与规则的柱网布置。建筑内部应用流动空间处理手法，不作封闭式分隔。在外观上引人注目的是强调屋顶与楼板的水平关系，使其上层形成一个独立的盒子，全部支承在架空的立柱上。

办公楼的正立面有五开间，楼层两侧各向外悬挑约半个开间不到，正面的柱子都焊接在屋顶与楼层钢梁的外面，犹如范斯沃斯住宅的处理手法。因此，转角上都没有柱子，楼层在侧面悬挑出深远的距离，形成漂浮的轻快感。在楼层部分的四边立面上都做有一排垂直的钢窗梃，用以固定有色的玻璃窗，加强了上部结实刚健的形象，它和下面架空的立柱形成虚实的对比。

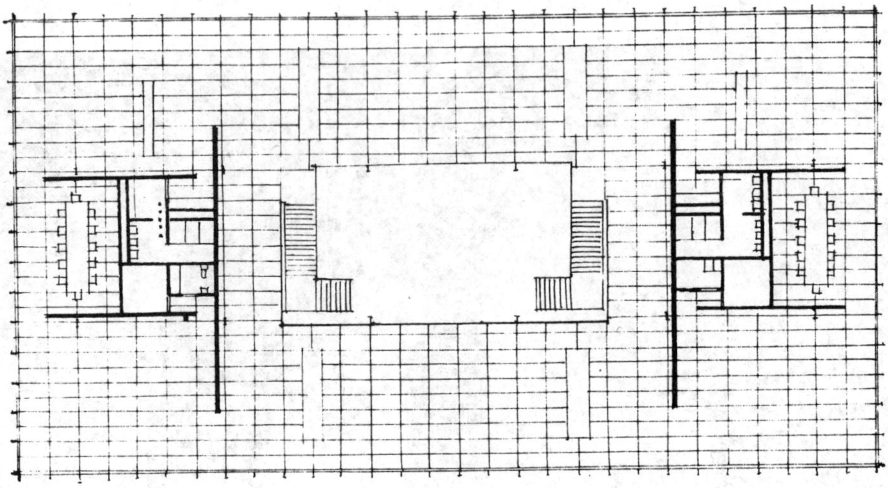

27–2　楼层平面

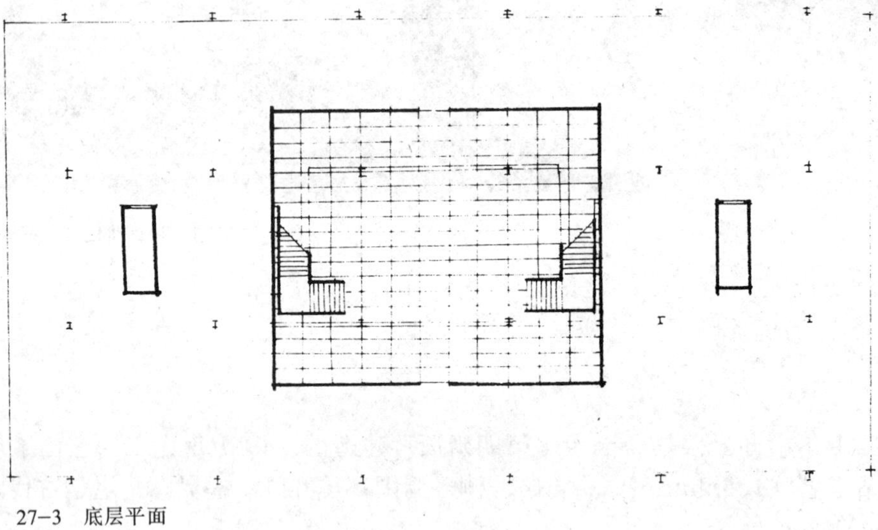

27–3　底层平面

28 芝加哥　国际商业机器公司大厦·1967—1969

IBM Building, Chicago

国际商业机器公司的原名是 International Business Machines Corporation，简称 IBM。IBM 在芝加哥的办公大楼建于 1967—69 年，位置在市中心区芝加哥河北岸的一块狭窄的斜坡地上。靠河一边有一条下沉式道路与铁路支线通过，这样促使建筑物只能做成长方形平面，退后到北面一侧，在南面留有一个小广场，它的手法与纽约的西格拉姆大厦布局颇有类似之处。

大厦高 52 层，玻璃幕墙立面，钢框架的开间宽度为 30 英尺，高度为 40 英尺，全部包在玻璃幕墙里面。钢框架与一条条直棂窗采用黑色铝合金外皮，玻璃为茶色，总的色调比较沉重。建筑物的立面处理很细致，达到简洁精美的效果，表现了密斯晚期作品的特点。建筑物的底层高度加大，外墙后退，突出底层独立的柱子，也都是密斯惯用的设计手法。

从总体看，建筑物虽然面对芝加哥河，然而遗憾的是前面的广场未能获得应有的效益，因为前面的下沉式道路把广场与河岸隔开了，建筑物精美的外观一般也只能让人们从侧面来观赏了。

28-1　IBM　大厦外观

29 柏林　新国家美术馆·1962—1968

New National Gallery, West Berlin

29-1　新国家美术馆入口

29-2　新国家美术馆全景

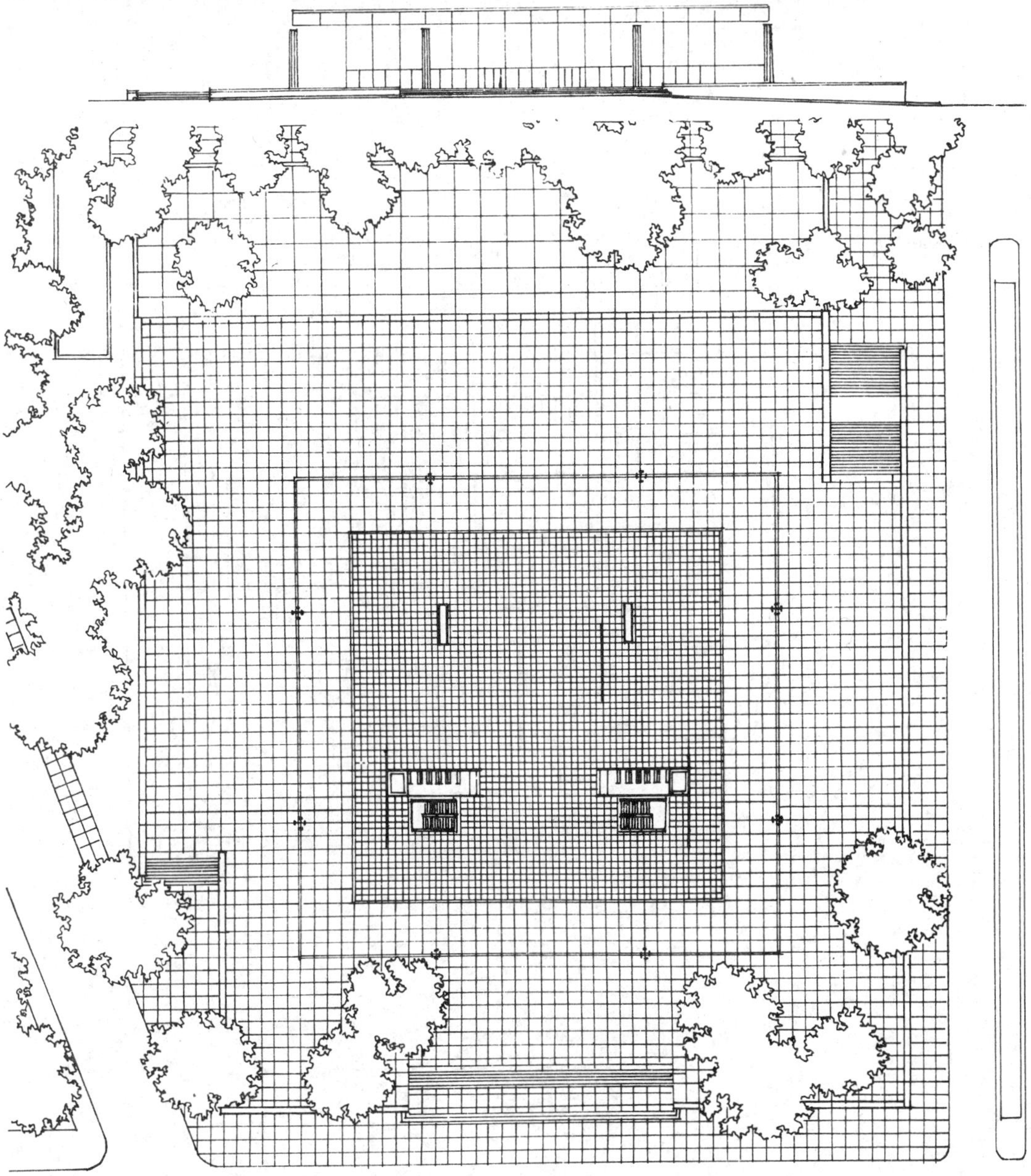

29–3　柏林　新国家美术馆立面与上层平面

西柏林新国家美术馆从 1962 年开始设计，1965 年奠基，1968 年完成。密斯设计的这座美术馆分为二层，妥善地解决了二项主要功能：一项是供短期展览美术作品，放在上层；另一项是永久收藏 19 与 20 世纪的艺术品，放在地下室。上层的主要构思是要创造一个杰出的大厅式建筑，以适应各种不同的用途。

美术馆正面朝东，位于秀丽的圣马修教堂（St.Matthew）和爱乐音乐厅（Philharmonie Building）前面，由于地形坡度关系，它建在一个方形的大平台上，平台面积为 346×362 英尺（105×110 米），正面和两侧都有踏步可供上下。平台上有一个宽敞的正方形玻璃大厅，整个屋顶由八根钢柱支承，每边两根，没有角柱。钢柱断面为十字形，柱高 28 英尺。平屋顶的边宽为 214 英尺（64.8 米），大厅的玻璃幕墙都向内退进 24 英尺，形成一圈宽阔的开敞回廊。玻璃大厅面积为 116 英尺（50 米）见方，厅内高 26 英尺（8.4 米）。大厅内没有

29-4 柏林 新国家美术馆地下室平面

任何支柱，只有楼梯、电梯、衣帽间和管道间等辅助设施，以及四片装饰性的绿色大理石墙用作划分空间。供展览用的活动隔板全从屋顶梁架上向下悬挂，而在地面上无支撑固定。大厅内的美术展品是临时性的，可以经常更换。玻璃幕墙除了正面以外，其它三面全用白色生丝窗帘遮挡。在方格网状的天花内嵌有可变的灯光设备，以供各种展览的需要。

在建筑构造史上，柏林新国家美术馆首创了一个巨大的整体钢结构平屋顶。这个 214 英尺见方，6 英尺深的钢结构屋顶是由一片片纵横间隔 12 英尺的格状钢梁网所组成。为了防止变形，这些钢梁都是以一整条上端受压、侧面并以钢肋板补强的钢板焊接而成的。屋顶的构件是由工厂运到工地，再在地面上逐段焊接成整体，然后，这重达 1250 吨的整个屋顶钢结构，以 16 组水压千斤顶提升至要求高度。

在大平台的下面，全部是地下室，主要用作存放永久性的美术品，结构按照常规布置有整齐的钢筋混凝土柱网和承重墙。在大平台的后面是一个长条形的下沉式庭院，里面布置有露天的雕刻展品和花木。

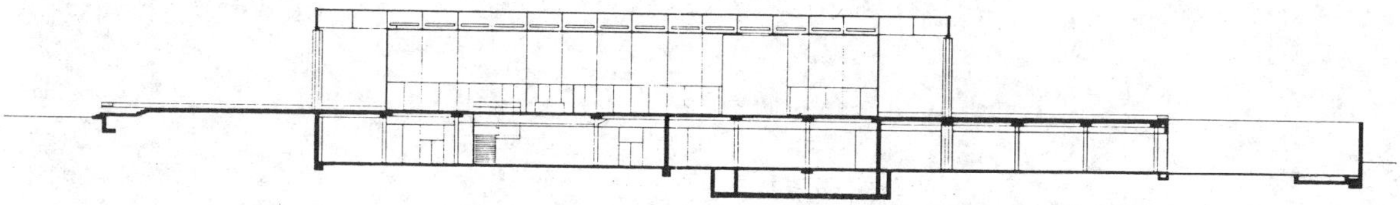

29-5　新美术馆纵剖面

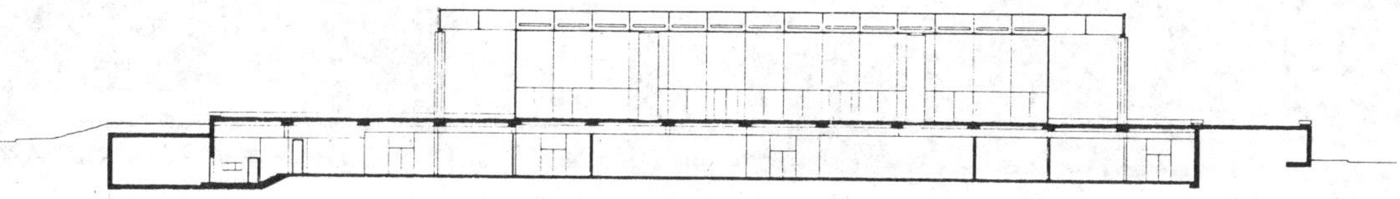

29-6　新美术馆横剖面

29-7　新国家美术馆内部

29–8 新国家美术馆门厅

29–9 新美术馆内部陈设

30 加拿大　多伦多　多米尼中心广场·1963—1969

Plaza in Dominion Center, Toronto

30-1　多米尼中心广场

多伦多市多米尼中心广场建于1963—69年，是密斯和帕金建筑事务所（John B.Parkin Associates）合作设计的。广场由三座主要建筑形成，两座高层商业办公楼分别在广场的两边，并附有餐馆和商店等，在广场的另一边是单层的银行。三座建筑各有自己的轴线，构成一个不对称的群体布局，环绕着方形草坪、树池和大片铺地，形成了开敞而流通的露天环境。

31 芝加哥　联邦中心·1959—1973

Chicago Feberal Centre

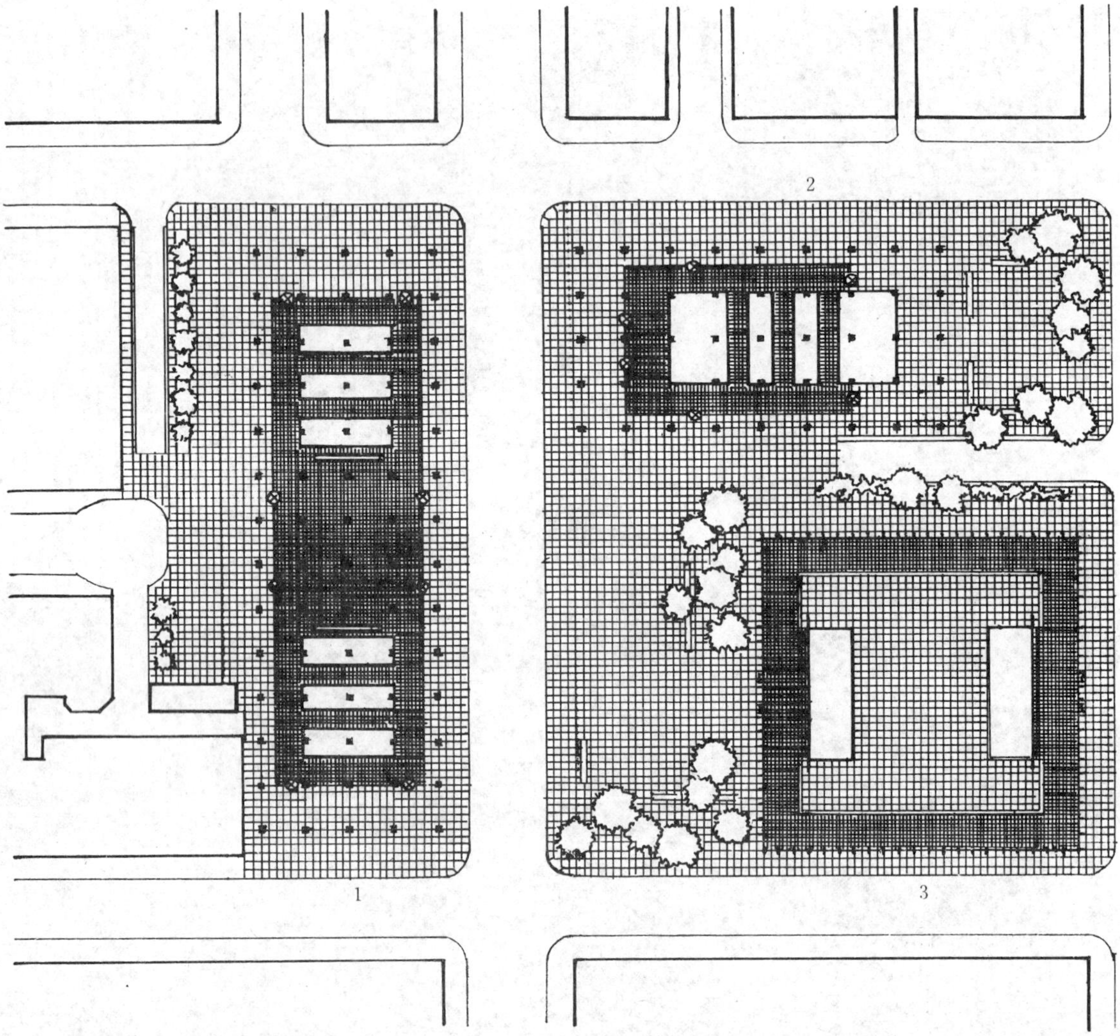

31–1　芝加哥　联邦中心建筑群平面

1. 法院大厦·30层
2. 联邦办公大楼·45层
3. 中央邮政大厦·单层

联邦中心建筑群位于芝加哥市中心迪尔伯恩大街（Dearborn Street），南面为杰克逊林荫道（Jackson Boulevard），北面靠亚当斯街（Adams Street）。整个中心建筑群从1959年开始规划与建设，1973年基本竣工。广场上的各种设施直到1974年才全部完成。由于这组建筑群工程浩大，密斯在主持设计时还邀请了墨菲、施米特、爱波斯坦等建筑师事务所（C.F.Murphy Assoc.，Schmidt，Garden&Erikson，A.Epstein and Sons Inc.）参加，遗憾的是密斯未能亲自看到整个联邦中心建筑群完工，就于1969年与世长辞，所有未了工程都是由其他人完成的。

众所周知，芝加哥是高层建筑的故乡，市中心洛普区（Loop）摩天楼鳞次栉比，而且

31-2　联邦中心广场全景

数目还在不断增加。密斯自到芝加哥以后一直在努力探寻一条道路，就是要在现有街景中填补新风格的作品，并能和原有建筑巧妙地结合。

联邦中心共包括二幢摩天楼和一座低层建筑。位于迪尔伯恩大街东面的是中央法院大厦，高 30 层，在街道对面南端的是 45 层的联邦办公大楼，在两幢大楼中都有一层作为职工餐厅，可方便生活。联邦办公楼的北面是单层的邮政大厦。由于两座摩天楼很靠近，因此在邮局东面布置了一块比较宽阔的公共广场，以丰富城市景观。在小广场的北面是芝加哥学派的代表作之一，1894 年建的马癸特大厦，它与这组建筑群隔街相对。由于芝加哥市区街道呈棋盘状，格网很小，广场尺度已是做到最大限度了。邮政大厦的平面为正方形，每边长度为 197 英尺（60 米），内部是没有支柱的一统空间。·邮局和二幢摩天楼的立面全为玻璃幕墙，它们互相反映，随着日光的变化颇得自然之趣。

两幢摩天楼都是钢框架结构，嵌以固定的大块玻璃，承重结构的柱子退在玻璃墓墙后面，因此在玻璃的外面可以强调工字形的直棂，形成有规则的韵律。早在 20 年代时，密斯就曾倾心于玻璃摩天楼，他说："我想到玻璃结构的可能性，但不是一种表现主义的设计。加强的直棂构件是为了固定玻璃，我把它们移到外面，因此可以获得一种不死板的面样。"

整个建筑群从外面看起来很暗很沉闷，黑色的钢框架和浅灰色的玻璃成为小广场的背景，在小广场的南端有一个巨大的抽象钢雕"火烈鸟"，全部漆成红色，它与这些深色的建筑背景形成强烈的对比。雕刻于 1974 年完成，雕刻家是著名的亚历山大·考尔德（Alexander Calder）。雕刻高 54 英尺，已超过了单层邮政大厦的高度。

联邦中心建筑群是密斯最后一项重要的作品。

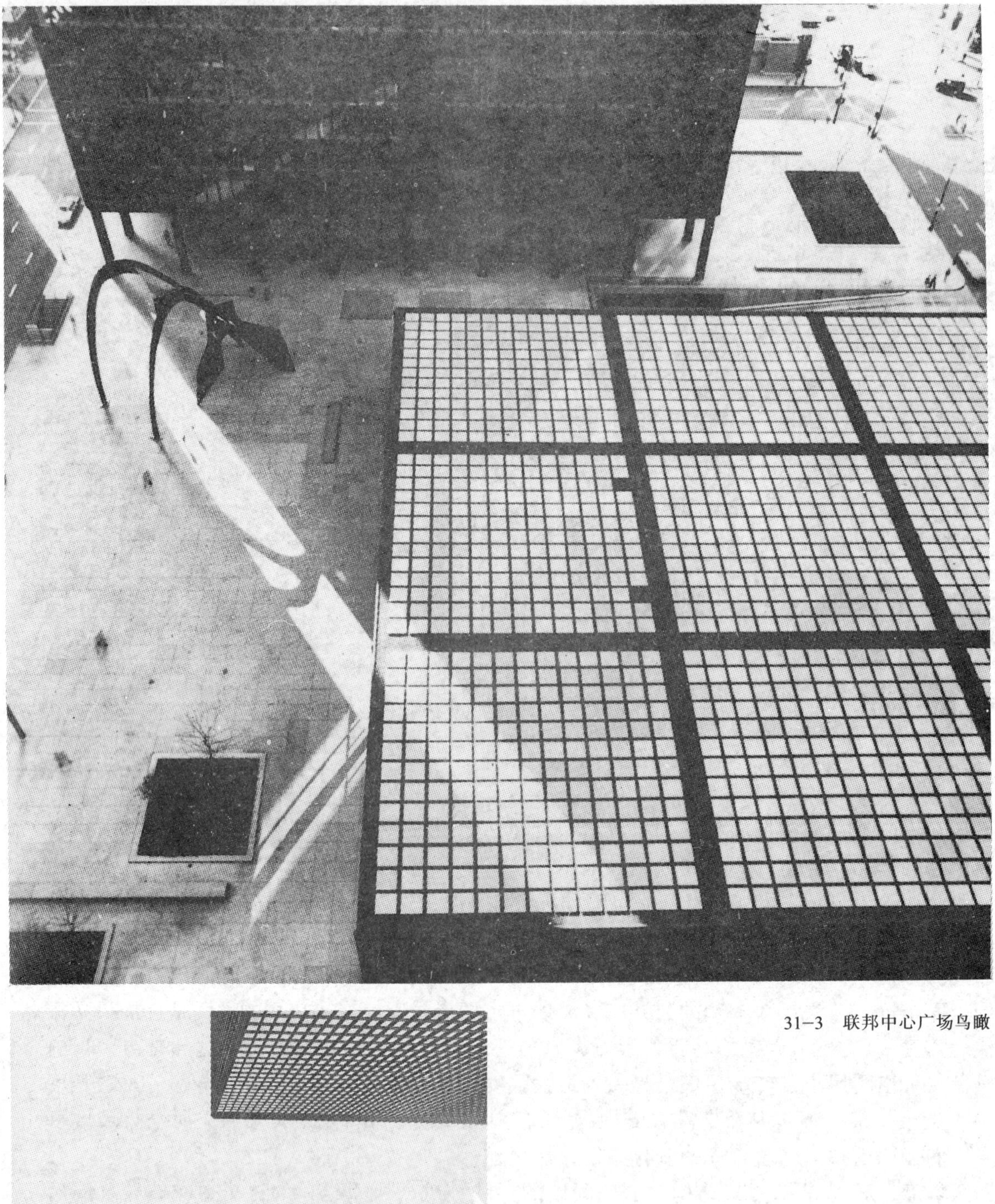

31-3　联邦中心广场鸟瞰

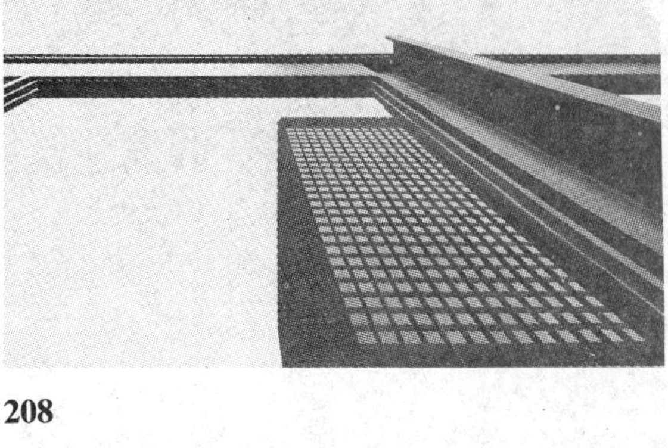

31-4　联邦办公楼与邮政
大厦玻璃幕墙

3

论著

密斯·凡德罗的主要论著摘录

1　1922　两座玻璃摩天楼

摩天楼大胆的结构形式，随着施工的进展便会呈现出来。在这个阶段，巨型的钢铁框架给人们以强烈的印象。但是，当外墙逐渐加上之际，无根据而随意的杂乱形式就掩盖了本应是艺术构思基础的结构骨架。最终，这些建筑物能够使我们惊叹的只不过徒有体积的庞大，虽然它们不成问题也能作为技术水平的一种见证。为力求改变这种求助于旧形式来解决新问题的做法，我们必须从新问题的实质出发来创造新的形式。

用玻璃来做外墙，我们就能看到新结构的原则。在今天，这是容易做到的。因为框架建筑物的墙是不承重的。采用玻璃就为新的解决办法打开广阔的前景。

我在柏林腓特烈大街火车站附近的摩天楼设计中采用了棱柱体形式，在我看来，这与三角形的地盘最为相称。我使玻璃面呈不大的角度相接，以避免大玻璃面的单调感。

在做玻璃模型时，我发现主要效果是映象的变化，而不是一般建筑物普通的光影变化效果。

这个试验的成果也体现在我的第二个设计中，初看起来，曲折的平面形式好象是任意的，实际上这些曲线是由三个因素决定的：建筑内部的采光要求，建筑体积的造型要求，映像效果的要求。在用玻璃做的模型中，我已证实，考虑光影变化效果对于玻璃建筑物的设计毫无用处。

楼梯井和电梯井是平面中唯一不能变动的固定点；其它所有各部分都可随建筑物的功能要求而变动，并且也都可用玻璃来做。

2　1923　办公楼建筑

办公楼是工作的房屋，机构的房屋，纯净的房屋，经济的房屋。

宽阔明亮的工作空间，按照工作机构的需要不受遮挡，并要互相联系。用最少的手段去取得最大的效益。

材料是：混凝土、钢、玻璃。

钢筋混凝土结构生来就应该是框架结构。不要装饰华丽，不要做成堡垒。柱子和大梁取代承重墙，这就是皮包骨的构造。

工作空间的功能划分决定了建筑物的宽度：16 米。最经济的体系是二排柱子，跨度为 8 米，二边悬挑 4 米。大梁之间的距离都是 5 米。这些大梁支承着楼板，在大梁悬臂的两端向上垂直翻起，形成建筑物的外皮。柜子都靠外墙布置，为了能在房间中心视线不受阻挡。在 2 米高的橱柜上面，有一排连续的带形窗。

3 1923 关于建筑和形式问题的一些警句

我们反对一切审美方面的虚夸、教条和形式主义。

建筑以空间形式体现出时代的精神，这种体现是生动、多变而新颖的。

要赋予建筑以形式，只能是赋以今天的形式，而不应是昨天的，也不应是明天的，只有这样的建筑才是有创造性的。

应当从我们建设任务的实质出发，利用我们时代的方法来进行形式的创造。这就是我们的任务。

我们不承认有单纯形式的问题，我们只承认有整个建筑的问题。

形式并非我们工作的目的，它们只是结果。

形式自身是不能独立存在的。

把形式本身当作目的，这就是形式主义，这是我们所反对的。

我们的任务主要的就是要把建筑实践从艺术投机分子的控制下解放出来，以还其本来的建筑面目。

4 1924 建造方法工业化

我们今天的建筑施工方法应当是工业化的。如果说不久前这一点还有许多人怀疑的话，那么，到今天已经连建筑业之外的人们也都一致同意了。

工业化涉及生活的各个领域，如果不是有特殊障碍的话，它早就会不顾建筑界各种落后观点而在建筑业中确立起来了。我认为，对建筑师说来，建筑工业化问题是现代最重要的问题。如果我们圆满地解决了这个问题，那么其它社会、经济、技术甚至审美等问题也就都容易解决了。如何实现工业化呢？我们只有对至今仍阻碍工业化发展的原因进行分析，才能对这种问题得出有说服力的答案。不要归罪于旧有的施工方法——它们是这种阻碍的后果，而不是其原因。

所有各种新施工方法的探索，凡取得成功的都是在能够采用工业化方法的建筑施工部门中。最早的是钢铁工业进行工厂预制的装配构件的生产，今天，木材工业也开始步其后尘了。

但是建筑业其余各部门的大部分生产过程仍旧采用传统的手工业方式。我们在改革建筑工业的施工组织或改善生产过程中，并未消除手工业的生产方式。众所周知，采用大块材能大大降低材料消耗和建筑成本，但却不能使我们摆脱手工操作。

我们面临的不是对现有施工方法的合理化改善，而是必需对建筑工业本身性质作革命性的改革。

建筑施工过程的工业化，是个建筑材料的问题。因此我们的首要任务就是寻求某种新型建筑材料。必须为我们的施工操作方法发明一种既能用工业化方法生产，又能抗御自然气候侵蚀，有良好隔音、隔热性能的材料，这样的材料肯定是要发明出来的。这种材料应当重量轻，不但可能而且必须是用工业化方法才能生产，全部建筑构件都在工厂预制，而施工现场的工序仅限于装配，所需人工和工时都很少，这就能大大降低建筑造价。只有这样，新建筑才能占统治地位。我相信，传统的建筑施工方法必将成为过去。那些为手工业生产方式感到惋惜的人们不要忘记，汽车已不再由马车工人来制造了。

5　1924　建筑与时代

人们都把希腊神庙、罗马巴西里卡和中世纪教堂看作是那个时代的产物，而不认为是哪个建筑师个人的创造。谁会去究问建造这些建筑物的建筑师呢？那些一时走运的创作者个人到底有多大作用呢？这样的创造物本身性质就不是可以与任何个人联系在一起的。它们完全是自己所处时代的反映。它们的真正意义就在于它们是自己所处时代的象征。

建筑是以其空间形式来反映时代精神的。

关于建筑本质的问题具有头等重要的意义。必须搞清楚，一切建筑都是与自己所处时代密不可分的，并且它们只有通过它们当代的形式，也只有通过它们自身所处时代的建筑语汇，才能具有表现力，自古以来毫无例外。

凡是企图在现代建筑中去搬用过去建筑形式的，都完全无指望取得成功。就连最优秀的艺术上的天才要这样做也是注定要失败的。我们已经一而再、再而三地见到一些有天分的建筑师一旦在创作上落后于时代就落得个垮台的下场。尽管他们有天分，但终究不过是一些无识之士，要知道，如果他们坚持错误的道路，那他们的热情又有什么用呢？这就是基本之点。向后看的就不可能有所前进；生活在过去之中，就不可能走向未来。

我们时代的基本趋向就是追求现实世界的生活。神秘主义者所追求的东西已成历史陈迹了。我们已经更进一步地认识了现实生活，因此我们也不再去建造教堂了。浪漫主义者的大胆豪举，对我们也没有什么意义了。我们只感到他们创造的形式空虚。我们的时代不是激情的时代，我们珍视理智和现实主义更超乎突发的热情。

我们必须满足我们时代的人们现实主义的和功能主义的要求。只有这样，我们的建筑物才能体现我们时代的内在力量。只有蠢人才会认为我们的时代是缺乏力量的。

我们现在正忙于解决公共性的问题。个人正在逐渐失去巨人般的作用，这种个人的前途和命运已不再是我们所关心的事了。各个领域中所取得的成就都是没有个人特色的，在大多数情况下其创造者都是不知名的。这里表现了我们这个时代有一种作品不署名的总趋向。一些工程建设就是很好的例子。巨型的水坝、宏大的工业设施和大型桥梁的建设，都被认为是理所当然的事，人们并未铭记创造它们的工程师的名字。它们预示着技术进展的未来。

如果把古罗马沉重的水道桥与现代轻巧得象蛛网般的钢架相比，或把厚重的拱顶与薄壁的钢筋混凝土结构相比，我们就能看出，我们时代的建筑在形式和表现手法上与过去的建筑有多么悬殊的区别。现代的工业化施工方法正是促进了这种发展。

否认现代的建筑物是实用性的营造物，这是毫无意义的。但是，只要撇开浪漫主义的观念，我们就能看到，古希腊人在石造建筑上的创造和古罗马人用砖和混凝土所进行的营造，以及中世纪教堂的营造，都是工程技术的大胆成果。毫无疑问，最初的几座哥特式建筑物，在它们的罗马风式样的同类建筑中间，必定好象是一些不速之客。

只要我们这些有实用性的建筑物能够用自己功能要求的形式，来表现我们的时代，那它们也就配称为建筑艺术品了。

6 1927 写给里茨乐博士论建筑形式的信

我的抨击并不是反对形式，而是反对把形式本身作为目的。

我是因为得到教训了才进行这样的抨击的。

把形式当作目的，就不可避免地走向纯粹形式主义。

这种搞法仅仅集中注意外观效果。但是只有那些内部有活力的，其外观效果才会有生命力。

只有那些生命力强的，其形式才有力量。每一个“怎么样”都是建立在某一个“什么”的基础上的。

“不成形”并不比“过去讲求形式”更坏。

前者不是什么形式也没有，而后者则徒有其表。

真正的形式是以真正的生活为前提的。

但不要“曾经是这样”或“可能会是这样”。

下面是我们的准则：

我们不应过多地凭结果来评价，而应更多地看其创作过程。

因为正是这个过程才能看出形式是否产生于生活本身，或者是为形式本身而生造出来的。

这就是为什么创作过程如此地事关紧要。

生活对我们是有决定意义的。

它具有丰富的、精神与物质相互关联的内容。德意志制造联盟难道不应当作为最重要的任务之一，来弄清、分析和整理我们精神和物质两方面的目前局面，从而起个带头作用吗？

难道还不该让所有其它一切都服从于创造的力量吗？

7 1927 斯图加特博览会的方针

(德意志制造联盟在斯图加特博览会展品目录上的前言)

现代居住问题基本上是建筑艺术问题，尽管它有技术与经济方面的因素。它是一个复杂的布局问题，这只能用创造性的思维去解决，而不能只靠计算与组织。因此，我感到这个问题是迫切需要解决的，不要管经常所谈的“合理化”与“标准化”问题，也不要片面地或教条地去保持斯图加特博览会的方案。因此我邀请了现代运动的先进代表人物去对现代居住建筑问题作出他们的贡献。

我已经放弃了做好的固定方案，为了让每个建筑师都尽可能地去自由发挥他的思想。在绘制总平面中，我感到要避免规则性是非常重要的，因为规则性会破坏自由表现。

8 1927 关于公寓式住宅的设计

在今天，经济性的因素决定了公寓式住宅的建设必须合理化和标准化。另一方面，我们的要求更为复杂了，这又需要平面布置有灵活性。未来的发展就必须考虑这两种因素。要达到这些目标，最合宜的结构系统就是框架式。采用这种形式能够应用先进的施工方法并保证内部平面布置更为自由灵活。卫生技术设备要求厨房和浴室不能不作成固定的小间，而住户中其余所有空间则可以用活动隔墙来随意划分。我认为，这样做应该能够满足全部要求了。

9 1928 博览会

博览会是展示工业与文化的工具。它们应该要这样利用。

一个博览会的效益取决于它探讨的基本问题。伟大的博览会的历史告诉我们，只有博览会探讨生活问题才会取得成功。

庄严的博览会为了赚钱的时代已经过去。今天我们评论一个博览会是依据它在文化领域中完成的任务。

经济、技术和文化条件已经有了根本性的变化。技术与工业两方面都完全面临着新问题。寻求好的方案，对于我们的文化与我们的社会以及对技术与工业都非常重要。

德国工业（其实欧洲工业是作为一个整体）必须明白与解决这些特殊的任务。途径必须是从数量引向质量，从广泛引向集中。

沿着这条道路，工业与技术将会与思想及文化的力量相结合。

我们是处在一个过渡的时期，过渡将会改变世界。

解释与扶持这种过渡将是未来展览会的责任，同时，只有在这种情况下，重视这个任务和探讨我们时代的中心问题，即强化我们的生活，展览会才能取得成功。

10 1930 新时代

(在维也纳举行的德意志制造联盟一次会议上的讲话)

新时代已经是一个事实，它已经不顾我们置以“可”或“否”而出现了。但是它比之任何别的时代却既不显得好些，也并不更坏。因此我也不愿费劲去给它下定义或去弄清它的基本结构。

我们别把机械化和标准化说得过分严重。

我们要承认经济和社会条件已经变化这一事实。

所有这一切都沿着不可选择的命定的途径向前发展着。

有一件事是有决定意义的，这就是看我们在环境条件面前所抱的态度。

从这点出发，那些精神方面的问题就开始出现了。应该提出的紧要问题是“怎样做”，而不是“是什么”。至于我们生产什么产品，或者使用什么工具，则没有精神方面的意义。从精神方面的观点来看，是建摩天楼还是低层建筑物的问题如何定夺，是否采用钢铁和玻璃来建造，都是无关紧要的问题。

然而恰恰是价值的问题则是有决定意义的。

因为，对不管任何时代——包括这个新时代——正确的东西总是占据显要地位的，这就是：要使精神获得存活的机会。

11 1930 艺术评论

(在"艺术家议论评论家"座谈会上的即席发言)

难道说判断错误不是很自然的事情吗？难道说评论工作是很容易的吗？

目前评论文章甚少，艺术作品同样也甚少。因此我想提醒大家注意评论，包括艺术家的评论的基础和本质。如果这一点不弄明确，那就不可能有真正的评论，对评论家也就会提出过分的要求。

评论家的作用是：研究分析艺术作品，评价其意义和价值。要做到这一点，评论家首先应当了解作品。这是不容易的。艺术作品产生于自己特定的生活环境，并非任何时候任何人都能领会的。为了领会艺术作品，我们必须接触该艺术作品所表述的那种种条件。评论正是在这点上方能取得巨大效果而也有其局限性。

评论的局限性还在于存在着价值的等级，没有这种等级，任何比较衡量都是不可能的。目前的评论总难免充当一种价值的尺度。

12 1938 在就任阿尔莫理工学院建筑系主任时的讲话

任何教育工作都应从实践入手。

但是目前的教育则必须跨越这第一阶段，以促进个性的形成。

首要的任务是要给学生以实际生活所必需的知识和能力。其次的任务是促进其个性的发展，以使他能够正确应用自己的知识和技能。

这样，当前的教育所追求的就不仅是实用性的目标，而且还要发展精神方面的教育。

我们在实用方面的教学内容只表现物质方面的进展情况。我们的精神方面的意向，则表现我们文化的水平。但不管我们的实际目标与精神倾向是何等不同，它们之间无论如何总是紧密联系的。

我们精神方面的意向若不是与实际目标相联系的话，还能与别的什么相联系呢？

人类生存同时依赖两个基础：我们的实际活动保证的物质方面的需求；我们的精神意向则提供了进行创造的条件。

这对于整个人类活动都是适用的，甚至对那些精神因素作用很小的活动也是一样，而对建筑师的创造就更有典型意义了。

我们若想有所成就，就必须从这些原则出发来组织我们的建筑教育体系。这种体系也必须适应客观现实条件。任何建筑科目的教学都应揭示现实与精神的相互联系。

我们应当一步一步地阐明，什么是可以做的，什么是必须做的，什么是重要的。

教育要说有目标的话，这首先就是培养敏锐的眼光、预见能力和责任感。

教育工作应当把我们从无根据的见解引到能做负责任的判断，从偶然凑合引到合理的明确性和逻辑性。

因此，让我们引导学生沿着认识的阶梯从物质的研究（通过了解功能）走到独立的创造。让我们引导他们朝着朴实无华的施工方法的境界健康发展，在那里，每一斧劈都有其作用，每一雕凿都有其表现力。

过去木构建筑那种结构上的明确性现在到哪里还能再找到呢？其材料、结构与形式如此地统一，现在到哪里还能再找到呢？

这是多少代人智慧的结晶。

这些建筑物具有对材料多么非凡的敏感性，又是多么富有表现力！

它们何等亲切而优美！有如古老民歌的回响。

他们对材料的理解何等正确无误，何等运用自如！

过去的匠师们对于哪儿可以、哪儿不能使用石材，洞察力是何等惊人！

我们从何处还能找到这样丰富多彩的结构方案呢？现在哪儿还有这样自然而健康的美呢？

他们把梁架搁在古老的石墙之上是多么的自然，门洞开得又是何等精巧呀！

我们还能为年轻的建筑师们找到比这更鲜明的范例吗？我们到哪里还能学到从这些无名匠师作品所表现的简朴真实的艺术技巧呢？

我们从砖砌建筑物中也能学到不少东西。

砖块的形式是何其合理而便利，它们何其适应于各种不同的用途呀！他们的错缝、砌筑方式和表面效果是何其合理！

这种最为简单的墙面又是何等丰富！

如此说来，每一种材料都有自己的特性，它们是可以被认识和加以利用的。

钢铁、混凝土也是一样。必须搞清楚，问题不在于用什么材料，而在于我们如何去使用它们。

新材料不见得总比旧的好。每种材料都是这样，我们如何处理它，它就会成为什么样子。

我们对建筑功能也必须象对建筑材料一样地熟悉。应当对功能要求进行分析，把它们搞得更明确。例如，必须了解居住建筑与其它类型建筑的区别。

对于建筑物可能是什么样的，又应该是什么样的，以至它不应该是什么样的，都必须心中有数。

我们必须研究建筑物的全部功能要求，并使其成为形式创造的依据。

除应了解材料和功能要求之外，还必须了解我们时代人们的心理和精神方面的特点。

我们必须了解我们时代的主要内容和动力，要善于从物质、功能和精神这三方面的观点来进行分析。

关于我们时代与别的时代的区别，以及它与过去时代有何共同之处，我们也必须有明确的概念。

这就产生了施工方法的问题。

技术不但使我们有力量，也会给生活造成危害；这与人类所有活动一样，祸福并行。因此我们必须明确决定，要采取什么样的建筑原则。

建筑中审美原则过分着重理想和形式方面，这既不适应我们的生活需要，也不适应对待生活的现实主义态度。

因此我们决定采取有机建筑，以期达到局部与整体能成功地互相协调。这就是我们的基本观点。

从对材料的研究（通过了解功能）到积极创造，这条漫长的道路，其目的只有一个：就是要创造出建筑的系统。我们需有一种系统，其中，一切都有自己应有的地位和自己的定义。我们但愿这种系统发展完善，以便我们的创作园地从中发芽滋长。

表达我们作品的目的和意义，没有比圣奥古斯丁的话更深刻而恰当的了:“美是真理的光辉”。

13 1940 论F·L·赖特

(为纽约现代艺术博物馆举行的F·L·赖特展览会非正式出版的目录册所写的评论)

约在本世纪初，威廉·莫里斯掀起的欧洲大规模的艺术复兴潮流，在趋向过分精致讲究之后，已逐渐丧失活力了。衰竭的明显迹象已经出现。从形式的角度来复兴建筑的企图已呈灭亡之势。缺乏健全的体例是显而易见的。甚至当代艺术家们作最大的努力，也不能克服这种缺陷。他们所作的努力，毕竟只限于主观方面。由于建筑的正确做法总必须是讲求客观现实性的，我们确实可以发现当时唯一健全的解决办法都存在于那些坚持有客观条件限制的场合，并且都是不容主观想法有机会放纵的场合。在工业建筑的领域中，这一点在当时是正确的。只要重温彼得·贝伦斯为电气工业所做的出色创作，就足以说明了。但是在建筑创作的所有其它问题上，建筑师则闯入了历史的领地。对于其中的有些人来说，古典形式的复兴好象还是合理的，而在纪念性建筑的领域中，甚至好象是绝对必要的。

当然并非所有二十世纪早期的建筑师们都是这样。而特别是凡·德·维尔德和贝尔拉格更不是这样。他们两人对自己的理想都是很坚定的。要他们背离他们认为必要的、既定的思路是不可能的，前一人是因为他知识的完备，后一人则是因为他对自己的理想怀有几乎象宗教般的信仰以及他性格上的真诚。由于这些原因，一个赢得我们最高度的尊重和爱慕，另一个也获得我们特别的敬仰和热爱。

但是我们这些年轻的建筑师却感到内心存在着痛苦的混乱。我们热心追求无限好的东西，我们也决心献身于一种思想。但是在那时，该时期建筑思想的活力却已丧失了。

这就是1910年大致的局面。

正在这个对我们说来是转折关头的时刻，F·L·赖特的作品展览来到柏林了。这次内容丰富的展出和其作品的详尽出版物的问世，使我们能够真正认识这位建筑师的成就。这次接触肯定对欧洲的进展具有极大的意义。

这位大师的作品展现了一个有意想不到的力量的建筑领域，展现了表达上的明确性和形式上的丰富多彩。这个展览会是一个巨匠从建筑的真正源头汲出来的清泉，他的创作以真正的独创性问世了。在这里也显示出真正的有机建筑的花朵盛开了。我们研究这些创作越是专注，就越敬佩他的无比的天才，他的大胆的想法，以及他的思想和行动上的独立自主。从他的作品所散发出来的有力的冲击，使整个一代人获取了力量。他的影响甚至在还未实际显现之前即已能强烈地感觉到了。

就这样，在这初次接触之后，我们就以时刻关注的心情追随这位罕见的人物。我们怀着惊奇去察看一个得天独厚的人赠与我们的丰盛礼物。他以毫不衰竭的力量，象广袤景色中一棵巨树的华冠，年复一年地发展壮大。

14 1943 一座小城市的博物馆

小城市的博物馆不应该模仿大城市的样子。这种博物馆的价值取决于它的艺术作品质量以及取决于作品布置的手法。

首要的问题是要把博物馆建立为观赏的中心，而不是成为艺术的坟墓。在这个方案中，艺术作品与社会生活之间的障碍被消除了，这是由于用了一个花园前庭来展览雕刻的关系。放在建筑物内的雕刻享受着同样的空间自由，因为开敞的平面可以看到周围的群山衬托着雕刻。这样获得的建筑空间变成为一个有范围的空间，而不是受限制的空间。像毕加索的格尔尼卡（Guernica）作品就很难放在通常的美术博物馆里。在这里，它可以被表现出最大的效益，而且它可以在变化的背景衬托下变成为空间中的一个要素。

设计一个大面积的建筑要有很好的灵活性。在这个博物馆中采用的结构类型是钢框架。这种构造可以使建筑物的建造只需要三个基本要素——地板面、柱子和屋顶板。地面与台阶的面层最好是石头。

在同一个屋顶下，可以用行政办公房间来分隔展览空间。这些办公室会有它们的卫生间与贮藏室，都放在办公室下面的地下室里。

小幅画面可以放在独立的墙面上展出。整个建筑空间也要适应大型的展览，要鼓励比今天习惯更有代表性的利用博物馆，而且为了整个社会的市民与文化生活要创造一个高尚的背景。

15　1950　写给伊利诺理工学院的信

技术植根于过去、控制今天、展望未来。

这是一次真正的历史性运动——是那些能够改造和代表其时代的伟大运动之一。

只有古典时期对人的发现、古罗马强权的威力和中世纪的宗教改革运动，才能与之相比。技术远不止是一种手段，它本身就别有天地。

技术作为一种手段，几乎对一切方面都可说是最优越的。

但是，只有当技术在宏伟的工程构筑物上充分发挥了作用，它才能显现出自身真正的本质。

在那里，技术很明显不仅是一种有用的手段，而是本身具有重要性，具有特殊意义的强有力的形式。

那末，它到底是仍算技术呢，还是算作建筑艺术了呢?

这可能就是为什么有人会认为建筑的寿数已满，技术即将取而代之了。

这种认识却并非出自清醒的思考，而倒是恰恰相反。

凡是技术达到最充分发挥的地方，它必然就达到建筑艺术的境地。

建筑艺术诚然是以现实为依据的，但是活动领域却是在抒发意境的境界中。

我希望你们能明白，建筑艺术和形式臆造毫无共同之处。

建筑艺术并非大人小孩的游戏场所。

建筑艺术是时代潮流的真正战场。

建筑艺术是各时代历史的记录，它可以使各时代留名后世。

建筑艺术又是依存于自身所处时代的。

建筑艺术形式是以其内在的结构逐渐成形确定下来的。

这就说明了为什么技术与建筑艺术的关系竟是如此密切。我们希望，它们两者共同成长发展，我们期待终将有这么一天，建筑艺术形式将成为技术的表现。

只有到那时，我们才能拥有名副其实的建筑，即，成为我们时代真正标志的建筑。

16 1955 关于建筑技术的警句

建筑艺术曾一度取决于工匠的技艺。由于受到原始技术的限制和受到某个商行体系标准的支配，建筑过去只能适应这种缓慢细致的建筑方式。机器时代带来了新材料和新工具，于是新形式便出现了。

新技术的可能性使建筑师很快地从过去的限制和客观环境中解放了出来。于是他要在自我表现和经济需要之间作出选择。许多永恒的价值逐渐失去意义。在讲究便宜、速度、实用和表面效力的文明世界，没有工匠的余地。

与格罗皮乌斯称之为“无关紧要的表面文明”同时出现的有另一种文明。壮丽的大坝，雄伟的高粮仓，美丽的高速立交枢纽，典雅的转播塔，带状的悬索桥都从大地上诞生出来了，并极大地扩大了人们对形式的想象力。这些事物本身具有新的目标，新的限制和新的规律。

形式已由艺术家和工程师发展到高度优美精致的地步。当技术完成它真正的使命时，它就升华为建筑艺术。

建筑师表现出应用新技术的潜力，并以这些潜力完成基本形式。他们的新原则是自己制定的。他们的苦心是渴望让人类享受其基本资源。只有通过材料的特性来提取其精华时，他们才能使对比、节奏、平衡、比例、尺度等抽象因素变为现实；这些因素只有以适当的方式在那些材料中表现出来，并且与作用在它们上面的各种力量取得和谐时，这些因素才能存在。正是工匠决定了这些存在形式的性质，因此他又回到建筑艺术的道路上来了。

然而，为满足人的精神需要，建筑师面临着纯技术成就的挑战，因为建筑取决于实际，但它真正的活动范围在于其精神意义。

17 1958 与诺伯·舒尔茨谈话的摘录

灵活平面布局与明确的结构是分不开的。一座明确的结构系统是灵活平面布局的基础。如果没有明确的结构系统，我们就根本不感兴趣。我们先要问自己——我们应当建造的是什么，是一座开敞的厅堂还是一种较为常规的构架形式——然后我们就以选定的结构类型进行设计，一直做到最细的细部，最后才开始解决平面布置的细节问题。如果先解决平面或空间问题，那一切就都卡壳了，就不可能做到结构系统明确。

我们毫不含糊地提出明确的结构系统，因为我们需要一种规则的结构，以适应当前标准化的要求。

结构系统是整体的主心骨，它又为灵活平面布局创造了条件。没有这条主心骨，平面布局就灵活不起来，而只能是混乱和拥塞的。

我们不喜欢“设计”这个字，它的含义可以包括一切但又什么也不是。有许多人自信什么事都能做，从设计一把梳子到设计一座火车站，结果是没有一样设计得好。我们只关心房屋。我们宁可使用“房屋（Building）”这个字而不用“建筑（Architecture）”这个字，只有房屋建筑艺术才能产生最好的成果。有些学派在社会学和设计上的面铺得很开，其结果是把要从事建筑的任务都丢开了。房屋建筑术始于把两块砖头仔细放到一起。我们的教学目的在于训练眼和手。

如果每天都要想出点新东西来，那我们干脆就前进不了。要想出点儿新奇的东西来并不困难，但要把什么东西研究透彻却还真需要付出很多代价。我在教学中喜欢引用维奥勒特·勒·都克（Viollet—Le—Duc）的一个例子。他曾指出：哥特教堂发展的三百年历史中，首先就是对同一类型的结构体系所进行的透彻研究和精心处理。我们特意把自己约束在当前可行的那些结构体系的范围内并力图作出详尽的设计来。我们打算以这种方式为进一步发展打下基础。

你可以看出，整个建筑物是一个大间，我们相信这是现今最经济也最实用的结构方式。建筑物的用途是经常会改变的，但我们不能去把它拆掉，因此我们要把沙利文的口号“形式服从功能”颠倒过来，去建造一个实用和经济的空间，使功能去适应它。

我企图使建筑物充当一种不带任何色彩的边框，以便人和艺术品都能在其间呈现其本来面目。要做到这一点，对事物持谦逊态度是必要的。

自然界也必须显现其本来面目。我们不应该用我们设计的房子及室内装饰的色彩来破坏自然界。我们倒应当力求把自然界、房屋和人联合在一起以创造更高度的统一性。当你通过范斯沃斯住宅的玻璃墓墙观看自然景色的时候，会比在室外观看的自然界含有更深刻的意义。现在对自然界的要求更多了，因为它已经成为一个更大整体的组成部分了。

灵活平面布局是一种新概念，它象一种新语言一样，有自己的语法。许多人认为灵活平面布局意味着绝对的自由。那是一种误解。灵活平面布局与传统布局同样要求建筑师要受过训练并要有理解力。例如灵活平面布局要求那些仍属必要的封闭部分应从外墙向后退，象范斯沃斯住宅那样做。只有采取这种做法，才能求得灵活的空间效果。

18 1960 接受美国建筑师协会颁发的金质奖章时的讲话

接受美国建筑师协会颁发的金质奖章对我来说是极大的荣誉。

这表明，我的同行们赏识并器重我的工作。我深深感谢这种表示敬意的礼遇。

教学活动的需要，促使我必须把我的建筑观点和观念明晰地加以条理化。

创作活动则使我有机会在实践中来验证它们。

除其它各种因素之外，我的教学和设计工作证明：进行创作必须思想和行动都明确。

缺乏明确性，就没有观点。而没有观点就没有坚定的目的性，只能是一片混乱。

也有过这样的时候，连伟大的人物也慌乱失措起来。1900 年代就出现过这种情况：赖特、贝尔拉格、贝伦斯、奥伯里赫、卢斯与凡·德·维尔德，当时各走各的道路。“现在该向何处去?”这是当时的学生、建筑师们和关心建筑的人们多次向我提出的问题。

毫无疑问，没有任何必要也不可能每个星期天都杜撰出新的建筑风格来。

当前我们正处在一个时代的起点，这个时代将由新的思想来统治，它将要被新的技术方面、社会方面和经济方面的力量推向前进，它将获得新型机械设备和新型建筑材料。这个时代必将创造出新的建筑来。

但是未来是不会自行降临的。我们只有目的明确、专心致志地工作，才能为未来打下良好的基础。多年来，我越来越坚定地相信，建筑艺术不是单纯形式的游戏。我懂得了，建筑与文明有紧密的关系。

我也懂得了，建筑艺术产生于文明的最基本的动力，它最优秀的作品必定反映了自己所处的时代。

文明的构成并不单纯，它的一部分处于过去时代，一部分在现在，还有一部分则在未来。这是不容易鉴别也不容易领悟的。对于过去的东西不可能加以改变了，就因为它是过去的东西。对于现代的东西，我们必须承认其存在并发展它。对于未来呢……未来对创造性的思想和行动是敞开大门的。

建筑正是从这样一种结构中取得自己发展的基础的。因此，它只与文明的最显要的力量发生联系。只有那些反映时代本质的方面才是货真价实的，我把这称为真正的方面，按福马·阿奎因斯基的理解，或按现代哲学家用现代语言来表达，则称为“事实的真相”。只有这样的一些方面才能反映文明的错综复杂的特性。只有这样作，建筑才能参与文明的发展。也只有这样作，建筑才能逐渐具备自己的形式。

这一直都是，而且仍将是建筑的任务。这个任务无疑是很艰巨的。但斯宾诺莎（1632—1677年荷兰著名的哲学家）早已教导过我们：各种伟大的成就从来都不是轻而易举的，它们既是难能的，也是可贵的。

19　1969　向格罗皮乌斯致敬

(1969.7.29 于芝加哥)

在格罗皮乌斯接近他生命的最后时刻，斯图加特市举办了包豪斯建校50周年展览会。这所学校是他创办的，并曾传播了我们时代最有活力的一种教育思想，这确是格罗皮乌斯留下的美好的财富。

每当我回顾我认识他60年来的情况，作为我们时代的一位杰出的建筑师和最伟大的建筑教育家，我深深地受到他精神的鼓舞。

本世纪各种分裂的力量已经表现得很强烈：混乱，竞争，特殊化，功利主义。但这种条件从未使格罗皮乌斯在寻求多样性的统一中气馁。他也从不动摇他的信念，那就是相信互相合作比个人竞争能做出更多的成果。而且在从事合作和团结许多力量的过程中，他的勇气也始终不衰。他是一位罕见的能使人团结一致的天才。

正如我几年前谈到他那样，为了新的信念，他总是一位在无止境的战役中的勇猛战士。他参加这个战斗一直坚持到他漫长生命的结束。

根据我的看法，这些就是格罗皮乌斯给我们大家最高贵的遗产。

结语：密斯·凡德罗的历史地位

密斯的一生为现代建筑的进展作出了巨大的贡献，这是举世瞩目的，因此在他的晚年，荣誉和奖章已应接不暇。在荣誉方面：1950年他获得了西德卡尔斯鲁厄和不伦瑞克二所工学院的名誉博士学位，1956年获得美国北卡罗来纳州大学的名誉博士学位。1957年，西德授予他全国人文科学院荣誉院士称号。1959年获法国建筑科学院院士称号。1960年被选为美国人文与自然科学院的院士。此后他还获得过七个大学的名誉博士学位。在60年代期间，密斯曾回过一次故乡，这是他自1938年仓忙逃离德国后第一次重新来到亚琛，他荣幸地被邀请在这座城市的黄金簿上签名，并且有一条林荫大道以他的名字命名。当时一家德国报纸曾刊登消息说："密斯是亚琛城最骄傲的儿子，第二个查理曼"。

在奖赏方面：1959年他曾到伦敦接受过英国皇家建筑师学会的金质奖章，同年又获得了德国荣誉骑士长官十字勋章。1960年获得了美国建筑师学会的金质奖章，同年还和菲利普·约翰逊共同获得纽约建筑联盟的荣誉金质奖章。1963年获美国文学与艺术学会的金质奖章。1966年获德国建筑师学会的金质奖章。

密斯是一位世界著名的现代建筑大师，也是美国现代建筑发展过程中最重要的两棵大树之一❶。他那具有特色的建筑作品与设计方案多达200项以上，从而为正统的现代建筑学派创造了时代的最强音，并奠定了密斯风格的基础。在当代世界建筑领域内，差不多到处都可以看到密斯的影响，玻璃幕墙的高层建筑，流动空间和一统空间的内部设计，简洁抽象的建筑形体都已成为许多建筑师的基本语法了。

密斯同时也是一位杰出的建筑教育家。他在1930–33年负责包豪斯学校期间不仅继续发展了格罗皮乌斯重视实际操作的训练，而且还把建筑教育进一步提高到了理性的水平，为欧洲培养了一批强大的现代派建筑师队伍。1938年秋季他到美国担任伊利诺理工学院建筑系主任之后，又在包豪斯教育方法的基础上结合美国社会的特点制定了新的教学计划，提出了明确的目标及培养的方法。使大批毕业生成了美国现代建筑学派的中坚力量，开拓了著名的第二芝加哥学派，为现代建筑的发展奠定了新的里程碑。

密斯还是一位自学成才的榜样。他在青少年时代从跟石匠的父亲当学徒和后来在贝伦斯建筑事务所学习建筑设计，直到他自己独立开业，曾走过一条刻苦自学的道路。他善于观察、思考、分析、模仿，然后开始了自己独立的创造。这种创造不仅是考虑到符合当代社会的需要，而且能表达时代的精神。正因为如此，他创造的光辉建筑形象已成为本世纪的骄傲，并吸引了广大的追随者与崇拜者。

密斯还可以说是纯洁主义建筑哲学的代表，"少就是多"的名言已广为流传，他追求的是

---

❶两棵大树指赖特和密斯

简朴永恒的建筑形式。为了寻找理论上的根据，他钻研了许多有关观念形态的哲学论著，最后探讨出了他信奉的创作思想：纪律、秩序和形式。这种理性主义的思想为正统的现代主义建筑指引了新的方向，也为现代主义在前进的征途中增添了力量。密斯的建筑哲学已对建筑领域和城市面貌产生了深远、广泛的影响。

诚然，密斯在建筑上的成就与贡献是无庸置疑的。但是由于他受到本世纪中期社会经历的局限，过多地强调了理性的秩序，以致影响了大量的现代派建筑趋向单调的语法形式。其次是在晚期由于一味追求永恒抽象的形式，使现代派建筑失去了象征的符号，缺乏传统的联想来表达建筑的精神意义。再次是轻视环境的特性，往往以普遍性来代替特殊性，因而缺乏生动活泼的艺术意境。所有这些极端的建筑观点终于导致了后来建筑界的争议和受到抨击。

密斯作为正统现代主义建筑的代表人物，他为理想的永恒形式而奋斗是不屈不挠的。例如他在伊利诺理工学院小教堂设计中所表现出的抽象主义形式，丝毫没有宗教的特殊象征，只有贴上“教堂”的标签才能为人们所承认。同时密斯也是 20 世纪中期非个性的理想主义建筑的代表人物，他追求建筑的通用性已使不同类型的建筑渐渐失去了个性，并且已在世界范围内到处传播。

实际上，形成一种建筑学派，它必然和哲学观点有着密切的联系，密斯的建筑思想根源是受到客观唯心论的影响，认定在可感事物之外尚有一种“理型”存在。他信奉哲学家柏拉图、圣奥古斯丁和圣托玛斯·阿奎纳斯。他追求着一种永恒理想的客观世界，而忽视了客观世界作为运动着的时间和空间的统一体，只是以静止的概念与推理的方法来设计不受时空制约的建筑，显然这种思想不能适应日益发展的时代需要，也不能满足特殊功能与精神的要求。密斯把奠定建筑的秩序看作为建筑的首要因素，因而他在晚期对建筑美学与理想形式的追求成了他的主要目标，这与他早期反对形式主义的建筑宣言是矛盾的，也许是受到康德的美学思想的影响，因为康德强调美学价值和艺术美的作用，而密斯追求理想的建筑艺术形式正是为了获得建筑秩序的社会价值。理性化的建筑设计已逐渐升华为技术精美的形式，这就是密斯给人们留下的深刻印象。很明显，今天的建筑已不可能再完全沿着密斯的理性主义道路一点不改地走下去了，它必然要适应新时代的社会要求，要满足人们日益发展的物质与精神的需要。然而，作为现代建筑的一代大师，他在历史上留下的功绩是不可磨灭的，他的创作经验与成功之路也仍然是永远值得借鉴的。

附　录

1 密斯·凡德罗简历

1886	3月27日出生于德国亚琛
1897–1900	在亚琛读教会学校
1900–1902	在亚琛的职业学校学习
1902–1907	在柏林布鲁诺·保罗事务所当学徒
1907	离开保罗事务所后完成他的第一个工程任务
1908–1911	在彼得·贝伦斯事务所当绘图员
1912	用一年时间在海牙为克吕勒住宅进行设计
1912–1914	在柏林作为独立的建筑师开业
1914–1918	在军队中服役
1919–1937	在柏林从事建筑业务
1921–1925	为十一月学社建筑展览会的主持人
1925	建立十环学社(Zehner Ring)
1926–1932	担任德意志制造联盟第一副主席
1927	德意志制造联盟在斯图加特城魏森霍夫区住宅展览会的负责人
1929	西班牙巴塞罗那国际博览会德国馆设计负责人
1930–1933	担任德绍和柏林包豪斯学校校长
1937	第一次到美国旅行
1938	任美国芝加哥阿尔莫理工学院建筑系主任(1940年以后改名为伊利诺理工学院)
1944	入美国籍
1958	由伊利诺理工学院退休，在芝加哥继续从事建筑设计业务
1959	获英国皇家建筑师学会金质奖章
1960	获美国建筑师学会金质奖章
1963	获约翰逊总统授予的自由奖章
1969	8月19日在芝加哥逝世

2 密斯·凡德罗主要作品一览表

1907 柏林 新巴贝尔斯贝格 里尔住宅
1911 柏林 策伦多夫 佩尔斯住宅
1912 荷兰 海牙 克吕勒住宅(方案)
德国 宾根 俾斯麦纪念堂(竞赛方案)
1913 柏林 维尔勒住宅
柏林 希尔大街住宅
1914 柏林 新巴贝尔斯贝格 乌毕希住宅
德国 韦尔德尔 密斯·凡德罗住宅
1921 柏林 腓特烈大街 玻璃摩天楼(竞赛方案)
柏林 新巴贝尔斯贝格 彼得曼住宅(方案)
柏林 肯帕勒住宅(已毁)
1922 柏林 玻璃摩天楼 2 号(方案)
柏林 钢筋混凝土办公楼(方案)
1923 乡村砖住宅(方案)
钢筋混凝土别墅(方案)
柏林 新巴贝尔斯贝格 莱辛住宅(方案)
柏林附近 波茨坦 伊莱特住宅(方案)
1924 柏林 交通塔楼(方案)
柏林 新巴贝尔斯贝格 莫斯勒住宅
1925 柏林 非洲大街 城市住宅区
1926 德国 古本 沃尔夫住宅
柏林 李卜克内西和卢森堡纪念碑(已毁)
1927 斯图加特 魏森霍夫区 住宅展览会总平面和公寓式住宅(包括家具—MR椅的设计)
柏林 丝织品展览会(和利利·赖克合作)
斯图加特 玻璃工业展览会
1928 柏林 策伦多夫 富克斯住宅(原佩尔斯住宅)扩建部分
柏林 亚历山大广场的改建(竞赛方案)
柏林 莱比锡大街 亚当大厦(竞赛方案)
斯图加特 银行大厦(竞赛方案)
德国 克雷弗尔德 兰格住宅(在战争中破坏)
德国 克雷弗尔德 埃斯特斯住宅(在战争中破坏)
1929 柏林 腓特烈大街 办公楼(竞赛方案)
巴塞罗那 国际博览会 德国展览馆 (包括家具,即巴塞罗那椅)(拆除后于1986年重建)
巴塞罗那 国际博览会 电气展览馆(已拆除)
巴塞罗那 国际博览会 工业展品布置(和利利·赖克合作)

1930 捷克 布尔诺 吐根哈特住宅(战争中受到严重破坏,后改为健身房)
德国 克里弗尔德 乡村俱乐部(竞赛方案)
柏林 战争纪念馆(竞赛方案)
柏林 万湖 格里克住宅(竞赛方案)
纽约 菲利普·约翰逊居住单元内部设计
1931 柏林 建筑展览会 独户住宅和为单身汉建造的居住单元(已拆除)
庭院式住宅(方案)
1932 柏林 莱姆基住宅
1933 柏林 帝国银行(竞赛方案)
德国 克雷弗尔德 丝织厂车间与发电站
1934 柏林 德国人民与工作展览会 矿业展览部分
三院式住宅(方案)
带车库的庭院住宅(方案)
奥地利 蒂罗尔 密斯·凡德罗住宅(方案)
山边玻璃别墅(方案)
布鲁塞尔 国际博览会 德国展览馆(竞赛方案)
菲利车站(竞赛方案)
1935 德国 克雷弗尔德 乌里希·兰格住宅(两个方案)
德国 马格德堡 哈贝住宅(方案)
1937 德国 克雷弗尔德 丝织厂 行政办公楼(方案)
1938 怀俄明 杰克逊荷尔 里索住宅(方案)
二层架空住宅(方案)
三庭院住宅群(方案)
1939 芝加哥 伊利诺理工学院总平面初步方案
1941 芝加哥 伊利诺理工学院总平面修改方案
1942 一座小城市的博物馆(方案)
音乐厅(方案)
1943 芝加哥 伊利诺理工学院矿物与金属研究馆(与霍拉伯德及罗特合作)
1944 芝加哥 伊利诺理工学院图书馆与行政办公楼(方案)
1945 芝加哥 伊利诺理工学院校友会堂(与霍拉伯德及罗特合作)
芝加哥 伊利诺理工学院冶金与化工馆(与霍拉伯德及罗特合作)
芝加哥 伊利诺理工学院化学馆(与弗里德曼、阿舒勒和辛色尔合作)
印第安纳波利斯 坎托汽车餐厅(方案)
1947 印第安纳波利斯 坎托住宅(方案)
1948 芝加哥 伊利诺理工学院 学生联合会大厦(方案)
1949 芝加哥 南岸大道 5530 号 海角公寓大楼(与佩斯事务所等合作)
1950 伊利诺 普兰诺 范斯沃斯住宅
芝加哥 伊利诺理工学院 煤气工艺研究所(与弗里德曼等人合作)
芝加哥 伊利诺理工学院 锅炉房(与萨金特等人合作)
芝加哥 伊利诺理工学院 为美国铁路学会而设的中心研究试验室(与弗里德曼

等人合作)

印第安纳波利斯　坎托商业中心办公楼(方案)

伊利诺　温内特尔　凯恩住宅(方案)

1951　伊利诺　埃尔姆霍斯特　麦考密克住宅

芝加哥　伊利诺理工学院　阿尔莫研究基金会力学研究馆(与弗里德曼等人合作)

钢框架预制联排式住宅(方案)

布鲁明顿　印第安纳大学　联谊会会馆(方案)

50×50　英尺方形住宅(方案)

芝加哥　湖滨大道860-880号公寓大楼(与佩斯事务所等合作)

芝加哥　阿尔冈昆公寓大楼(方案)(与佩斯事务所合作)

1952　芝加哥　伊利诺理工学院　小教堂

1953　芝加哥　伊利诺理工学院　卡曼大楼：教师与学生的宿舍楼(与佩斯事务所合作)

芝加哥　伊利诺理工学院　为美国铁路学会建的力学试验室(与弗里德曼等人合作)

芝加哥　伊利诺理工学院　学生公共食堂(与弗里德曼等人合作)

德国　曼海姆　国家剧院(方案)

1954　芝加哥　大会堂(方案)

休士顿　美术博物馆总平面

1955　芝加哥　伊利诺理工学院　贝利馆(与佩斯事务所合作)

芝加哥　伊利诺理工学院　坎宁安馆(与佩斯事务所合作)

1956　芝加哥　伊利诺理工学院　物理电子学研究楼(与墨菲事务所合作)

芝加哥　伊利诺理工学院　克朗楼：建筑与设计学院(与墨菲事务所合作)

底特律　拉斐亚特公园住宅区总平面

芝加哥　国民广场公寓住宅群(与弗里德曼等人合作)

芝加哥　湖滨大道900号广场公寓住宅群(与弗里德曼等人合作)

1957　芝加哥　伊利诺理工学院　为美国铁路学会设的试验楼(与弗里德曼等人合作)

芝加哥　伊利诺理工学院　西格尔馆(与佩斯事务所合作)

巴西　圣保罗　美国领事馆(方案)

纽约　布鲁克林　奎德兰格尔公寓大楼(方案)

古巴　圣地亚哥　巴卡尔第办公大厦(方案)

1958　芝加哥　伊利诺理工学院　金属研究馆(与霍拉伯德及罗特合作)

纽约　公园大道375号　西格拉姆大厦(与菲利普·约翰逊等人合作)

底特律　拉斐亚特公园住宅区　公寓式住宅

底特律　拉斐亚特公园住宅区　乔利街城市住宅

纽约　炮台公园住宅区(方案)

1959　休士顿　美术博物馆　卡利南厅(与斯托布等人合作)

芝加哥　联邦中心总平面

1960　新泽西州　纽瓦克　点式与柱廊式公寓住宅

1961　墨西哥城　巴卡尔第办公大楼(与山兹等人合作)

1962　德国　施魏因福特　乔治·谢弗博物馆(方案)

衣阿华州　得梅因　家庭联合储蓄与借贷协会大厦(与史密斯等人合作)
1963　底特律　拉斐亚特公园住宅区　拉斐亚特高层建筑群
巴尔的摩　查尔斯中心一座办公楼建筑
芝加哥　湖光公寓住宅群(与格林伯格等人合作)
德国　埃森　克鲁普行政办公大楼(方案)
1964　衣阿华州　得梅因　德雷克大学　梅雷迪思纪念馆
蒙特利尔　高山广场(方案)
巴尔的摩　海菲尔特公寓住宅楼
1965　芝加哥大学　社会行政事务学院
1966　康涅狄克州　纽黑文　南教堂街学校(方案)
康涅狄格州　纽黑文城发展规划
加利福尼亚州　圣马特奥　福斯特公寓住宅群(方案)
1967　伦敦　城市广场与办公楼(方案：与霍尔福德等人合作)
1968　芝加哥　IBM 大厦(与墨菲事务所合作)
匹兹堡　杜肯大学　科学中心大厦(与施韦克合作)
柏林　新国家美术馆
蒙特利尔　西山广场(与格林斯普恩等人合作)
蒙特利尔　修女岛　埃索服务站(与拉普安特合作)
法兰克福　商业银行与办公大楼(方案)
1969　多伦多　多米尼中心(设计顾问)
休士顿　博物馆扩建部分
芝加哥　蓝十字会大厦(方案)
蒙特利尔　修女岛　I 号高层公寓(与博布罗合作)
西雅图　广播电视演播室(方案)
蒙特利尔　修女岛　高层公寓住宅楼 II 号、III 号(与托赖合作)
蒙特利尔　修女岛　高层公寓住宅楼 IV 号(由别人完成)
蒙特利尔　多米尼广场(方案)
肯塔基州　路易斯维尔　美国人寿与意外事件保险公司大厦(由别人完成)
芝加哥　伊利诺中央航空事务发展区总平面
芝加哥　洛普大学(由别人完成)
1970　芝加哥　东瓦克大道 111 号大厦(由别人完成)
印第安纳州　哥伦布城　贝尔电话公司印第安纳地区办公大楼(由别人完成)
1973　芝加哥　联邦中心建筑群(与爱泼斯坦等人合作)

3 BUILDINGS AND PROJECTS BY MIES VAN DER ROHE

1907	Riehl House, Neubabelsberg, Berlin
1911	Perls House (later Fuchs House), Zehlendorf, Berlin
1912	Kroller House, The Hague (project)
	Bismarck Memorial, Bingen am Rhein, Germany (competition project)
1913	Werner House, Zehlendorf, Berlin
	House, Heerstrasse, Berlin
1914	Urbig House, Neubabelsberg, Berlin
	Mies van der Rohe House, Werder, Germany
1921	Glass Skyscraper,Friedrichstrasse, Berlin (competition project)
	Petermann House, Neubabelsberg, Berlin (project)
	Kempner House, Berlin (destroyed)
1922	Glass Skyscraper II, Berlin (project)
	Reinforced Concrete and Glass Office Building, Berlin (project)
1923	Brick Country House (project)
	Lessing House, Neubabelsberg, Berlin (project)
	Reinforced Concrete Villa (project)
1924	Traffic Tower, Berlin (project)
	Mosler House, Neubabelsberg, Berlin
1925	Municipal Housing Development, Afrikanischestrasse, Berlin
1926	Wolf House, Guben, Germany
	Monument to Karl Liebknecht and Rosa Luxemberg, Berlin (demolished by the Nazis)
1927	Apartment Building (with furniture -- e.g., the MR Chair -- and interiors in collaboration with Lilly Reich) and Gerneral Plan for the Werkbund Exhibition Weisswnhofsiedlung, Stuttgart
	Silk Exibit, Exposition de la Mode, Berlin (with Lilly Reich)
	Glass Industry Exhibit, Stuttgart
1928	Fuchs House (originally Perls House) Additions, Zehlendorf, Berlin
	Remodeling of the Alexanderplatz, Berlin (competition project)
	Adam Building, Leipzigerstrasse, Berlin (competition project)
	Bank Building, Stuttgart (competition project)
	Hermann Lange House, Krefeld, Germany (badly damaged in the war)
	Esters House, Krefeld, Germany (badly damaged in the war)
1929	Office Building, Friedrichstrasse, Berlin (competition project)
	Germany Pavilion (including furniture, e.g., the Barcelona Chair),
	International Exposition, Barcelona (demolished)
	Electricity Pavilion, International Exposition, Barcelona (demolished)

Industrial Exhibits, International Exposition,
  Barcelona (with Lilly Reich)

1930 Tugendhat House (with furniture and interiors),
  Brno, Czechoslovakia (badly damaged in the war;
  later converted to a gymnasium)
  Country Club Building, Krefeld, Germany
  (competition project)
  War Memorial, Berlin (competition project)
  Gericke House, Wannsee, Berlin (competition project)
  Philip Johnson Apartment interiors, New York

1931 House, and Apartment for a Bachelor,
  Building Exhibition, Berlin (demolished)
  Court Houses (project)

1932 Lemcke House, Berlin

1933 Reichsbank, Berlin (competition project)
  Factory Building and Power House for the Silk Industry,
  Vereinigte Seidenwebereien AG., Krefeld, Germany

1934 Mining Exhibit, Germany People and Germany Work
  Exhibition, Berlin
  House With Three Courts (project)
  Mies van der Rohe House, Tyrol, Austria (project)
  Glass House on a Hillside (project)
  German Pavilion, International Exposition, Brussels
  (competition project)
  Filling Station (competition project)

1935 Ulrich Lange House, Krefeld, Germany (2 projects)
  Hubbe House, Magdeburg, Germany (project)

1937 Silk Industry Administration Building, Krefeld,
  Germany (project)

1938 Resor House, Jackson Hole, Wyoming (project)
  House on Two Levels (project)
  Group of Three Court Houses (project)

1939 Preliminary Master Plan for Illinois Institute
  of Technology, Chicago

1941 Revised Master Plan for the Illinois Institute
  of Technology, Chicago

1942 Museum for a Small City (project)
  Concert Hall (project)

1943 Minerals and Metals Research Building,
  Illinois Institute of Technology, Chicago
  (wiht Holabird and Root)

1944 Library / Administration Building, Illinois Institute
  of Technology, Chicago (project)

1945 Alumni Memorial Hall, Illinois Institute of Technology,
  Chicago (with Holabird and Root)
  Metallurgy and Chemical Engineering Building,
  Illinois Institute of Technology, Chicago
  (with Holabird and Root)
  Chemistry Building, Illinois Institute of Technology,
  Chicago (with Friedman, Alschuler and Sincere)
  Joe Cantor Drive-In Restaurant, Indianapolis (project)

1947 Cantor House, Indianapolis (project)

1948 Student Union Building, Illinois Institute of
  Technology, Chicago (project)

1949 Promontory Apartmnets, 5530 South Shore Drive, Chicago

(with Pace Associates and Holsman, Klekamp and Taylor)
1950 Farnsworth House, Plano, Fox River, Illinois
Illinois Institute of Gas Technology Illinois Institute of Technology, Chicago
(with Friedman, Alschuler and Sincere)
Boiler Plant, Illinois Institute of Technology, Chicago (with Sargent and Lundy, and Frank Konnaker)
Central Research Laboratory, for the Association of American Railroad, Illinois Institute of Technology, Chicago (with Friedman, Alschuler and Sincere)
Cantor Commercial Center, Indianapolis (project)
Caine House, Winnetka, Illinois (project)
1951 McCormick House, Elmhurst, Illinois
Mechanical Research Building, for the Armour Research Foundation, Illinois Institute of Technology, Chicago (with Friedman, Alschuler and Sincere)
Steel-frame Pre-fabricated Row House (project)
Pi Lambda Phi Fraternity House, University of Indiana, Bloomington (project)
Fifty by Fifty Foot-Square House (project)
860 and 880 Lake Shore Drive Apartments, Chicago (with Pace Associates, and Holsman, Holsman, Klekamp and Taylor)
Algonquin Apartments, Chicago
(project; with Pace Associates)
1952 Chapel, Illinois Institute of Technology, Chicago
1953 Carman Hall: Faculty and Student Apartment Building, Illinois Institute of Technology, Chicago
(with Pace Associates)
Mechanical Laboratory, for the Assocoation of American Railroads, Illinois Institute of Technology, Chicago (with Friedman, Alschuler and Sincere)
Student Commons Building, Illinois Institute of Technology, Chicago (with Friedman, Alschuler and Sincere)
National Theatre, Mannheim, Germany (project)
1954 Convention Hall, Chicago (project)
Master Plan for the Houston Museum of Fine Arts
1955 Bailey Hall, Illinois Institute of Technology, Chicago (with Pace Associates)
Cunningham Hall, Illinois Institute of Technology, Chicago (with Pace Associates)
1956 Physics-Electronics Research Building, Illinois Institute of Technology, Chicago
(with C. F. Murphy Associates)
Crown Hall: School of Architecture and Design, Illinois Institute of Technology, Chicago
(with Murphy and Associates)
Master Plan for Lafayette Park, Detroit
Commonwealth Promenade Apartments, Chicago
(with Friedman, Alschuler and Sincere)
900 Esplanade Apartments, Chicago (with Friedman, Alschuler and Sincere)
1957 Labortory Building, for the Association of American Rialroads, Illinois Institute of Technology, Chicago

(with Friedman, Alschuler and Sincere)
Siegel Hall, Illinois Institute of Technology, Chicago
(with Pace Associates)
United States Consulate, Sao Paulo, Brazil (project)
Quadrangle Apartments, Brooklyn, New York (project)
Bacardi Office Building, Santiago, Cuba (project)

1958 Metals Research Building, Illinois Institute of Technology, Chicago (with Holabird and Root)
Seagram Building, 375 Park Avenue, New York (with Philip Johnson and Kahn and Jacobs)
Pavilion Apartments, Lafayette Park , Detroit
Joliet, La Salle and Nicolet Street Town Houses, Lafayette Park, Detroit
Battery Park Apartment Development, New York (project)

1959 Cullinan Hall, Houston Museum of Fine Arts (with Staub, Rather and Howze)
Master Plan for the Federal Center, Chicago

1960 Pavilion and Colonnade Apartments, Colonnade Park, Newwark, New Jersry

1961 Bacardi Office Building, Mexico City (with Saenz, Cancio, Martin, Guttierez)

1962 Georg Schafer-Museum, Schweinfurt, Germany (project)
Home Frderal Savings and Loan Association Building, Des Moines, Iowa (with Smith, Voorhees, Jensen)

1963 Lafayette Towers, Lafayette Park, Detroit
One Charles Center Office Building, Baltimore
2400 Lakeview Apartments, Chicago (with Greenberg and Finfer)
Krupp Administration Building, Essen, Germany (project)

1964 Meredith Memorial Hall, Drake University, Des Moines, Iowa
Mountain Place, Montreal (project)
Highfield House (apartment building), Baltimore

1965 School of Social Service Administration, University of Chicago

1966 Church Street South School, New Haven, Connecticut (project)
Development Plan for New Haven, Connecticut
Foster City Apartment Buildings, San Mateo, California (project)

1967 City Square and Office Tower, London (project; with William Holford and Partners)

1968 IBM Building, Chicago (with C.F. Murphy Associates)
Science Center, Duquesne University, Pittsburgh (with Paul Schweikher)
New National Gallery, West Berlin
Westmount Square, Montreal (with Greenspoon, Freedlander, Plachta and Kyrton)
Esso Service Station, Nun's Island, Montreal (with Paul LaPointe)
Commerzbank Office and Bank Building, Frankfurt (project)

1969 Toronto-Dominion Center (as consultant; with John B. Parkin Associates and Bregman and Hamann)

Houston Museum Additions
Blue Cross Building, Chicago (project)
High Rise Apartment Block I, Nun's Island, Montreal (with Philip Bobrow)
King Broadcasting Studios, Seattle (project)
High Rise Apartment Blocks II and III, Nun's Island, Montreal (with Edgar Tornay)
High Rise Apartment Block IV, Nun's Island, Montreal (completed by others)
Northwest Plaza, Chicago (project)
Dominion Square, Montreal (project)
American Life and Accident Insurance Company Building, Louisville, Kentucky (completed by others)
General Plan for the Illinois Central Air Rigyts Development, Chicago
Two Illinois Center Building, Chicago (completed by others)
Loop College, Chicago (completed by others)

1970 111 East Wacker Drive Building, Chicago (completed by others)
Indiana Bell Telephone Company District Office, Columbus, Indiana (completed by others)

1973 Federal Center, Chicago (with A.E. Epstein and Sons, C.F. Murphy Associates, and Schmidt, Garden and Erikson; completed by associates)

4 参考文献

1. Mies van der Rohe

—Philip C. Johnson, The Museum of Modern Art, New York, 1947

2. Mies van der Rohe

—L. Hilberseimer, Paul Theobald and Company, Chicago, 1956

3. Ludwig Mies van der Rohe

—Arthur Drexler, Mayflower, London, 1960

4. Mies van der Rohe

—Werner Blaser, Praeger Publishers, New York, 1972

5. Mies van der Rohe: continuing the Chicago School of Architecture (2nd edition)

—Werner Blaser, Birkhauser Verlag, Boston, 1981

6. Ludwig Mies van der Rohe: Furniture and Furniture Drawings

—The Museum of Modern Art, New York, 1979

7. Mies van der Rohe: A Critical Biography

—Franz Schulze, The University of Chicago Press, Chicago, 1985

8. Mies van der Rohe: Architect as Educator

—Edited by Rolf Achilles, Kevin Harrington, and Charlotte Myhrum, Illinois Institute of Technology, Chicago, 1986

9. Space, Time and Architecture(5th ed.)

—Sigfried Giedion, Harvard University Press, U.S.A. 1971

10. Encyclopaedia of Modern Architecture

—Gerd Hatje, Thames and Hudson, London, 1963

11. Encyclopaedia of American Architecture

—William Dudley Hunt, Jr., McGraw–Hill Book Co. U.S.A. 1980

12. Architecture Today and Tomorrow

—Cranston Jones, McGraw–Hill Book Co. New York 1961

13. Architects: the Noted and the Ignored

—Niels L. Prak, John Wiley & Sons, Chichester, New York, 1984

14. International Handbook of Contemporary Developments in Architecture

—Warren Sanderson, Greenwood Press, London,1981

15. Architects on Architecture

—Paul Heyr, the Walker Publishing Co. Inc. 1978

16. Contemporary Architects

—Editor: Muriel Emanuel, The Macmillan Press Ltd., 1980, London

17. Contemporary Architecture, Its Roots and Trends

—L.Hilberseimer, Paul Theobald and Co., Chicago, 1964

18. Modern Architecture

—Manfredo Tafuri, Francesco Dal Co., Academy Edition, London, 1980

19. A History of Modern Architecture
—Jurgen Joedicke, The Architectural Press, London, 1961
20. Global Architecture 世界建筑 Vol. 14, 27
—Ludwig Glasser, 台湾胡氏图书出版社, 1983
21. Modern Architecture Since 1900
—William J.R.Cartis; Phaidon, Oxford, 1982
22. Progressive Architecture 8:86(Barcelona Pavilion)
23. Baukunst Unserer Zeit
—Dr. Bodo Cichy
24. 《建筑师》丛刊第 1 期：密斯・凡德罗的建筑思想(张似赞译)